U0307437

● 大豆产业发展前景与展望　● 宁夏大豆品种　● 大豆栽培技术　● 大豆栽培模式的效益评价

宁夏大豆品种与栽培技术

NINGXIA DADOU PINZHONG YU ZAIPEI JISHU

连金番　赵志刚　姬月梅 ● 主 编

黄河出版传媒集团
阳光出版社

图书在版编目（CIP）数据

宁夏大豆品种与栽培技术 / 连金番, 赵志刚主编
. -- 银川：阳光出版社, 2020.10
ISBN 978-7-5525-5531-8

Ⅰ. ①宁… Ⅱ. ①连… ②赵… Ⅲ. ①大豆－品种②
大豆－栽培技术 Ⅳ. ①S565.1

中国版本图书馆CIP数据核字(2020)第186494号

宁夏大豆品种与栽培技术　　　　　　　连金番　赵志刚　姬月梅　主编

责任编辑　马　晖
封面设计　赵　倩
责任印制　岳建宁

 黄河出版传媒集团
阳光出版社 出版发行

出 版 人　薛文斌
地　　址　宁夏银川市北京东路139号出版大厦（750001）
网　　址　http://www.ygchbs.com
网上书店　http://shop129132959.taobao.com
电子信箱　yangguangchubanshe@163.com
邮购电话　0951-5014139
经　　销　全国新华书店
印刷装订　宁夏银报智能印刷科技有限公司
印刷委托书号　（宁）0018632

开　　本　787mm×1092mm　1/16
印　　张　16.5
字　　数　260千字
版　　次　2020年10月第1版
印　　次　2020年10月第1次印刷
书　　号　ISBN 978-7-5525-5531-8
定　　价　58.00元

前　言

　　大豆是重要的经济作物和高蛋白质粮饲兼用作物，大豆作为重要的食用油、蛋白食品和饲料蛋白原料，在国家粮食安全中占有重要地位。中国是大豆的原产地，素有"大豆王国"的美誉。大豆在中国的种植面积仅次于水稻、玉米和小麦，居第四位。大豆也是宁夏灌区继小麦、水稻、玉米之后的第四大传统粮食及经济作物。

　　宁夏大豆资源丰富，栽培历史较长，独特的自然条件和气候资源及生产栽培方式为大豆高产、优质、高效提供了优越的生产环境。宁夏大豆既有可以春播的春大豆，又有可以夏播复种的夏大豆；宁夏大豆栽培主要是与粮食及经济作物、经果幼林之间进行间作、套种、夏播复种。灌区大豆种植多以春播为主，夏播大豆为辅。大豆间作套种立体复合种植与主要作物和谐共存，发展空间较大，不争地、不争肥、不争时，解决了宁夏灌区农作物一季有余、两季不足的矛盾，增加了单位面积的产出，提高了效益。一方面利用大豆较耐旱、耐阴、耐瘠薄等特点，与小麦、玉米、马铃薯、胡麻、经果幼林、西瓜、制种菠菜等农作物间作、套种，一熟变为两熟，提高复种指数和土地利用率；另一方面大豆与小麦、玉米主栽作物或与其他经济作物、经果幼林间作、套种，虽然存在共生期，但只要适期播种、合理密植，选择适宜的间作套种带宽比例以及耐阴广适高产大豆品种，降低作物间作套种对光、温、水、肥等生态因子的竞争，就能获得大豆高产高效。同时，大豆还可以通过自身根瘤菌进行生物固

1

氮，达到氮素的种间促进和培肥地力的效果，减少化学肥料的施用量，减少农田土壤面源污染，提高小麦、玉米等间套种作物的产量。

近年，国家大豆产业技术体系银川综合试验站建设项目经过宁夏大豆科研工作者前所未有的工作力度，通过科技创新，实现了技术的飞跃。以新品种、新技术和新方法示范为核心，充分利用宁夏引黄灌溉、高光能辐射、无霜期长、昼夜温差大、大豆病虫害轻等有利条件，建立大豆高产高效示范区，提升当地群众种植大豆的信心，引领群众高质量发展宁夏大豆生产，达到了提高大豆产量、扩展大豆生产空间、提高农民收入、促进区域经济发展的效果。大豆新品种、新技术和新方法对宁夏大豆产业的发展起到了显著的技术支撑作用。

为了进一步促进宁夏大豆产业的可持续发展，助推农业提质增效、农民增收，发挥大豆在绿色农业中不可替代的生态作用，为宁夏大豆生产提供技术保障，编者在开展大量研究的基础上编著了《宁夏大豆品种与栽培技术》。本书主要阐述了大豆生产的发展前景与展望、宁夏大豆品种、大豆栽培技术，大豆栽培模式的效益评价等内容，突出宁夏大豆科研及生产可持续发展策略，既起到了承前启后的作用，又符合现代大豆产业的发展方向和特点。本书的出版可为乡村振兴、精准扶贫等工作提供有益帮助。

本书是在"国家大豆产业技术体系建设专项——银川大豆综合试验站（CARS-04）"资金资助下完成的。

由于水平有限，书中诸多不足之处，敬请各位专家、学者和广大读者批评指正。

连金番　赵志刚
2020 年 3 月

目　录

第一章　大豆产业发展前景与展望

第一节　大豆发展历史及研究进展

大豆通称黄豆，原产于中国，在中国各地均有栽培，世界各地也广泛种植。大豆是重要的油料作物和粮饲兼用作物，在世界各国的农业领域占据重要地位。大豆富含蛋白质，并含有较多的人体所需要的维生素及矿物质，是人类食用的重要作物之一。

目前，全球大豆的主要种植国有美国、巴西、阿根廷、中国、印度、加拿大、巴拉圭、乌拉圭、乌克兰和俄罗斯等国，其中美国、巴西、阿根廷、中国属于传统大豆种植国家。美国是世界上大豆产量及贸易量最多的国家，巴西、阿根廷和中国的大豆供应处于世界的第二、三、四位。近20年来，排名前四国的大豆产量占全球总产量的比重始终在87%以上；印度大豆产量在近十年占据了世界第五的位置，大豆种植面积超越中国，但其产量依然低于中国。

大豆是中国第四大农作物，播种面积仅次于玉米、水稻和小麦，播种面积在800万hm^2左右，主要分布在东北、黄淮和南方地区，国产大豆年产量在1400万t左右。目前，中国是世界主要大豆消费国和最大的大豆进口国。实际上在国际贸易历史中，中国也曾是大豆净出口国。从21世纪起，中国的大豆面积逐渐减少，但是世界大豆种植范围却越来广。2017—2018年，中国大豆产量为0.14亿t，仅为同期世界产量的4.1%，而同期美国的大豆产量为1.2亿t。中国大豆产业的兴衰关联着成千上万农民的利益，大豆种植效益的高低直接关系到农民的经济收入，是影响农民种植积极性的重要因素，也是涉及国家粮食安全的重大问题。大豆产业复兴，不仅是提高农民收益、增加就业的有效途径，也是提高国产大豆在国际市场的竞争力、维护国家粮食安全的重要举措。

一、国外大豆发展与研究

世界各国种植的大豆多数是直接或间接从中国传播出去的。早在2500年前中国大豆就开始传入朝鲜，公元17世纪传入印度尼西亚，后来进入西欧及美洲。1740年传入法国，种植在巴黎的植物园里，1790年传入英国，最初在皇家植物园种植，1933年应用于生产。1873年，Hber-landt在维也纳博览会上得到了中国和日本的19个大豆种子，其中有4个是成熟的品种，这些种子被分给欧洲的合作单位种植。1875年大豆被引入澳大利亚和匈牙利，1898年苏联开始从中国引进大豆品种。美国1831年试种大豆成功，1890年大规模引种驯化和选种，1920年开始大面积栽培种植。巴西1908年开始引种大豆，1919年大面积推广，到目前为止，南美洲大豆栽培具有近百年的历史。

大豆是近几十年来世界上种植面积和产量增加最快的作物之一，种植面积逐年上升，单产逐渐提高。2001年巴西大豆单产第一，其次是阿根廷、美国，逐年来世界上大豆单产和种植面积也在不断地发生变动。2006年6月美国农业部统计的官方农业统计数据表明，2004—2006年美国大豆平均单产为2820 kg·hm^{-2}、欧盟单产为2810 kg·hm^{-2}，而意大利全国平均单产为3200 kg·hm^{-2}。从试验小区面积折算结果，1983年Cooper和Juffers报道了6817 kg·hm^{-2}的单产记录，1987年日本山形县实现了6500 kg·hm^{-2}的产量，2004年美国北卡罗来纳州Crain创造了7838 kg·hm^{-2}的产量。自从20世纪80年代中期以来，世界大豆的收获面积、单产、总产等方面有了巨大的发展（见表 1-1）。各国大豆在单产水平的提高和收获面积的增加方面存在着巨大的差异，导致国际大豆市场竞争加剧，给中国大豆产业带来了巨大的挑战。世界大豆主要生产国（美国、印度、阿根廷、巴西、中国、加拿大）近 30 多年来的生产及其所占比重变化情况，如表 1-2、表 1-3、表 1-4 所示。自 20 世纪 80年代中期以来，美国、中国大豆所占世界总产份额不断下降，阿根廷、巴西等国的大豆世界份额剧增，巴西在世界上的份额由 1985—1989 年的 18.6% 增加到 2015—2017 年的 31.5%，大豆总产量接近美国，位居世界第二。

表 1-1　1985—2017 年世界大豆收获面积、单产、总产情况

年代	年均收获面积	年均每公顷产量	年均总产
	/ 万 hm^2	/t	/ 万 t
1985—1989	5 177.56	1.9	10 035.16
1990—1994	5 767.32	2.0	11 680.42
1994—1999	6 704.68	2.2	14 694.52
2000—2004	8 374.94	2.3	19 208.20
2005—2009	9 550.84	2.4	22 976.14
2010—2014	10 942.98	2.5	27 522.42
2015—2017	12 252.03	2.7	33 627.87

资料来源：唐宇，王旭熙，余娇娇 . 世界大豆走势及我国大豆产业复兴策略［J］. 南方农业，2018，12（31）：88-92.

表 1-2　1985—2017 年世界主要大豆生产国的播种面积所占份额情况

年代	份额 /%					
	美国	印度	阿根廷	巴西	中国	加拿大
1985—1989	43.8	3.1	7.4	19.5	15.0	0.9
1990—1994	40.8	6.1	8.9	18.4	14.0	1.1
1994—1999	40.7	8.2	10.7	18.6	12.1	1.4
2000—2004	35.2	7.6	15.0	22.2	11.1	1.3
2005—2009	30.6	9.2	17.3	22.9	9.6	1.3
2010—2014	28.5	9.8	17.2	25.4	6.8	1.6
2015—2017	27.8	9.5	15.6	27.7	5.8	2.0

资料来源：唐宇，王旭熙，余娇娇．世界大豆走势及我国大豆产业复兴策略［J］．南方农业，2018，12（31）：88-92.

表 1-3　1985—2017 年世界主要大豆生产国单产情况

年代	每公顷产量 / t						
	世界	美国	印度	阿根廷	巴西	中国	加拿大
1985—1989	1.85	2.16	0.72	2.07	1.75	1.38	2.43
1990—1994	2.02	2.42	0.88	2.32	2.02	1.52	2.54
1994—1999	2.20	2.52	0.91	2.32	2.40	1.75	2.69
2000—2004	2.30	2.58	0.86	2.64	2.60	1.73	2.42
2005—2009	2.40	2.84	0.98	2.68	2.77	1.62	2.65
2010—2014	2.51	2.92	0.98	2.68	2.93	1.80	2.89
2015—2017	2.74	2.99	0.85	3.00	3.11	1.81	2.92

资料来源：唐宇，王旭熙，余娇娇．世界大豆走势及我国大豆产业复兴策略［J］．南方农业，2018，12（31）：88-92.

表 1-4 1985—2017 年世界主要大豆年均总产及份额

年代	世界总产 / 万 t	份额 /%					
		美国	印度	阿根廷	巴西	中国	加拿大
1985—1989	10 035.16	51.3	1.2	8.3	18.6	11.2	1.1
1990—1994	11 680.42	48.9	2.6	10.1	18.5	10.7	1.4
1994—1999	14 694.52	46.8	3.4	11.5	20.4	9.6	1.7
2000—2004	19 208.20	39.6	2.8	17.2	24.9	8.3	1.2
2005—2009	22 976.14	36.2	3.8	19.3	26.4	6.5	1.4
2010—2014	27 522.42	33.1	3.8	18.4	29.6	4.8	1.8
2015—2017	33 627.87	33.7	3.0	17.0	31.5	3.8	2.1

资料来源：唐宇，王旭熙，余娇娇 . 世界大豆走势及我国大豆产业复兴策略［J］. 南方农业，2018，12（31）：88—92.

国外对大豆的研究，可归纳为遗传多样性研究和结荚习性与产量关系研究两个方面。

大豆遗传多样性研究。美国从 1920 年引种成功以后开始对大豆进行栽培技术研究，1936 年美国进行了大豆农学和生理学研究，改良适应品种和新大豆的工业利用，1942 年大豆工业利用的研究工作转移到伊利诺伊州美国农业部农业研究处北方区域试验室，开始了病理学研究。目前国外对大豆遗传多样性方面的研究较为深入。Maughan 等对 SSR 引物在 94 个品种检测到 97 个等位基因。Rongwen 等用 SSR 标记法对 96 种大豆基因进行聚类分析表明，SSR 标记比 RFLP 标记多态性高。Thompson 等对 18 份美国现代品种的祖先亲本和 17 份引种材料进行分析，筛选出 35 个（PAPI）核心引物。Skorupska 等在 108 份美国南部优良大豆品种及其祖先品种中筛选出遗传信息量 ≥ 0.30 的 29 个 RFLP 探针；而 Lorenzerl 等在美国北部优良品种及其祖先亲本中筛选出了遗传信息 ≥ 0.30 的 67 个 RFLP 探针。

大豆结荚习性研究。Byth 等（1969）发现无限结荚习性作为亲本杂交，植株矮小、抗倒伏与产量相关；Hartwig 等（1970）发现只有无限结荚习性、无茸毛与产量有关。Hick（1969）以矮秆有限结荚习性品种、高秆有限结荚习性品种和无限结荚习性品种的等位基因系为研究对象，结果认为，有限结荚习性品系和无限结荚习性品系产量上没有差异。Wilcoxs 等（1981）认为，有限结荚习性品种抗倒伏，而无限结荚习性品种随着株高增加倒伏加重。在有限结荚习性品种中高产与高秆品种有关，在无限结荚习性品种中高产则与高抗倒伏有关。Green 等（1977）研究表明，结荚习性性状对产量没有影响，与无限结荚习性品种相比，亚有限结荚习性品种倒伏较轻。

二、中国大豆发展与研究

大豆起源于中国，据《史记》记载，中国种植大豆已有 4500 年的历史，从公元 200 年开始，陆续传播到其他国家，至 20 世纪已遍布全球。中国大豆从西周以后开始栽培，经历了不同的发展时期。西周至春秋时期大豆生产开始萌芽，当时生产力水平低下，发展速度缓慢，栽培技术落后。战国时期大豆栽培技术有了进一步的发展，提出了轮作的初步概念，对大豆植株性状也有了初步的认识。两汉时期农业迅速发展，学者开始对大豆的固氮作用和植株营养方面进行初步研究。三国至元朝时期大豆栽培技术逐渐完善，提出了精耕细作的保墒保肥和秋深耕措施，对大豆优良品种和植株性状给以高度评价，同时指出了品种具有地区适应性。明清至辛亥革命时期开始了研究大豆的选种和良种繁育技术，同时对大豆施肥问题作了较详细的论述，指出种大豆应少施氮肥，多施草木灰。中华人民共和国成立后，科学家对大豆开始了高产、优质栽培等技术研究，1973 年在维也纳万国博览会上中国大豆扬名于世界。

20 世纪以来，中国大豆生产单产能力和播种面积的增长率远低于世界平均水平。由于气候、土壤等自然因素和社会、经济、种植传统等社会因素的影响，中国大豆种植呈现出分散化、规模小、种类多等特点，这些种植特征，不利于规模效益的取得，不利于机械化和科学技术的推广，导致我国大豆产业的竞争力低。

大豆是中国重要的粮食作物和经济作物，为人类提供丰富、优质的油脂和蛋白资源。无论大豆油还是作为饲料的豆粕，中国一直都是消费大国，消费量居世界第一位。虽然中国拥有世界上最为丰富的大豆种质资源，但是大豆生产和科研水平与国外相比，还存在不小的差距。

大豆栽培技术研究现状主要体现在以下方面：

大豆整齐度与产量性状的研究。谢甫纬等认为，要获得大豆高产稳产，应注意植株荚数和粒数的整齐度。张英分析和研究发现，分枝数、分枝荚数以及个体间的荚数和粒数的变异系数较大，对产量的影响也较大。针对大豆群体整齐效应，尹田夫等研究了籽粒产量与群体冠层的关系，选择出大豆籽粒产量对群体冠层最佳回归方程。董钻认为，大豆群体的自动调节机能主要来自分枝，密度是调节主茎和分枝粒重分布的主要栽培措施，群体的整齐效应是产量高低的关键因素。

大豆产量相关性状的相关性研究。大豆的产量相关性状表现出一定相关性。杨晓兵研究认为，增加主茎节数可引起单株荚数和单株粒数的增加，而百粒重有所减少；单株荚数与茎粗、主茎分枝数、单株粒数、单株产量呈极显著正相关，与株高、主茎节数呈显著正相关；单株粒数与株高、茎粗、单株荚数呈极显著正相关，与主茎节数、主茎分枝数呈显著正相关；构成产量的单株荚数、单株粒数与单株产量均呈显著正相关。徐巧珍等分析认为，分枝数、总荚数与出苗到开花天数关系密切；单株粒重、百粒重、种子蛋白质含量与开花到成熟天数关系密切；株高、主茎节数与全生育天数关系密切；单株产量与节数、分枝数有关，与茸毛色密切相关。郭达伟等研究发现，播种期、每穴株数对产量影响较大。韩秉进等对大豆农艺及产量性状的主成分进行分析表明，产量与单株粒数、地上干重、有效荚数、每荚粒数、百粒重、经济系数都呈极显著正相关；产量性状因子、株高性状因子、荚数性状因子和主茎节数性状因子综合指标为主成分，其累积贡献率达到 86.85%。卢增辉研究发现，大豆株高、主茎节数与籽粒产量分别呈极显著正相关和显著正相关。马育华认为，单株产量与分枝数、主茎节数、单株荚数呈显著正相关。王金陵指出，株高、单株荚数与产量均呈正相关。李莹研究认为，百粒重、单株粒重与产量呈极显著正相关，单株粒数与单株荚数呈显著正相关，株高 90 cm 以下与产量呈正相关。周丰锁认为，单株产量与主茎节数、株高、单株荚数、单株粒数呈极显著正相关。马英斌研究认为，单株粒数、百粒重与产量呈正相关，生育期与产量呈负相关。宋书宏认为，有限结荚习性大豆品种的叶与荚之间呈正相关；亚有限结荚习性大豆品种叶与荚之间在局部呈正相关。袁汉民等研究了宁夏灌区大豆农艺及产量性状的关系，结果表明大豆株高与茎粗、底荚高度、主茎节数，底荚高度与主茎节数，有效分枝与单株有效荚数呈极显著正相关；茎粗与单株粒重，底荚高度与百粒重，有效分枝与单株粒数呈显著正相关；生育时间与底荚高度呈极显著正相关；单株有效荚数与单株粒数、单株粒重，单株粒数与单株粒重、单位面积产量呈极显著正相关；单株粒数、有效荚数与百粒重呈显著负相关。

大豆发育动态研究。杜玉萍等以亲本和 RIL 群体为研究材料，分析了大豆生长过程中株高、主茎节数、主茎荚数、百粒重、蛋白质含量、脂肪含量的发育动态，结果表明，株高、主茎节数都呈逐渐增加、主茎荚数呈先增加后降低、蛋白质含量呈先降后升的变化趋势；百粒重的变化呈"S"形曲线；脂肪含量持续增加，开花后 70 d 达最大值。常维安等研究认为，野生大豆具有极强的生长竞争性，出苗早，茎长，分枝多，种子休眠期长。何进尚等研究了宁夏大豆播期与密度的互作关系，结果表明，播期与密度互作对叶面积指数、群体干物质积累有显著性影响。郜吉祥等研究结果表明，宁夏不同类型、不同株型的大豆品种，全生育期叶面积、叶面积系数差异显著，鼓粒后期到成熟时期，叶面积呈"S"形曲线动态。康建宏等研究认为，不同大豆品种在不同生育时期的光合速率是不同的，宁豆 3 号的平均光合速率较高，其产量也相对较高，说明以提高大豆光合速率为目标进行高光效育种是可以获得产量的增益。

配方施肥与大豆产量研究。王蓉栋等认为，土层深厚、有机质含量丰富的土壤，最适于大豆生长。裴桂英等根据两年不同氮肥施用量、不同配方施肥对夏大豆农艺性状及产量的影响研究表明，在中氮、丰磷、缺钾与中氮、丰磷、丰钾两类不同的土壤肥力水平上，只有尿素 75 kg·hm^{-2}，三元复合肥 225 kg·hm^{-2} 较对照增产，但不显著，且净增效益都为负值。周勋波等研究认为，种植方式和施肥量对大豆产量影响显著，互作效应明显，以穴播和施肥量为 300 kg·hm^{-2} 的处理产量最高。韩非等认为，大豆需施底肥 15~20 t·hm^{-2}，追肥在大豆幼苗期施尿素 37~74 kg·hm^{-2}，叶面追肥在大豆盛花期多用钼酸铵、尿素和磷酸二氢铵。文和明认为，大豆栽培要以足施底肥、巧施追肥为原则，底肥 1.5 万~2.25 万 kg·hm^{-2} 农家肥，750 kg·hm^{-2} 钙镁磷肥和 75~120 kg·hm^{-2} 钾肥；苗肥 75~150 kg·hm^{-2} 尿素。曹秀霞研究表明，大豆施底肥 3 万 kg·hm^{-2} 有机肥，225 kg·hm^{-2} 磷酸二铵，叶面追 0.03%~0.05% 磷酸二氢钾肥液 225~337.5 kg·hm^{-2} 产量较好。曹秀霞等认为，宁夏地区大豆优质高产栽培技术是间作带型为 1∶1 或 2∶1，等行距点播，灌水 2~3 次，在施足底肥的基础上，一般要重施磷肥、钾肥，补施氮肥。

不同播种时期与大豆产量及其相关性状研究。播种期影响大豆生长发育，早播可以延长大豆的生育期，特别是延长营养生长时间，使植株高度、节数、分枝数增加，因而花多荚多。刘健等研究发现，每晚播 5 d，大豆的株高、底荚高依次降低，主茎节数减少，分枝数减少，营养生长逐渐减弱，生殖生长也明显受到抑制，单株生产能力逐渐降低，株荚数、株粒数下降明显，减产率 19.0%~72.3%，达极显著水平。孔繁安研究不同播种期对大豆产量及其性状的影响发现，春大豆不同播种期对株高、节数和单株荚数影响不大，而夏播大豆不同播期的株高、节数等性状差别则比较明显，分枝高度和结荚高度都有所降低，一粒荚数增多，百粒重和单株粒重明显下降。李树臣等研究发现，不同播种期大豆品种的农艺性状和产量性状间差异明显，开花数、结荚数和结荚率随播种期的延迟而增加。罗瑞萍等研究发现，宁夏春播大豆随着播期延迟，不同大豆品种的产量、株高、主茎节数、单株粒重、百粒重等产量性状呈递减趋势，适期播种有利于提高大豆产量，播期对宁夏大豆产量影响明显，生产上应尽量避免晚播；宁夏春大豆适宜的播种期为 4 月中下旬，6 月中旬至 7 月上旬夏播早熟大豆品种时应适当增加密度。刘春芳对不同播种期复种大豆产量及产量性状研究认为，宁夏复种大豆应尽可能早播种，随着播种期的推迟，复种大豆产量依次递减，一般应在 7 月 10 日前播种为宜，以获得较高的产量和经济效益。

密度与大豆产量及其相关性研究。薛庆喜和姚远研究发现，窄行密植条件下，随着密度的增加，单株有效荚、单株粒数、单株粒重减少，而密植后大豆结荚部位上移，结荚主要集中在中上部，中部结荚高于上部结荚，下部结荚为最少，密度和行距不同对百粒重影响不大。赵殿忱等发现，大垄窄行密植不同群体结构对大豆产量影响是随着密度的增加有关，无论哪种群体结构产量均呈递减的趋势，以密植 30×10^4 株·hm^{-2} 为最佳。赵立华等认为，中等肥地中晚熟品种多采用 15 cm 双株 22×10^4 株·hm^{-2}，肥地采用 20 cm 双株或 10 cm 单株 16×10^4 株·hm^{-2}，早熟品种不宜在瘠薄上种植。张彩英等试验发现，密度在 22.5×10^4~45×10^4 株·hm^{-2} 时，施用磷肥能有效提高主茎荚数和单株总荚数。马俊奎认为，超高产栽培合理密度为 12.56×10^4 株·hm^{-2}。黄玉峰等对中黄 30 品种在宁夏引黄灌区种植的密度研究结果表明，随着密度增大，株高、底荚高度逐渐增高，单株有效分枝、单株有效荚数、单株粒重呈减少趋势，中黄 30 品种的适宜种植密度为 27×10^4 株·hm^{-2}。安磊等研究宁夏灌溉大豆在不同播期和密度条件下，实现高产目标的播期和密度的最优组合为：4 月 20 日播种，承豆 6 号的种植密度为 19.95×10^4 株·hm^{-2}，冀豆 17 的种植密度为 25.05×10^4 株·hm^{-2}。何进尚等研究发现，宁夏春播大豆的有效分枝、单株粒数、粒重和经济系数随密度的增大而减少。孙发国等对宁夏南部山区小麦套种大豆栽培技术进行了研究认为，套种大豆播量 150 kg·hm^{-2}、保苗密度 10.5×10^4~12.0×10^4 株·hm^{-2}，总体经济效益比单产高。

大豆品种的适应性、抗逆性与丰产性等性状与生产地区的生态条件特别是气候条件关系密切。大豆产量相关性状对外界条件反应的强弱，常常在相当大的程度上决定着大豆产量的高低。鲁长根的试验示范表明，春大豆产量高达 $2250\,kg \cdot hm^{-2}$，2002 年产量 $3475.5\,kg \cdot hm^{-2}$。2003 年黑龙江农垦管理局北安科研所试验产量达 $2887.5\,kg \cdot hm^{-2}$，2004 年全国区域试验产量 $2329.5\,kg \cdot hm^{-2}$，2005 年达 $2647.5\,kg \cdot hm^{-2}$。从殿林的研究证明，$30\,cm$ 平作密植产量可达 $3000\,kg \cdot hm^{-2}$，高产栽培可达 $3750\,kg \cdot hm^{-2}$。从试验小区折算看，1992 年辽宁省辽中县实现辽豆 10 号单产 $4360.5\ kg \cdot hm^{-2}$，1994 年河南泌县采用诱变 4 号大豆实现了 $4537.5\,kg \cdot hm^{-2}$。1996 年新疆农垦采用农垦 1 号实收单产 $5957.1\,kg \cdot hm^{-2}$，2000 年安徽蒙城利用石大豆 MN91423 品系获得 $4726.5\,kg \cdot hm^{-2}$ 产量。2006 年马俊奎等采用了新培育的汾豆 65 实现了 $4846.5\,kg \cdot hm^{-2}$ 的产量；2019 年 10 月 13 日，国家大豆产业技术体系组织专家在河南省新乡县进行实打实收测产，专家组实收 $6.69\,hm^2$（100.4 亩），按标准含水量计算，平均产量 $4546.5\,kg \cdot hm^{-2}$（$666.7\,m^2$ 产量 303.1 kg）。全国首例实收面积超过 $100 \times 666.7\,m^2$，$666.7\,m^2$ 平均产量超过 300 kg 的高产纪录。2019 年 9 月 25 日，科技部农村中心组织专家在新疆石河子市现场对大豆新品种"合农 71"实打实收现场测产，结果表明，该品种产量 $6712.05\,kg \cdot hm^{-2}$（$666.7\,m^2$ 产量 447.47 kg）。这一结果刷新了 2018 年新品种"合农 91"所创造的产量 $6356.55\,kg \cdot hm^{-2}$（$666.7\,m^2$ 产量 423.77 kg）的大豆单产纪录，使我国大豆单产纪录提高了 $355.5\,kg \cdot hm^{-2}$。

中国对大豆的研究历史悠久，涉及范围广、内容多，各领域研究深入。但是所有的研究内容都是在某一地区、某种气候和环境条件下的研究，并不能代表全国范围内各地区大豆性状与产量的关系。不同的品种对环境的适应性不同，造成了产量和品质差异。各地区应根据当地的气候条件和环境因素，进行新品种引进和选择优质品种。要达到此目的，就必须引进多种品种进行栽培，从中择优选取适应性强的品种，再通过密度、水肥等试验逐年改良，进而选取高产优质品种。

随着生活水平提高、科学技术进步以及对健康生活的追求，人们对食品安全重视程度不断攀升，未来大豆消费市场转基因与非转基因之间的竞争差异不可避免，因此加强大豆产业的创新能力和研发能力才是大豆产业发展的未来，只有足够的相关技术储备，才能对应未来大豆产业发展形势。2018年，中国进口大豆 $8\,800 \times 10^4\,t$，同比下降7.9%，这也是近年来首次下降，但这并不意味着国内对大豆的需求达到了峰值之后的回落，更不意味从此以后中国对大豆需求规模就会保持在这个水平线上。2017年中国人均猪肉消费量20.1 kg、牛肉1.9 kg；美国人均猪肉消费量22 kg、牛肉24.5 kg、奶类64 kg。因此，我们的畜牧产品人均消费数量还有很大的增长空间，进而说明我们对作为饲料的豆粕的需求量仍有很大的增长空间。尽管2018年大豆进口量略有减少，但大豆消费总规模变动不大，为 $1.04 \times 10^8\,t$，比2017年只减少 $1.0 \times 10^6\,t$。总的来看，我们对大豆的刚性需求不减，进口大豆占主导型的格局短期内不会改变。但这并不意味着我们不能有所作为，我们依然可以在政策和科技上挖掘大豆生产潜力，最大程度提升大豆产量。

大豆是优质的植物蛋白资源，也是健康的食用植物油资源。随着居民消费结构升级，对大豆需求快速增加，国内产需缺口不断扩大。为了实施好新形势下国家粮食安全战略，促进中国大豆生产恢复发展，提升国产大豆自给水平，2014年1月国务院办公厅发布了《中国食物与营养发展纲要（2014—2020年）》（以下简称《纲要》），明确指出要优先发展奶类和大豆食品。《纲要》提出，要强化大豆生产与精深加工研究，实施传统豆制品的工艺改造，开发新型大豆食品，推进豆制品规模化生产。同时还制定了2020年全国人均消费13 kg大豆的目标。2015年11月，农业部下发了《镰刀弯地区玉米结构调整的指导意见》，提出要"恢复粮豆轮作种植模式"；2016年4月农业部新闻办公室下发了《全国种植业结构调整规划（2016—2020年）》要求减少玉米种植面积，增加大豆种植面积，提出

"到 2020 年，大豆面积达到 1.4 亿亩、增加 40% 左右"；2018 年 4 月 27 日国务院主持召开黑龙江、河南、安徽和内蒙古四省（自治区）大豆新增轮作面积专题会议，2018 年对以上四省（自治区）的大豆轮作给予补贴，补贴面积 500×10^4 亩，每亩至少 200 元。2019 年中共中央一号文件再次关注国内大豆产业，提到"实施大豆振兴计划，多途径扩大种植面积"。结合"十三五"规划和乡村振兴战略实施，推动国内大豆生产实现"扩面、增产、提质、绿色"的目标，"加大对大豆高产品种和玉米、大豆间作新农艺推广的支持力度"这项技术写入了 2020 年中央一号文件。加强大豆研究，提高我国大豆产量，对保障国家粮食安全至关重要（见图 1-1）。

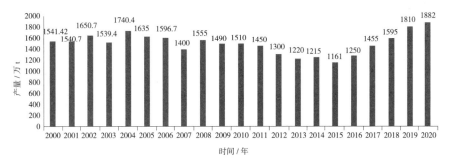

图 1-1　2000—2020 年我国大豆产量产值变化趋势图

注：2018 年第二次大豆振兴计划出台，我国加大了对大豆种植的补贴力度，东北地区的吉林、辽宁和内蒙古采取价差原则，最高补贴金额达到了 580 元 / 亩；黑龙江采取均补，一直保持在 173~320 元 / 亩，高额补贴推动了大豆播种面积的增加以及产量的快速增长。

三、宁夏大豆产业发展与研究

大豆是宁夏引黄灌区传统的农作物之一，在当地农业生产中占有重要地位。宁夏大豆资源丰富，生产历史较长，独特的自然和气候条件及生产模式为大豆高产及超高产提供了优越的生产条件。20 世纪初，宁夏引黄灌区大豆产量只有 $600 \sim 750 \, \text{kg} \cdot \text{hm}^{-2}$，80 年代后达到 $1500 \, \text{kg} \cdot \text{hm}^{-2}$ 左右。近年来，大豆单产一般在 $2400 \sim 3750 \, \text{kg} \cdot \text{hm}^{-2}$，增产的原因，主要是品种更新，栽培新技术、新方法的示范推广应用，促进了大豆生产的发展。

宁夏大豆科研工作始于 20 世纪 70 年代，大豆科研工作虽然起步较晚，但是发展较快。2003 年全区大豆种植面积 $3.35 \times 10^4 hm^2$，总产 3.3万 t，2004 年大豆种植面积 2.03 万 hm^2，总产量 2 万 t，2006 年大豆种植面积 1.87 万 hm^2，总产量 1.1 万 t，2008 年全区种植面积 2.67 万 hm^2，产量 2400 $kg \cdot hm^{-2}$ 左右，目前宁夏生产上已获得产量 4500 $kg \cdot hm^{-2}$ 以上的高产纪录，具有极大的挖掘潜力。

21 世纪初期，宁夏科研人员坚持完成了国家大豆区域试验和本区区域试验，开展大豆引种、生物学鉴定、创新、利用、观察试验和生产试验示范。2007 年争取到国家《西北旱作和绿洲超高产大豆生产技术体系》研究的子项目《套区大豆套种高产技术》，2008 年建立了国家大豆产业技术体系银川综合试验站。通过近年来国家大豆产业技术体系银川综合试验站建设项目，科研人员以技术培训和新品种新技术示范为核心，充分利用宁夏高光能辐射、引黄灌溉、无霜期长、昼夜温差大等有利条件，研究大豆高产技术，提高大豆产量，扩展了大豆生产空间，对于提高宁夏农民收入、促进区域经济发展、应对中国大豆生产面临的国际压力，促进中国大豆生产整体水平全面提高等方面具有重要意义。

1. 大豆种质创新及进展

宁夏农林科学院农作物研究所 1972 年开始进行大豆引种试验研究，1988 年宁夏培育成第一个自育大豆品种宁豆 1 号，1994 年自育成大豆品种宁豆 2 号，随后又相继培育出了宁豆 3 号、宁豆 4 号、宁豆 5 号等春大豆新品种，2018 年和 2019 年相继通过宁夏农作物品种委员会审定宁豆 6 号、宁豆 7 号和中黄 318 等大豆新品种。引育审定了晋豆 19、承豆 6 号、晋豆 23（又名汾豆 50）、晋遗 30、邯豆 3 号、邯豆 7 号等春播大豆品种；引进垦豆 25、黑河 34 等早熟或极早熟大豆种质用于引黄灌区夏播；引进了浙鲜 4 号、浙鲜 9 号、潇农秋艳、晋豆 39 等鲜食菜用大豆种质。

在开展常规杂交创制大豆新种质的基础上，宁夏农林科学院农作物研究所从事大豆育种的科研人员又引入了大豆 ms1 核不育轮回选择育种新技术。大豆轮回选择技术作为种质创新的一种方法在大豆育种中的应用较为广泛。国内外学者研究证明轮回选择对大豆熟期、蛋白质、脂肪、抗病等性状选择有效。大豆雄性核不育系的出现改进了大豆的杂交方式，使轮回选择在大豆育种中得到广泛应用。宋启建等研究人员构建了中国第一个大豆 ms1 雄性不育轮回群体。邓莹莹等研究结果表明，轮回选择后大豆基因的个别位点频率发生了变化。国内研究人员张孟臣等对大豆轮回群体与供体亲本的混合比例研究结果表明，随着供体亲本与 ms1 原始群体比例增大，供体亲本的导入率不断提高。在等面积混合比例为 1 ∶ 1 时，可获得较多的异交种子。当混合比例为 5 ∶ 1 时导入率接近 50%。群体中不育株接受外来花粉的距离研究结果表明，不育株主要接受近距离可育株的花粉，导入亲本材料与不育株种子均匀混合种植可提高异交结实率。张孟臣等研究人员构建了河北夏播生态类型的 ms1 大豆种质基因库基础群体，大豆 ms1 高蛋白亚群体、高油亚群体等，并通过轮回群体选择技术，培育了高油大豆新品种冀豆 19，高蛋白大豆品种冀豆 20 等。

宁夏春大豆高产育种目标是选择适宜宁夏春播的优质高产大豆品种，或生产需求的新种质材料，选育创新优异高产株型材料。株高 100 cm 左右、直立、抗倒伏、抗病、适应性强、籽粒外观商品性好、品质优良、产量性状突出、目标产量 3 750 kg · hm^{-2} 以上，生育期 135 d 左右的中晚熟春大豆品种或高蛋白质、高油专用品种。目前，初步构建了春大豆核不育种质基因库基础群体。2015 年轮回群体选择大豆新品系经产量比较试验，比对照增产 5% 以上的新品系有 5 个；2016 年产量比较新品系 13 份，有 4 个新品系比对照增产，增幅 3%~16%；2017 年新品系产量比较试验材料 11 份，比对照增产的有 2 个品系。13LD–222 比对照平均增产 467.55 kg · hm^{-2}，增产 9%，13LD–219 比对照平均增产 190 kg · hm^{-2}，增产 4%，方差分析表明，增产显著。2018 年轮回群体选择育种新品系比较试验，比对照承豆6号增产的新品系有4个，分别是：14LD-219、14LD-124、14LD-154、14LD-105；产量性状鉴定和抗逆性鉴定，比对照增产的品系有17LD-46，比对照增产 $1548\,kg \cdot hm^{-2}$，增产36.2%。2019新品系产量鉴定30份，比对照承豆6号增产的品系有11份；新品系产量比较试验21个新品系，比对照增产的有8个新品系。分别为：16LD-75比对照增产24%，17LD-46比对照增产8%，16LD-8比对照增产2.6%，16LD-27比对照增产2%，12LD-89比对照增产21.3%，14LD-219比对照增产3.3%，14LD-154比对照增产2.8%，14LD-124比对照增产2%。

大豆ms1雄性核不育轮回选择新技术，解决了常规杂交育种存在的杂交困难。农作物的自花授粉有利于保持个体的优良基因，不利于基因的重组；异花授粉有利于基因的广泛重组，不利于保持个体的优良基因。常规杂交育种是农作物育种的主要方法，在自花授粉作物中对实现近期目标是有效的，然而对日益多样化和高标准的育种目标常规杂交育种就显得力所不及。大豆常规杂交育种主张优中选优。亲本单一，遗传基础狭窄，是大豆杂交育种中普遍存在的问题。常规杂交对实现多亲本杂交较为困难，但是大豆ms1轮回群体利用大豆花具有虫媒花的特点，通过虫媒传粉，可以克服常规育种遗传基础狭窄的弊端，且杂交过程简单，不用人工杂交，避免人工授粉结实率低、浪费人力、物力的弊端。只要按技术要求种植，并在田间精心选择优异植株，就能完成新品系（品种）的选育工作程序，选育出新的品系或品种。

大豆ms1雄性核不育轮回群体选择育种优势明显。类型多，可获得成百上千个亲本组合类型；充分利用大豆雄性不育基因，使封闭式杂交变为开放式杂交，杂交系谱不详；省去大豆繁琐的人工去雄、人工授粉杂交工序，免去做组合的大量工作；当年可获得遗传基础广泛的分离群体；通过轮回杂交选择，可实现多基因重组；方法简单，选择效率高。而常规杂交育种，由于大豆作为典型的自花授粉作物，花的器官小，杂交困难，成活率较低；多数大豆品种或品系是2个亲本的组合类型；虽然杂交系谱清楚，但是杂交亲本受限；杂交去雄授粉工序繁杂。

遗传基础丰富、类型多。在大豆 ms1 轮回群体中加入大量亲本以不断改良群体的同时，保持较大的遗传变异度，能产生众多的变异类型，扩大群体的遗传基础，克服大豆育种中存在的遗传基础狭窄的缺点。笔者对 2010 年选择的早熟（LDZ）、中熟（LD 中）和晚熟（LDW）3 个亚群体的株高、底荚高、分枝数、有效分枝数、单株荚数进行遗传变异分析。各性状均有较大的遗传变异。晚熟亚群体（LDW）的农艺性状尤其是株高、底荚高、主茎节数、分枝数、有效分枝数、单株荚数性状的变异系数明显高于早熟亚群体（LDZ）。当然，除按成熟期构建亚群之外，还可以进一步构建大豆高蛋白、高脂肪亚群等。有关这方面的研究，国内学者多有论述。

大豆 ms1 雄性核不育轮回群体选择育种是群体改良技术与选择育种技术的相互结合。大豆 ms1 轮回群体选择的"三群"育种理论选育杂交方法简单、亲本类型多、分离广泛、基因重组概率大，具有群体改良与优良单株选择相结合的优点。一方面，通过不育株与优良种质杂交，丰富群体的遗传基础；另一方面，经过群体内基因重组、分离，通过轮回选择不断淘汰劣质基因，使群体不断得到优化和提升。在群体优化的前提下，经过优良单株选择，株行种植，使其优良性状得以稳定，从而培育出优良大豆新品种。按照赵双进等研究人员的大豆 ms1 轮回群体选择"三群"育种理论，大豆 ms1 轮回群体选择育种应建立杂交群、重组群、稳定群。

构建基础群体是关键。构建大豆 ms1 雄性核不育轮回群体杂交群的亲本应是优点多，缺点少，目标性状突出，亲本之间具有最大可能的不同来源、广泛的遗传基础，亲本的数目不宜太多。杂交群的优劣是大豆 ms1 轮回群体选择育种的关键。大豆 ms1 轮回群体重组群是在杂交群基础上建立起来的，所以要求杂交群应是优良基因的综合体，在群体内目标性状有高度的遗传变异。大豆 ms1 轮回群体选择育种应按照大豆 ms1 "三群"理论的轮回群体育种方法进行操作。

总之，大豆 ms1 雄性核不育轮回群体选择育种是在大豆 ms1 雄性核不育轮回群体优化的前提下进行新种质、新品系的选育。通过对群体不断地杂交、选择，新品系就能不断地育成。大豆 ms1 雄性核不育轮回群体选择育种研究在宁夏春大豆育种中的应用虽然已经有了开端，并且构建了适宜宁夏生态特点的春大豆 ms1 轮回基础群体（LD）及早、中、晚熟 3 个亚群体，但仍局限于小规模的探索研究与实践阶段。目前，需要研究的问题还有很多，如大豆 ms1 轮回群体的规模以及亲本数量。同时，还可以逐步构建适宜宁夏春大豆高蛋白、高脂肪的 ms1 轮回基础群体、亚群体等。为此，宁夏春大豆 ms1 雄性核不育轮回群体选择育种研究工作还需要不断夯实、拓宽、延伸，走出一条适宜宁夏春大豆（夏播复种大豆） ms1 轮回群体选择育种研究的技术路线。

2. 大豆间套复种生产及科研现状

发展间作、套种大豆与主要粮食作物和谐共存，发展空间较大，不争地、不争肥、不争时，解决了农作物种植一季有余、两季不足的矛盾，增加了单位面积的产出，提高了效益。一方面，利用大豆较耐旱、耐阴、耐瘠薄等特点，与小麦、玉米、马铃薯、胡麻、经果幼林、西瓜等作物间作套种，使一熟变为二熟，提高了复种指数和土地利用率；另一方面，大豆与小麦套种、玉米间作或与其他作物间作套种，虽然存在共生期，但是只要选择适合间作套种的耐阴品种、适期播种、合理密植，避开品种之间对光、温、水、肥等生态因子的竞争，就能获得大豆稳产高产。同时，大豆还可以通过自身根瘤进行生物固氮，达到氮素的种间促进和培肥地力，既减少了化肥的施用量，还有利于小麦、玉米、西瓜、胡麻等间作套种作物产量的提高。

宁夏南部地区大豆种植模式。宁夏南部固原半干旱区具备发展作物间作套种的光、热条件。固原地区半干旱灌溉农田生态环境条件下，作物间作套种相对于单种，其生物产量、经济产量、粗蛋白产量等生产能力相对较高；光、水、气、热资源可用的时间较长，生产效率较高，辅能转换效益大，总产值和纯收入较高，农业综合效益显著，所以该地区具有发展作物间作套种的必要性。虽降水量偏少，但地下水位浅，河流流量大，地势相对平缓，库、井灌溉条件优越，如能在节水灌溉的前提下，配置好水肥组合，提高现有水分利用率，农作物间作套种的水分可以得到保证。作物间作套种系统固然对土壤养分消耗较多，但因种植系统的生物产量较高，只要能做到较多的地上茎叶和地下根茬还田，并相应的增加有机或无机肥料及其他形式的肥料的投入，不仅可以保持土壤肥力不会衰减，而且耕地越种地力越肥，加上当地农业劳动力资源丰富，完全可以满足农作物间作套种对密集劳动力的需求。

　　固原地区大豆种植的典型模式主要有彭阳、原州区、西吉等区域的地膜玉米套种大豆、地膜马铃薯套种大豆、胡麻套种大豆种植模式。彭阳县与周边地区气候有相对比较优势，积温高、日照长、降水量大，地膜玉米常年面积 1.34 万 hm^2 左右，并且有地膜玉米套种大豆的种植习惯。原州区及西吉等市县地膜马铃薯常年种植面积 20 万 hm^2，当地有马铃薯套种大豆的成功经验，该地区示范推广马铃薯套种大豆潜力很大。据研究资料记载，宁夏南部山区清水河流域灌溉农业区，小麦套种大豆能有效地利用光、热、水资源，提高单位面积产量，经济效益和生态效益明显。小麦大豆套种（2∶1 套种带型）混合产量分别比小麦、大豆单种增产 15.6%、236.8%，纯收入增加 1599 元·hm^{-2}、3 085.5 元·hm^{-2}。胡麻套种大豆经济效益显著。胡麻套种大豆总产量为 3 202.5 kg·hm^{-2}，比胡麻单种增产 36.95%，比大豆单种增产 96.59%，土地利用率提高 59.2%，光能利用率为 0.56%，比单种胡麻提高 7.69%，比单种大豆提高 93.10%。

　　宁夏中、北部灌区大豆种植模式。宁夏灌区地处温带干旱地区，日照充足，无霜期长，热量资源丰富，有利于农作物的生长发育和营养物质的积累。灌区地势平坦，土层深厚，虽干旱少雨，但黄河年均过境水量达 300 余亿 m^3，便于引（扬）黄灌溉，光、热、水、土等农业自然资源配合较好，为发展农林牧业提供了极为有利的条件。灌区春播作物 7 月 10 日左右收获后，距 10 月份秋霜来临还有 80~100 d 的时间，存在典型的一季有余、两季不足的农作物生育现象。宁夏灌区大豆除了春播单种之外，结合本地光热资源，土地资源以及种植业制度，采取间、套、复种方式，充分利用作物一季有余、两季不足的土地、光、热、水、肥等自然资源，不仅大幅度提高了资源利用率，而且对增加大豆产量，提高农民收入起到积极作用。灌区大豆单种及间作、套种面积常年在 4.0 万 ~4.7 万 hm^2，土地肥沃、排灌方便、有成熟的套种栽培集成技术，农民科学种田的基础较好，大豆产量较高，是宁夏大豆高产地区，也是全国的大豆高产地区之一。另外，灌区水稻常年面积 8 万 hm^2 左右，稻区发展田埂豆及幼龄果园间作大豆，也可以增加大豆总产量和整体经济效益。

春播单种大豆。春播单种大豆主要是发挥"低密度促进型"大豆高产栽培技术，利用该区域干旱条件和精耕细作的农业传统习惯，发挥无霜期长热量资源丰富的优势，在低密度群体下，按照"促—控—促"大豆高产高效综合配套栽培集成技术，以个体发育高经济系数带动单位面积高产。宁夏灌区大豆单产一般在 $2\,400\!\sim\!3\,750\,\mathrm{kg}\cdot\mathrm{hm}^{-2}$，高产可达 $4\,500\,\mathrm{kg}\cdot\mathrm{hm}^{-2}$ 以上。

夏播复种大豆。2009 年引黄灌区冬小麦种植面积达 3.45 万 hm^2，2010 年引黄灌区冬小麦种植 $4.67\times10^4\,hm^2$。冬小麦收获后，夏播复种大豆可实现一茬变两茬、一地多收的目标。随着冬小麦、冬油菜等农作物在宁夏灌区种植面积的逐年扩大，选择适宜的夏播大豆进行复种是提高种植效益的措施之一。夏播复种大豆主要是充分发挥夏播大豆"早密"高产栽培技术，充分利用地力与光热，发挥群体的生产效益，结合灌溉、合理追施化肥，获得较理想的大豆产量。宁夏引黄灌区能够在 10 月 10 日前完全成熟的夏大豆品种，都是能够在初霜期以前成熟的品种，故应因地制宜引种扩种、发展夏大豆生产。宁夏在春小麦或冬小麦收获后夏播复种大豆，大豆产量在 $1\,500\!\sim\!2\,700\,\mathrm{kg}\cdot\mathrm{hm}^{-2}$，高产可以达到 $3\,000\,\mathrm{kg}\cdot\mathrm{hm}^{-2}$ 以上，播种越早产量越高。夏播复种大豆主要是在冬小麦（冬油菜）或早熟春麦收获后，及时整地，抢时播种，一般应在 7 月 10 日前播种为宜，播种日期最迟不能超过 7 月 15 日。播种行距 30 cm，株距 7~8 cm，666.7 m² 保苗密度 2.5 万 ~3.0 万株。开花结荚期结合灌水，根据大豆长势情况酌情追施尿素 75 kg·hm⁻² 左右。试验结果表明，随着播种期延迟，夏播复种大豆产量依次递减，播种早产量高，一般以 7 月 6 日之前播种的产量较高。

大豆间作、套种。灌区间作、套种大豆的典型种植模式有春小麦套种大豆、小麦套玉米间作大豆、玉米间作大豆、林带幼树套种大豆、胡麻套种大豆、西瓜套种大豆、枸杞（葡萄、苹果）幼树等经果林套种大豆等种植模式。固海扬黄灌区小麦套种大豆试验研究结果表明，麦豆套种改善了田间小气候，促进了小麦生长发育。套种田两作的混合产量比单种小麦增产 30.92%，比单种大豆增产 67.72%，纯收入分别增加 3 811.5 元·hm⁻² 和 4 258.5 元·hm⁻²。据引黄灌区平罗县胡麻套种大豆产量调查，胡麻产量 2 700~3 000 kg·hm⁻²，市场收购价 4.4 元·kg⁻¹，收入 11 880~13 200 元·hm⁻²；大豆产量 3 000~3 150 kg·hm⁻²，市场收购价 3.8~4 元·kg⁻¹，收入 11 400~12 600 元·hm⁻²；产值可达 23 280~25 800 元·hm⁻²。

（1）玉米间作大豆生产现状　农业机械化是农业现代化的基础，高效优质的农艺技术是实现农业机械规模化生产、获得规模化效益的根本保证。李育钢提出了大豆机械行间覆膜技术，制定了机械行间覆膜标准。赵清华等根据黑龙江地区生产实际情况，采用大豆大垄密植机械化栽培技术模式及配套机器系统，促进了大豆产量提高和机械化发展，与农机配套的农艺技术的生理机制研究，为解决大豆机械损伤提供了理论参考。高连兴等深入研究了大豆种子破碎和内部损伤机理及其对发芽率的影响，发现机械脱粒的大豆种子籽粒普遍存在严重的机械损伤问题，大豆机械损伤主要发生在脱粒环节、由脱粒机械作用所致。Echarte 利用机械播种技术研究了玉米大豆套作、向日葵大豆套作，发现不同的密度对玉米大豆、向日葵大豆套作中作物产量影响显著。

就大豆生产而言，以东北大豆主产区的机械化程度最高，该地区大豆生产基本实现了全程机械化，在耕作、栽培、施肥、植保、收获等方面的技术水平已达到国际先进水平。多种机械的研究和投入使用，提高了大豆生产效率。黑龙江省集贤县农机技术推广站王淑宏等人通过机械化整地，采用 2BJ-3 型小垄密精量播种机对大豆一次完成开沟、施肥、播种、覆土、镇压等多项作业，并用 3MO-200D 或 3ST-300B 悬挂喷杆喷雾机进行施肥和除草。韩冰用 2BM-4 型四膜八行平播覆膜播种机、2MBJ-8 四膜八行或 2MBJ-10 五膜十行平播覆膜播种机可一次性完成施肥、覆膜、播种、镇压等作业。西欧国家则在小麦、玉米、大豆的整地、播种、收获和运输等生产环节已全面实现机械化，不少农业机械甚至装备了 GPS 系统进行精准作业。日本则从耕整地、播种、植保和收获等全部实现田间作业机械化，并进行集团化、规模化生产。泰国、印度、菲律宾及南美的一些国家，也在加快本国农业机械化步伐，积极采用拖拉机配套农机具进行耕整地、播种、收割、机械排灌、手动与自动植保机械防病虫害和机械脱粒等作业。

　　玉米大豆间作是中国北方普遍采取的一种重要种植方式。合理的玉米大豆间作基于不同作物株型与生理生态方面的差异及光、水、肥、空间利用的互补作用，具有较大的增产潜力，能提高单位面积作物总产量。在秘鲁，玉米等高秆作物与大豆等矮秆作物间作，比单作增产 30%。谷类和豆类间作对于粮食生产的可持续发展是很重要的。关于玉米与大豆的立体复合栽培技术，国内外一些研究已充分表明既能增产又能增收。大豆间作套种在农业生产中占有重要的地位，系统内的生物多样性使该模式能够充分利用光热、水分和养分资源，提高土地利用率和收获指数，同时抑制病虫草害的发生，是一种高产高效的农业生产模式。大豆作为豆科作物的代表物种常与其他禾本科作物间套作，通过增加对生物固氮的依赖性，减轻对土壤氮素的需求，促进系统内植株对氮素更为合理的吸收和利用。从玉豆间作种植方式看，玉米是高秆须根系作物，根系主要分布在土壤表层，所需养分以氮、磷为主；而大豆是矮秆主根系作物，具有发达的主根和侧根，可以深入土壤下层吸收养分和水分，所需养分以磷、钾为主。玉米产量高，吸肥量大，为耗地作物。大豆因其根部含有较多的根瘤菌，能固定大气中的游离氮素，为养地作物。玉米是 C4 植物，光饱和点高，而大豆为 C3 植物，光饱和点低，而且植株高矮相配有利于通风透光，能够更好地发挥作物的边际效应，因此，玉米与大豆合理间作，不存在争光争肥争地的矛盾，互补作用强大，有利于获得玉米与大豆的高产。国外研究证明，玉米间作大豆有显著增产效果，其土地当量比在 1.3~1.5 之间，因此是当前耕作水平下一种比较理想的种植方式。

宁夏玉米间作大豆技术研究进展。推广应用玉米与大豆间作的关键是把现有的农业实用技术优化组装配套。首先要在传统玉豆间作模式基础上，从作物品种上寻找突破。国家大豆产业技术体系银川综合试验站围绕玉米大豆优质、高产、高效、抗逆、生态等目标，在育种、栽培、农机等领域开展了广泛研究，积累了一定经验，具备了良好的生产技术储备。尤其是围绕玉米 – 大豆带状间作高产栽培研究和农机具配套方面开展了大量研究工作。首先，开展了玉米 – 大豆间作（以下简称玉豆间作）行比试验研究，提出了玉豆间作 2∶2 适宜的带宽比例。即：两作总幅宽 190 cm，宽行和窄行分别为 160 cm 和 30 cm，玉米大豆间距 65 cm；其次，开展了玉豆间作耐阴性大豆品种筛选试验研究，初步筛选出了以中黄 30 为主的多个耐阴大豆品种（系）；再次，开展了玉豆间作复合种植系统的水肥耦合技术及玉豆同播技术；四是通过研究初步形成了以扩行缩株、喷施烯效唑等技术为核心的化控壮苗技术；五是初步探索了适宜玉豆带状复合种植的动力机械，以及与之相适应的玉米播种、大豆播种、施肥、中耕等机具，并研究了机具的田间适应性，获取了适合玉豆间作带状复合种植的动力机具与作业机具参数，为大豆间套作农机具研发及其关键农机农艺耦合配套技术研究奠定了基础。

玉豆间作栽培技术集成示范。为了探索玉米大豆间作双丰收的新技术模式，促进粮食增产、农民增收增效，进一步探讨玉米大豆带状复合种植技术在宁夏地区的最佳种植方式，推动其大面积示范应用，根据宁夏玉豆间作的特色栽培模式，宁夏农业技术推广总站和国家大豆产业技术体系银川综合试验站共同落实玉米大豆带状复合种植模式。2010—2012 年在彭阳地区开展全膜双垄沟播玉米间作大豆立体复合种植栽培模式。连续 3 年的大区对比展示结果分析：玉豆间作，玉米籽粒产量 9920 kg·hm^{-2}，大豆产量 876 kg·hm^{-2}，合计产量 10796 kg·hm^{-2}，比单种玉米籽粒产量 10072 kg·hm^{-2}，增产 724 kg·hm^{-2}，增幅 7.2%，纯收入增加 3901 元·hm^{-2}，增幅 25.2%。单种大豆籽粒产量 2412 kg·hm^{-2}。从连续 3 年 10 个乡镇大田推广产量结果分析，玉豆间作，玉米籽粒产量 9978 kg·hm^{-2}，大豆产量 864 kg·hm^{-2}，合计产量 10842 kg·hm^{-2}，比单种玉米籽粒产量 10061 kg·hm^{-2} 增产 781 kg·hm^{-2}，增幅 7.8%，纯收入增加 4003 元·hm^{-2}，增幅 26.1%。玉米间作大豆投入产出比 1：3.22，单种玉米投入产出比 1：2.88，差异十分明显。综合小区域试验、大区对比展示示范和大田推广情况看，均以玉米间作大豆产量和效益最高。

宁夏南部雨养山区固原原州区头营镇南塬村 2014 年玉米间作大豆面积 28.98 hm^2，主栽玉米平均产量达到 9430.5 kg·hm^{-2}，在不影响主栽作物玉米的情况下，套种大豆平均产量 1012.5 kg·hm^{-2}，较上年单产增加 14.6%。平罗县高仁乡连片示范展示 26.7 hm^2，玉米平均产量 11121 kg·hm^{-2}，大豆平均产量 1615.5 kg·hm^{-2}。中卫示范片大豆有效株数 129000·hm^{-2} 株，每株 56 粒，产量 1440 kg·hm^{-2}；玉米有效株数 71415 株·hm^{-2}，每株 619 粒，产量 14145 kg·hm^{-2}。中宁县 3.3 hm^2 示范片，大豆有效株数 200010 株·hm^{-2}，平均株粒数 35.8 粒，百粒重 21 g，产量 1503.75 kg·hm^{-2}；玉米有效株数 73695 株·hm^{-2}，单株粒数 571 粒，平均产量 13470 kg·hm^{-2}。

2014 年在灌区进行玉豆间作全程机械化示范。核心示范区统一选用先玉 335 玉米品种，中黄 30 大豆品种；玉米大豆于 4 月下旬统一采用国家大豆体系研发的玉豆联合播种机同机播种，玉豆均采用 2：2 行比宽窄行种植，两作宽行和窄行分别均为 160 cm 和 30 cm，玉米大豆间距 65 cm，每带幅宽 190 cm；播后苗前采用乙草胺或甲草胺（金都尔）封闭除草，生长发育中期采用机械中耕除草。核心示范面积 41 hm²，其中，宁夏农林科学院农作物研究所试验基地示范 0.8 hm²；永宁县李俊镇魏团村示范展示 5.3 hm² 玉米产量 1230 kg·hm⁻²，大豆产量 1560 kg·hm⁻²；宁夏原种场示范展示 3.3 hm²，测产结果显示，玉米有效穗数 55245 穗·hm⁻²，平均穗粒数 574 粒，千粒重 370 g，平均产量 11733 kg·hm⁻²；大豆有效株数 97380 株·hm⁻²，平均株粒数 90 粒，百粒重 21 g，平均产量 1845 kg·hm⁻²。测产专家组认为，宁夏原种场玉米大豆带状复合种植核心示范片，在不影响主作玉米产量的前提下，增加经济效益 9000 元·hm⁻²，增产增收效果显著。

玉豆间作组成的复合群体具有较大的生产力潜力。首先是玉米作为高秆作物可以利用上部较强的光照，而矮秆作物大豆则可以有效利用地表的太阳光能，这样高低搭配立体种植能充分利用光能，获取比单一种植更高的产量。其次是在玉豆间作模式中地下根系分布层次不同。玉米为须根系，根量大而且相对分布浅，大豆为直根系，根深而量少，这样二者在养分利用空间上有优势。更重要的是，玉米需肥量大，当玉米与大豆间作时，玉米对氮的需求和竞争能力要远高于大豆，玉米能从大豆固定的氮中获得部分氮，以满足其生长需要，从而使大豆根区土壤氮素水平下降，而缺氮会有利于大豆固氮能力的提高，从而使整个系统的吸氮量明显增加。合理的玉米大豆间作，由于株型及生理生态方面的差异，水肥利用互补的作用，获得比单作更高的产量和经济效益。

生产实践和试验结果表明，在目前的栽培技术条件下，采用玉米与大豆间作立体种植的方式，通过合理配置各复合群体的结构，充分利用当地的光、热、水、肥等自然资源，进一步挖掘单位土地的产出能力，是实现种植业结构调整高产高效的有效途径之一。

玉豆间作全程机械化示范与应用。灌区玉豆间作核心示范点，玉米间作大豆于 4 月下旬采用国家大豆产业技术体系研发的 2BMZJ-4 玉米大豆施肥播种机同机同期播种，机械播种质量好，出苗均匀一致。采用小型施肥除草机械进行中耕除草和施肥，工效高。玉米、大豆成熟后，采用国家大豆产业技术体系研发的 4LZ-1.0 型自走式大豆联合收割机先收获大豆，再用玉米收割机收获玉米。大豆联合收割机在当年收获中，籽粒脱净率高，无破损；机械收获效率高。

建议与措施：

提高机械整地质量及播种质量。玉米、大豆株穴距达到 8~12 cm 的最低设计要求，玉米窄行达到 30~35 cm 的设计标准，保证玉米、大豆出苗整齐一致，一次全苗，玉米、大豆每公顷有效株数达到设计目标。

筛选适合玉豆间作的耐阴、抗倒伏、产量高、广适应、生育期适宜的大豆品种，筛选叶型紧凑、耐密植、产量高的玉米品种。进一步研究玉豆间作"一肥两用，前施后用"技术，以提高肥效，增加玉米、大豆的产量，改善大豆品质。加强玉豆间作田间化学药剂除草剂的筛选研究工作。

继续做好玉豆间作田间作业机械的选型，提高机械的加工工艺及机械质量。凝练玉豆间作农机农艺耦合栽培集成技术形成一定的生产力，为玉豆间作高产、高效、生态、产业化提供技术支撑。

（2）宁夏南部旱作区黑豆生产现状　宁夏南部旱作农业区海拔1400~2000 m，年降水量 230~650 mm，大部分地区年降水量 400 mm 左右，而且主要集中在每年的 7 月、8 月、9 月三个月，降水占全年降水量的60%~70%；年蒸发量 1335~2200 mm，日照时数 2214~3000 h；年平均气温 6.5℃，≥10℃的活动积温 2300~2500℃，无霜期 110~130 d。冬寒长、春暖迟、夏热短、秋凉早；日照充足、干旱少雨、风大沙多；降雨集中、蒸发强烈。气温年、日较差大，无霜期短而多变，干旱、冰雹、沙尘、霜冻等灾害性天气比较频繁。

生产现状及存在的主要问题。土壤贫瘠，水资源短缺。农业是该地区的支柱产业，干旱成为影响作物产量的主要障碍因素之一。该区域地带性土壤以黑垆土和侵蚀黑垆土为主，耕地土壤有机质含量介于0.6%~1.0%，质地中壤，pH 7.8 左右，自然肥力低，氮磷与微量元素极缺。干旱尤其是春旱是造成作物低产的一个经常性制约因素，也是制约该区域农业发展的主要自然因素。干旱同样也制约着黑豆特色产业的健康发展。单产不高，经济效益低。历史上少有大面积种植黑豆的记载，群众对黑豆栽培知识的认知度较低。由于黑豆单产低，单位面积的种植效益比玉米等作物相对较差，影响到地方各级政府对黑豆科研、生产普遍重视不够。大豆甚至成了无人问津的作物，科研、推广主管部门不立项，种子企业很少经营或不经营，使大豆科研、生产"放任自流"。生产水平低，技术落后。高产、优质黑豆品种少，现有品种产量低；生产技术与营销体系不健全，特别是缺乏防灾、避灾的繁种体系；群众种植黑豆栽培技术知识欠缺；普遍存在"粗耕、粗种、粗管、不施肥或很少施肥、种植密度严重不够或密度过大等栽培技术问题"。农机农艺配套不健全，机械化水平很低。

产业协会成为促进黑豆生产发展的纽带。2016 年 1 月宁夏从事大豆生产、加工、流通、科研、推广以及相关领域的企事业单位和个人自愿联合成立了宁夏黑豆产业协会。协会将以服务、协调、自律、维权为主要职责，在政府和社会各界支持下，参与黑豆产业发展规划的制定和实施，为会员和广大农民提供产业信息，组织业务培训交流，推广先进种植技术，规范企业经营行为，维护会员合法权益。黑豆协会成为沟通政府、企业、农户的桥梁和联系种植、加工、贸易、科研的纽带。

"企业＋科研＋基地"为黑豆生产奠定了基础。目前，该地区黑豆生产在龙头企业北京岳氏集团宁夏天然食品有限公司的带动下，初步形成了"企业＋科研＋基地"三位一体的产前、产中、产后产业链，为发展当地黑豆生产奠定了坚实的基础。北京岳氏集团在宁夏中卫市海原县建立的"全国青少年儿童食品安全科技创新实验示范基地""无公害有机食品黑豆试验示范生产基地"通过了专家评审验收。"企业＋科研＋基地"建设无疑成为当地发展旱作农业区黑豆生产的技术孵化器和加速器。

黑豆生产有潜在的市场空间。黑种皮大豆也称黑豆（黑皮黄子叶、黑皮青子叶），原产于中国，又称乌豆，与大豆同属豆科植物，是中国栽培大豆的重要组成部分。有些地方把青子叶黑豆称为药黑豆，认为黑豆具有益气、补肝、补肾的功效。中国黑豆资源丰富，品种类型多，仅栽培品种就有2800份，分布地域广阔，从北到南的28个省（自治区、直辖市）中均有种植，其中东北地区产量最大。其适应性强、耐旱、耐瘠、耐盐碱，是药食兼用、发展具有地方特色黑色食品极为宝贵的资源。由于黑豆具有耐旱、耐瘠、适应性广等特点，各地广为栽培，尤其在自然条件或生产条件较差的地方种植更多。黑豆蛋白质含量最高可达49.8%，蛋白质中人体必需的氨基酸含量非常高，极适合加工成蛋白粉和氨基酸等保健品。随着人们对黑色食品的青睐和黑色食品餐饮业的繁荣，食用黑豆已经成为一种时尚，黑豆正以其独特的营养特性和功能特性，在改善人类膳食结构中发挥着重大的作用。目前，北京岳氏集团宁夏天然食品有限公司已经以黑豆为基础材料研发生产出了一系列具有宁夏回族自治区地方特色的养生保健素食豆制产品，如牛肉风味素食系列、孜然风味素食系列、五香风味素食系列及麻辣风味素食系列产品相继问世，深受消费者青睐，并获得业内专家的一致好评。黑豆素食精深加工食品展示了发展黑豆生产广阔的市场空间和发展前景。

旱作节水技术创新有利于黑豆产业发展。覆膜保墒等旱作节水技术，最大限度地抑制了田间水分蒸发，达到了增温、蓄水、保墒和改善土壤物理性状的效果，有效保证了土壤养分—作物水分之间的良性循环。以地膜覆盖、集水补灌、有限补灌、设施节水、特色种植等为主体的旱作节水农业技术体系，实现了工程节水、农艺节水、生物节水、设施节水等技术的有机结合，逐步形成了具有宁夏特色的旱作节水农业技术体系。实现水资源的高效利用，特别是抓住秋季降雨集中、秋墒好的特点，以推广覆膜保墒、节水补灌等措施为重点的旱作节水技术，解决了旱作区作物正常播种、出苗和生长关键期的需水、补水问题。旱作节水农业新技术进一步配套完善，同样也有利于黑豆生产发展。

旱作节水技术有利于黑豆产量的提高。秋季全膜覆盖保墒、集雨补灌旱作农业呈现出显著的增产增收效果，发挥了不可替代的作用。据资料介绍，秋季覆膜、早春覆膜和全膜覆盖等覆膜保墒技术较常规覆膜（以玉米为例）一般每公顷增产 10%~30%，节水 120~150 $m^3 \cdot hm^{-2}$，节本最少 750 元·hm^{-2}，增收 2 250~4 500 元·hm^{-2}。

2015 年国家大豆产业技术体系银川综合试验站和海源县农业局农业技术推广中心联合，组织技术人员深入黑豆种植基地、种源基地多次考察论证，结合旱作农业发展实际，抢抓早春墒情足的有利机遇，引进黑龙江省佳木斯"黑珍珠"黑豆在旱作雨养区中卫市海原县树台乡红井村高岘梁建立了 66.7 hm^2 黑豆生产种植基地。通过试验、示范，推广农业新技术，黑豆种植取得了较好的经济效益和生态效益。一是提高了土壤养分含量，促进了土地用养结合。通过黑豆的引进种植，收获后测定土壤中的水解氮和有机质分别提高了 122.9% 和 114.1%，土壤保水保肥能力和熟化土壤的能力明显增强。二是增产增收效果显著，推动了农业结构调整。以养地为出发点，黑豆基地布设在新修的坡改梯田块上，耕作层浅、土壤理化性状差、肥力低。采取秋季覆膜保墒、秋季基施肥等技术措施，最大限度确保了黑豆的经济效益。10 月份收获期测产分析，示范田平均产量 1 800 $kg \cdot hm^{-2}$，大田平均产量 1 050 $kg \cdot hm^{-2}$，高产田块最高产量达到 2 250 $kg \cdot hm^{-2}$。

黑豆生产有利于旱地农业生态系统恢复以及产业结构调整和可持续发展，促进旱地农业生产力的持续提升。宁夏南部山区（以下简称宁南山区）人少地多，大豆用工少，又可培肥地力，其生长与降水基本一致，水分利用率高。因此，在本区建立大豆生产基地是必要的，也是可行的。通过覆膜保墒集雨补灌旱作农业的实施，旱作区农业结构将会实现由高肥水作物种植向用地养地作物种植转变。该地区丰富的土地及人力资源，巨大的市场潜力，较低的综合生产成本，有利于黑豆特色产业的提升和发展，有利于促进该地区农业结构调整，也将有利于加快黑豆特色产业发展的步伐，为实现农业增产增效、农民增收提供条件、奠定了基础，同时对消除该地区贫困及改善群众生计等方面都将发挥重要作用。

发展黑豆特色产业的对策与建议：

补齐技术支撑"短板"。科研管理部门要重视和加强大豆科研团队的建设和科研立项工作以及特色作物黑豆品种的认定或审定，补齐科研部门服务科研一线的"短板"。

选育专用优质黑豆品种、开展技术研发。大豆具有十分丰富的种质资源，品种间的抗旱性差异较大。结合本地区的生态特点以及企业对黑豆精深加工的需要，加强优质、高产、抗旱、早熟或极早熟黑豆品种选育及引进、资源创新、发掘、利用研究，选育具有自主知识产权品牌的专用优质黑豆品种适应产业结构调整及经济发展需要。同时，加强大豆抗旱节水栽培研究和农机农艺集成高产高效栽培技术研究。

健全体系，科技支撑，提高效益。农业技术进步的关键在于农业科技成果的创新与转化。组建以专家为主体的农业技术推广体系，稳定队伍，提高服务质量，更好地为黑豆产业化服务。通过依靠科技进步，增强中部干旱带黑豆特色产业发展的后劲和持续高效的发展能力。

标准化生产，树立品牌，提升品质。建立优质专用无公害黑豆生产基地。对现有优质黑豆品种，组织区域化布局、规模化种植，建立黑豆种子生产基地，建设优质黑豆原种、良种基地，形成稳定的黑豆生产基地，实现标准化生产。根据该地区黑豆生产病虫害轻、施化肥少、很少有环境污染等优势，尽快制定无公害黑豆生产技术规程，积极申报无公害和绿色食品品牌。

为黑豆生产提供强有力的技术支持。广泛开展科技培训，提高农民接受新知识、新品种、新技术应用的能力；探索实用有效的新型培训形式，充分利用科研单位的人才、成果和技术优势，为黑豆生产提供强有力的技术支撑，为加工企业提供优质黑豆原材料。发挥北京岳氏集团宁夏天然食品有限公司的市场开拓和带动作用，加大对黑豆特色农产品的精深加工和销售龙头企业的扶持力度，促进该地区无公害黑豆高产优质高效生产。

（3）鲜食菜用大豆生产及科研现状 菜用大豆是豆科大豆属的栽培种，一年生草本植物。菜用大豆在中国俗称毛豆，特指豆荚鼓粒饱满、荚色、籽粒呈翠绿色，籽粒还没有完全成熟采青剥仁做菜用的大豆，即生理上处于R6（鼓粒盛期）至R7（初熟期）籽粒填充达到荚长的 80%~90% 时采收的大豆类型。在日本，因毛豆常与枝秆一同销售，故称枝豆。菜用大豆是当今被公认的无公害或少污染的安全保健食品，被誉为最美味、最富营养的绿色保健蔬菜，是深受广大消费者喜爱的高蛋白蔬菜种类，也是中国的特产之一。菜用大豆的开发利用是一个新兴的农业产业，以其较高的鲜荚产量和较短的生育期，在生产和市场中潜力巨大，具有广阔的发展前景。

随着人们健康意识的增强和对大豆保健功能认知度的不断提高，菜用大豆在美国和世界其他地区颇受消费者青睐，生产和贸易量呈现不断增加的趋势。宁夏引黄灌区鲜食菜用大豆主要以自产自销为主，自给不足，农贸市场上销售的毛豆大多数来自江苏、浙江等南方地区，鲜荚 7~8 元·kg^{-1}。宁夏引黄灌区菜用大豆种植面积不大，品种单一，产量不高，品质一般，不能完全满足城乡居民对鲜食菜用大豆日益增长的需求。

近年来，国家大豆产业技术体系银川综合试验站针对菜用大豆生产及市场需求，及时开展了菜用大豆的引种、鉴定、种质创新利用及栽培技术等方面的研究，旨在筛选出适宜宁夏引黄灌区生态条件下栽培的质优、高产、抗病、广适应菜用大豆品种。赵志刚等研究人员 2014 年引种了分别来自江苏、浙江、辽宁等不同主栽地域的 12 份鲜食菜用大豆品种进行适应性试验研究，结果表明，宁夏引黄灌区地处西北内陆高纬度高海拔地区，从江苏、浙江等不同地理纬度地区引种菜用大豆，表现为生育期延长、植株增高、主茎粗壮、枝叶繁茂、营养生长旺盛。一是按照播种至采收青荚日数的长短划分均表现晚熟性。二是采摘期集中，时间较为适宜。根据生育期、农艺性状、产量、抗性及田间农艺表现等方面综合考虑，认为浙鲜 9 号、苏早 1 号、台湾 292、龙海 3 号及晋豆 39 等品种在 8~9 月份采摘鲜荚时期适宜，产量高，口感好，商品性、抗病性好，适合在宁夏引黄灌区种植采收鲜荚加工食用。其中苏早 1 号、台湾 292、龙海 3 号可以作为早熟或中早熟品种种植，提早上市；浙鲜 9 号、晋豆 39 可以作为中晚熟品种种植延迟上市。宁夏大学农学院张银霞等专家从国内鲜食大豆主产区引进的鲜食大豆品种，在宁夏引黄灌区进行试种和综合性状分析，认为从东北引进的沈鲜 1 号和从南方引进的引豆 9701 可在宁夏引黄灌区示范推广。三是鲜荚产量较高。最高产量晋豆 39 产鲜荚 18 250.5 kg·hm^{-2}，其次为龙海 3 号产鲜荚 15 750 kg·hm^{-2}、浙鲜 9 号产鲜荚 14 751 kg·hm^{-2}、苏早 1 号产鲜荚 13 750 kg·hm^{-2}、台湾 292 产鲜荚 13 500 kg·hm^{-2}。四是鲜籽粒百粒重大，口感好。鲜百粒重 64.3~99.8 g，鲜荚长 5.7~7.0 cm，鲜荚宽 1.3~1.6 cm，鲜百荚重 213.7~343 g。口感清香或甜糯。五是可以建设成繁制种基地。适期播种不但能够采摘鲜荚弥补当地市场鲜荚供应不足的缺憾，成熟后还可以收获干籽粒种子，可以建设成为鲜食菜用大豆繁育制种基地。

2016 年银川大豆综合试验站与宁夏天人和豆制品有限公司就菜用大豆的科研、生产及深加工利用情况进行了多次广泛交流，宁夏天人和豆制品有限公司准备新上鲜食菜用大豆深加工项目，目前正在积极进行项目调研论证。中卫市沙坡头区农技中心与宁夏虹桥有机食品公司合作，经过 2 年多茬试种，共同探索出了一套适合当地菜用大豆种植的栽培技术。

鲜食菜用大豆生产上存在的主要问题：

优质品种少。适宜当地高产优质的鲜食菜用大豆品种缺少，群众对鲜食菜用大豆认知度较低，生产上有以早熟普通大豆采摘上市冒充菜用大豆的现象。菜用大豆的品种主要属于春大豆类型，品种间生育期差异较小，上市季节货源集中，影响了价格，而且品种的抗逆性差，品质和耐贮藏性等还不能满足市场需求。

生产规模小。有部分食品加工企业进行菜用大豆深加工，但是，一方面是缺少稳定的生产基地，生产仍然以农户为主，生产规模大、集中连片种植的个体农场或专业合作社还不多见。另一方面是菜用大豆加工工艺亟须提高，菜用大豆在本地的规模发展亟须科技企业的大力支持。目前，当地菜用大豆销售还主要以农民直销和个体户贩销为主，缺乏正常供销渠道和龙头企业。

科研投入不足。缺少菜用大豆研究人员，研究课题难立项，没有经费来源。为此，要加强菜用大豆基础研究和高产、优质、抗逆、具备标准性状特征的种质创新、新品种培育及高效栽培技术研究，加强鲜食菜用大豆适应性和品质等方面的研究，科研投入不足的问题亟须解决。

栽培技术有待改进。宁夏引黄灌区鲜食菜用大豆种植多以小面积单种或套种，菜用大豆栽培技术相对落后，产量不高，缺少与优质鲜食菜用大豆品种相配套的高产高效精简栽培技术，保证稳定供应市场的高产高效配套栽培技术体系尚未形成。

发展鲜食菜用大豆建议：

开发空间大，前景广阔。菜用大豆的口味和营养含量符合现代人们的要求，从而发展迅速，潜力巨大。宁夏引黄灌区光、热、水、土资源丰富，昼夜温差大，无霜期长，得天独厚的地理环境条件非常适宜鲜食菜用大豆生产。菜用大豆生产规模将随着城乡居民对健康食品需求量的不断增大而逐步扩大，伴随着国内外市场的开拓，鲜食大豆生产将得到进一步发展，产业化前景广阔。

调结构，提供了市场机遇。菜用大豆的开发利用是一个新兴的农业产业，已逐步成为中国东南沿海地区重要的农业支柱产业。菜用大豆与收获干籽大豆相比，菜用大豆具有营养价值高、栽培季节短、供应周期长、市场潜力大、易形成产业化和规模化栽培、有利于后茬作物生长、经济效益和营养价值高等优点。种植业结构调整，为菜用大豆生产提供了市场机遇。

产业体系提供了技术支撑。科研部门应广泛征集国内外优质菜用大豆品种资源，采取多种途径加速育种进程，选育耐低温、耐储运、采摘期长、生育期不同的菜用大豆品种。选育标准为干籽粒百粒重 30 g 以上，鲜荚皮长 5.24~5.98 cm，鲜粒百粒重 60.79~70.55 g，标准荚（两粒荚以上的荚）少于 340 个·kg^{-1}的品种。

引进技术，提高科技含量。引进南方已经成熟的菜用大豆机械化采收及冷藏技术，栽培技术关键是不落荚、不伤荚、不裂荚，保证质量冷藏加工，节本增效。注重把产业化发展转移到依靠科技进步和提高种植户能力的轨道上来，利用科技增加产量和改善品质。同时在新品种引进、选择和配套栽培技术以及产后加工速冻、保鲜储运等方面加强技术研究。

　　加强名、优、新、特菜用大豆品种的引进和改良力度。从国内外鲜食大豆种质资源中进一步发掘适宜宁夏引黄灌区生态类型区域种植的优质、高产、出口型菜用大豆品种，最大限度地满足具有地方特色的鲜食大豆加工和当地居民生活的需求。

3. 大豆研究进展及科研成果

　　宁夏农林科学院农作物研究所于1972年开始进行大豆引种试验研究。在此之前，主要种植农家品种，地方品种。1988年宁夏选育了首个自育春大豆新品种宁豆1号，1994年选育了春大豆新品种宁豆2号，之后，选育并审定了宁豆3号、宁豆4号、宁豆5号、宁豆6号、宁豆7号等春大豆新品种，引进并审定了晋豆19、承豆6号、晋豆23（又名汾豆50）、晋遗30、邯豆3号、邯豆7号等春播大豆品种。宁夏种植的春大豆品种一般株高100~110cm，百粒重18~24g，生育期135~140d，产量2700~3750kg·hm^{-2}。引进的夏播复种大豆品种生育期85~90d，一般株高50~60cm，百粒重15~18g，产量1500~2250kg·hm^{-2}。如：垦豆25号、垦丰7号、垦丰8号、垦丰18等以及合丰、黑河系列等早熟大豆品种。随着大豆新品种、新技术的推广普及，宁夏种植的春大豆品种得到了4~5次全面更替，地方品种以及农家品种逐步淘汰，大豆品种性状不断得到了改良，产量以及品质逐步提高。

　　宁夏农作物品种审定委员会审定通过的高产优质春大豆品种主要有：宁豆1号、宁豆2号、宁豆3号、宁豆4号、宁豆5号、宁豆6号、宁豆7号、晋豆19、承豆6号、晋豆23、晋遗30、邯豆3号、邯豆7号等。目前，生产上广泛种植的春大豆品种主要有宁豆5号、宁豆6号、宁豆7号、中黄30、晋豆19、承豆6号等品种，夏播复种早熟大豆品种有：垦豆25号、垦丰7号、垦丰8号、垦丰18等以及合丰、黑河等系列品种。生产上主要的大豆种植模式有：春播单种大豆、小麦套玉米间种大豆、小麦套种大豆、枸杞幼树套种大豆、西瓜套种大豆、经果幼林套种大豆、玉米间作大豆等多种种植方式。根据宁夏大豆生产发展特点制定并经由宁夏回族自治区质量标准技术监督局颁布实施了4项地方标准。

（1）大豆种质资源研究　野生大豆资源研究。野生大豆与大豆是近缘种，是一种营养价值很高的药用兼食用型食品，适应能力强，有着较强的抗逆性和繁殖能力，发展前景极为广阔。1979—1980年科研人员对宁夏野生大豆分布情况进行了调查研究。发现野生大豆主要分布在宁夏引黄灌区11县（市）及其毗邻的贺兰山洪积扇小沟和浅山地带，宁夏南部山区尚未发现野生大豆资源。宁夏野生大豆资源丰富，经研究确认全区野生大豆资源基本分为三种生态类型，即灌区一般生态型、中宁草桥生态型和贺兰山土坑生态型。半野生大豆分贺兰山土坑、中宁草桥和陶乐半野生大豆等三种类型。野生大豆缠绕力强、抗逆性强，主根明显，根部着生有球状根瘤菌，直径2~4mm，有效根瘤菌色粉红，一般每株有根瘤菌10~20个，百粒重1.5~1.8g。据分析测定，野生大豆蛋白质含量平均38.3%，脂肪含量平均15.6%。半野生大豆蛋白质含量平均37.4%，脂肪含量平均19.3%。1981—1982年在人工栽培条件下观测，野生大豆的分枝数、单株结荚数均高于栽培大豆，半野生大豆的单株结荚数和单株产量显著高于栽培大豆和野生大豆。

贺兰山野生大豆主要在贺兰山东坡汝其沟口，海拔约1150m的水渠边、大水沟护林点旁分布有数十株野生种；石嘴山河滨工业区生态环境现状介绍中提到，在麻黄沟一带也有野生大豆的分布；几年前，贺兰山护林员在插旗口护林点旁人工种植了一些采自野生种的野生大豆种子，由于有充足的水源，管理得当，现仍生长良好。保护整个贺兰山地区野生大豆资源，同时基于它的多种经济价值，实现经济、社会、生态效益的三结合意义深远。贺兰山野生大豆种源扩大是一项长期的任务，需要各方人士的共同努力。

栽培大豆资源研究。宁夏大豆科研人员对大豆种质资源进行搜集保存、创新、利用研究，截至2019年共搜集到大豆品种资源3000余份，研究发现宁夏的大豆资源主要有黑大豆、黄大豆、双色大豆、褐色大豆、青大豆等 5 种类型。黑大豆中又有大黑豆（百粒重 14~18 g）、小黑豆（百粒重 12 g 以下）、圆圆黑豆（百粒重 20 g 左右）等三种类型。黑大豆的产量略低于黄大豆，生长习性多以无限结荚习性为主，蔓生或半蔓生。在此之前，农业生产上种植的大豆品种主要是以黄大豆和黑豆等地方品种为主，抗逆性差、品质差，产量低。

1988 年宁夏科研人员采用系统选育方法成功培育出宁夏第一个春大豆品种宁豆 1 号，1995 年、1998 年大豆课题组科研人员采用系统选育方法先后育成了宁豆 3 号、宁豆 4 号新品种，2003 年选育审定了宁豆 5 号春大豆新品种，之后，又选育审定了宁豆 6 号、宁豆 7 号以及多个新品系。2008 以来通过田间观察试验，鉴定筛选出了一批具有大粒或长花序或高蛋白等优良性状的种质资源，为大豆育种提供了一批可利用的优良亲本资源。2018 年和 2019 年国家大豆产业技术体系银川综合试验站团队选育并通过审定大豆新品种宁豆 6 号和宁京豆 7 号，宁黄 135 和宁黄 129 已完成宁夏大豆区域试验程序待审，目前尚有宁黄 LD222 等 10 余份批高产优质大豆新品系正在进行区域试验。

（2）品种丰产性不断提高　新品种一般表现丰产性好、适应性广，比原有推广品种增产 5~10%，有的品种甚至增产更多。随着宁豆 1 号、宁豆 2 号、宁豆 3 号、宁豆 4 号、宁豆 5 号、宁豆 6 号、宁豆 7 号自育春大豆品种选育成功和陆续引进审定的新大豆品种的示范推广普及，宁夏大豆单产大幅度上升，完全替代了早期的地方品种、农家品种，大豆产量也由原来的 450~600 kg·hm^{-2} 提高到了 750~3 000 kg·hm^{-2}，小面积最高产量突破了 4 500 kg·hm^{-2}。大豆蛋白质、脂肪含量也明显增加，品质性状得到明显到改善。

（3）栽培技术逐渐完善和成熟　1972—1973 年科研人员根据银川灌区农民有小麦套种大豆的习惯，从黑龙江合江地区引进黑河 3 号、黑河 101、克霜等早熟大豆品种，进行小青稞收获后夏播复种，首次复种成功，大豆平均产量 1 316 kg·hm^{-2}。20 世纪 80 年代从陕西引入了榆林大豆、鹅卵大豆，试验示范大豆单种一般产量 2 250~3 000 kg·hm^{-2}。

麦田套种一般产量 $300 \sim 600 \, \mathrm{kg \cdot hm^{-2}}$，高产在 $750 \, \mathrm{kg \cdot hm^{-2}}$ 以上。夏播复种品种经品种比较试验，筛选出了黑河系列及合丰25、合丰26、九丰3号、垦豆25等成熟期适中，大豆产量一般在 $1500 \sim 2700 \, \mathrm{kg \cdot hm^{-2}}$ 的优良新品种。

1988 年以来生产上种植的大豆品种，主要是宁夏自育的春大豆品种以及经过宁夏回族自治区品种委员会审定的引进品种。大豆栽培品种已逐步替代了地方品种、农家品种，克服了地方品种蔓生倒伏，不抗病、成熟期裂荚的缺点，大豆品质和产量也有了大幅度的提高。单种大豆依据不同品种的特征、特性，采用行距 50 cm 左右，株距 8~15 cm，播深 3~4 cm，尤其是对种植密度进行了重大调整，将先前 $666.7 \mathrm{m^2}$ 大豆密度 2 万 ~3 万株，调整为 1.2 万株左右；套种方式主要有小麦套种玉米间种大豆、小麦套种大豆、胡麻套种大豆、向日葵套种大豆、经果林套种大豆、西瓜套种大豆等多种，规范的间套种方式给大豆留下了足够的生长发育空间，既有利于主要作物的生产发育又有利于大豆的生长，对大豆的中耕、除草、防治病、虫、草害，提高大豆品质和产量方面起到了积极促进作用，同时也增加了大豆的种植面积。随着宁夏农业耕作制度改革，春麦和冬小麦收获后夏播复种大豆，促使夏播复种大豆面积有所增加。宁夏大豆种植面积常年达 3.3 万 ~4.5 万 $\mathrm{hm^2}$，1993 年面积较大，总产量达到 3 200 万 ~3 700 万 kg。2019 年罗瑞萍等选育的宁黄 LD222 在宁夏引黄灌区进行高产示范，经专家现场实打实收，测得产量 $4978.5 \, \mathrm{kg \cdot hm^{-2}}$，首次创造了宁夏春大豆高产纪录。

4. 生产上存在的主要问题及应对措施

影响大豆产量的因素主要是土壤肥力水平的差异、栽培管理粗放、生产上一般不施肥、不防治病虫草害，优良品种利用率低等，尽管如此，大豆生产中产量的提高仍然有很大的生产潜力，通过宣传和推广高产优质新品种及其配套高产栽培技术，良种良法配套，规范栽培技术模式，及时防治病虫草害、合理施肥，提高田间管理水平，加强农技推广人员和农户的技术培训等，可实现宁夏大豆稳产、高产、超高产的生产目标。

加强大豆科研人员的队伍建设。从事大豆科研方面的研究人员少，科研力量薄弱。基层示范市县农技服务部门更是缺乏从事大豆相关研究的技术力量，虽然每年国家大豆产业技术体系银川综合试验站举办各种类型的技术培训班从事大豆技术培训，但是基层市县农技服务部门技术人员，人少事多应接不暇。

提高对大豆品种的认知度。农民对大豆品种的认知度不清，以至于夏播大豆春天播种，大豆早熟，产量较低；单种和套种大豆都选择相同的品种种植，导致大豆不能高产高效；夏播复种大豆播种偏晚，密度偏大或偏小，大豆产量较低。

提高大豆地力水平。春播单种大豆的地块多是边角地、生荒地、河滩地，肥力条件差，地力水平低，田间管理粗放；间作套种的大豆，地力条件好，排灌方便，但是大豆作为次要或附带作物种植，田间管理粗放、栽培管理技术措施落实不到位。

加强大豆生产试验与大田生产衔接。大豆生产大面积采用的是间套种模式，而大豆生产试验示范是在大豆单种环境条件下完成的。审定的大豆品种在间套种条件下种植，适应性差、产量较低。据试验研究，同一品种在不同种植模式下，产量表现不一致。宁夏冬小麦面积逐年增加，而夏播复种大豆没有设置本区区域试验及生产示范，以至于多年来宁夏的夏播复种大豆品种不能依法示范推广，限制了夏播复种大豆生产的发展。

提高大豆生产机械化水平。大豆播种及收获机械除了国有农场外，农村大豆精量播种机械很少或没有机械。大豆播种基本上是靠人工开沟播种，播种深浅不一致，播种量偏大，播种质量难以保证。大豆收获晾晒后脱粒，基本上采取机械碾压，大豆品质下降，直接影响了大豆的商品价格。

5. 发展宁夏大豆产业的对策及建议

从改善食物结构，增加优质蛋白质供应，提高人民群众健康水平的战略高度，从发展市场经济，建立优质高效农业，增加农民收入等方面，再次认识大豆生产的重要地位以及大豆在国民经济中的重要作用，把发展大豆生产列入高效农业的议事日程，进一步加强引导促进大豆产业发展，把大豆生产作为增加农民收入的重要途径之一来重视。

进一步挖掘大豆种质资源潜力。大豆优良品种的选育，有赖于优异的大豆种质资源，这是大豆育种工作取得突破性成就的必备条件。因此，应该进一步搜集、整理对高产或超高产育种有突出意义的大豆种质资源，为大豆高产育种、高品质育种的突破提供必备的基础条件。加强引进、发掘和创新大豆种质资源。优异的种质资源，是育种工作取得突破性进展的物质基础。因此，应在现有研究的基础上，对搜集来的种质资源进行鉴定、挖掘、创新、利用研究。有目的地利用有性杂交或其他育种技术方法创造优良的中间材料，进一步拓宽遗传基础，为大豆育种科研服务。保证大豆种性稳定，加快原种基地建设。建立大豆原原种繁育基地，通过试验示范优质大豆新品种并配以不同的高产栽培模式，扩大原原种及原种繁育规模，带动良种标准化生产，推动优质大豆的生产发展，提高宁夏大豆的品质、增强竞争力，最终实现农业增效、农民增收。

组织大豆高产攻关协作。培育大豆优良品种，研究综合丰产栽培技术规范，研制大豆生产配套农机具，研究大豆加工综合利用，开展大豆优质和专用型高产品种的选育。大豆新品种选育应以优质、高产、抗病为主要选育目标。选育生育期 135 d 左右，植株直立生长，主茎发达抗倒伏、节间短、结荚多而匀，抗病虫，耐密植，666.7 m^2 种植密度 1.5 万株左右，发挥大豆的群体优势，达到提高大豆产量的目的。其次，选育植株高度适宜、分枝多、抗倒伏、结荚多，666.7 m^2 种植密度 1.2 万株左右，发挥单株产量优势，提高大豆产量。

加强高产超高产及专用大豆新品种的培育力度，以高产为目标进一步探索新的栽培技术。针对宁夏引黄灌区优质专用大豆品种较少的现状，科研育种单位应加强大豆高产、超高产技术攻关与示范，进一步对已经成熟的高产栽培技术集成组装配套。优质和专用品种是适应商品经济发展的需要，大豆蛋白质含量和脂肪含量高低与生态自然条件有一定关系，与不断地定向培育选择也有密切关系。因此，大豆品质育种方面，要考虑宁夏的农业生态特点，又要考虑人民生活、加工的需要，开展相应的研究工作。根据宁夏及国内市场对大豆品质的要求，引进、培育综合性状优良、适宜于宁夏单种、间作、套种、复种易于推广种植的高产、稳产、高蛋白和鲜食型大豆品种，引进、培育的高产及超高产品种产量达到 3 750~4 500 kg·hm^{-2}，高蛋白质品种粗蛋白质含量达到 45% 左右，鲜食毛豆（速冻毛豆）品种口感好，商品外观优良并达到无公害绿色食品的要求，产量潜力大，稳产性好，以便更好地为大豆生产服务。

建立以大豆为主的不同作物之间的轮作制度。宁夏灌区大豆单种，间作、套种、复种方式多样，土壤质地有壤土、沙土、黄河淤积滩地、淡灰钙土，土壤肥力水平高低不一，想要大豆稳产、高产、达到超高产目标，必须要努力做好栽培技术集成的组装配套。根据大豆的生理特性及其所需要的生态环境和土壤条件，研究制定无公害大豆、优质高产大豆及超高产大豆的高产栽培技术规程和管理技术规程，把优良品种、水肥运筹管理技术、病虫害综合防治技术、化学调控技术等栽培技术集成优化组装配套，实现大豆良种良法配套和无公害、优质、高产、高效生产。提高大豆良种的普及率和更换率，充分发挥大豆优良品种在生产中的核心作用。加大对大豆良种配套栽培技术的研发和推广工作的支持力度，建立以优良品种为载体、配套栽培技术为保障、技术培训为手段的高产优质大豆生产技术支撑体系。在加工方面，要加强对大豆加工技术的研究和新产品的研发力度，完善传统豆制品加工工艺，实现传统豆制品的标准化生产，发展新兴豆制品加工，开发大豆保健食品。

开展大豆绿色生产。实现大豆优质高产必须有技术作保障，大豆绿色生产离不开优越的自然条件和科学施肥技术及无公害防治技术，使优质大豆品种蛋白质和脂肪含量达标、商品性好、无农药、化肥残留少，为实现大豆优质高效技术研究与示范创造先决条件。充分利用宁夏平原的自然优势和大豆生产优势开发绿色大豆食品；科学施肥，测土配方施肥；推广无公害化技术。开发生产绿色无公害大豆，以规模化、专业化和标准化为目标，"打绿色牌、走特色路"。加快大豆绿色食品原料基地建设，保证大豆高产高效示范种植面积。进行绿色特色食品集约开发，围绕"菜篮子"扩大菜用大豆种植面积，充分利用日光温室生产绿色大豆芽菜，搞好有机大豆蔬菜产业带的开发建设。

发展间作套种大豆，扩大种植面积。发展小麦、玉米、马铃薯及经果幼树等作物间作大豆，稻区发展田埂豆、幼龄果园间作大豆，增加大豆总产和整体效益。加速现有科技成果的推广应用，依靠科学技术和管理方法，增加投入，是实现大豆高产高效的有效途径。

提高大豆生产的比较效益。由于受耕地面积和轮作等客观条件的制约，宁夏大豆种植面积不可能大幅度扩大；而从全国大豆单产与美国、巴西等世界大豆主产国单产水平以及世界大豆平均单产水平的差距（1997 年中国大豆产量为 1545 kg·hm^{-2}，美国、巴西产量 2400 kg·hm^{-2}，全世界平均单产水平 1950 kg·hm^{-2}）看，提高宁夏大豆单产水平有潜力可挖。依据宁夏各市县的自然条件和栽培技术水平，选择适合当地间作、套种、复种的大豆品种。其次，加强小型农机具的研制和普及的力度，抓好大豆生产过程中优种精量播种、保苗、防治病虫害、化学除草等各环节技术的推广服务工作，提高单位面积产量。把大豆列入政府直接补贴的范围，加大支持力度，从根本上改变大豆比较效益偏低的局面。

推广示范优质高产高效栽培技术。首先解决好"大豆是养地作物可以不施肥、不需要管理"的观念。掌握种植密度，因地制宜，因品种制宜，不能什么品种都一播了之；按照技术要求保证密度，保证基本苗，过密过稀都将影响大豆产量和百粒重；加强水肥管理，夏播复种大豆抢时早播，苗后花前及时浇水。磷钾肥作基肥一次施入，氮肥 2/3 做基肥、1/3 可在大豆花荚期视大豆长势情况结合灌水酌情进行追施；喷施烯效唑进行化控防倒伏，及时防治大豆病虫害；大豆收获的适期应在种子进入黄熟末期至完熟初期收获。人工收获大豆最好趁早晨露水未干时进行，以防豆荚炸裂减少损失。

加快科研成果转化力度。科技成果转化为现实生产力，是科技工作的出发点和落脚点。充分发挥科研院所在科技领域的主力军作用，推动科技成果产业化、商品化，培育科技型企业。健全科技成果推广的信息网络，理顺科技成果流通渠道，为生产第一线源源不断地提供最新的科技信息。总之，要有组织、有计划地将先进、成熟、适用的科技成果推向经济建设的主战场，为全区经济发展做出了积极的贡献。

第二节　大豆产业发展前景展望

中国是大豆的原产地，品种资源十分丰富，而且中国人又有食用大豆及其制品的传统习惯，目前，我国尚未发展转基因大豆，而且高蛋白大豆品种的选育一直处于世界领先地位，绿色、高蛋白一直是中国大豆的品牌优势。随着人民生活水平的提高，中国对高产优质大豆的需求越来越多，大豆及其产品已成为不可替代的保障物资。新世纪以来，中国大豆种业发展进入了快车道。目前，已搭建了大豆育种材料关键性状鉴定平台、新品系多点试验平台和苗头品种测试平台，构建了上中下游紧密衔接、政产学研用深度融合的大豆育种联合攻关创新体系，形成了可复制可推广的良种联合攻关新模式。一批具有自主知识产权的绿色优质品种选育取得新突破，新品种规模化推广示范取得新进展，研制了针对不同产区的绿色提质增效技术模式，创造了良种良法配套的高产典型，高产品种为大豆生产在逆境中的生存和发展提供了有力支撑。基本实现了亩产量 400kg 可复制、300kg 属常态、200kg 大面积的产量目标，为实现藏粮于地、藏粮于技，从源头上保障国家粮食安全提供了有力支撑。目前全国有 160 多家单位从事大豆新品种选育工作，大豆科技人员达到 2000 人左右，其中从事育种工作的科技人员 1000 人左右，基本形成了全国大豆育种网络。在农业部、科技部、发改委及教育部等部门的支持下，在中国各大豆主产区设立了若干中心、实验室（试验站）、大豆产业技术体系育种科学家岗位，对改善科研环境和条件发挥了重要作用，极大地推动了中国大豆育种事业的发展。

中国是大豆原产国，曾经也是世界大豆生产第一大国和出口国。大豆作为一种重要的粮油兼用作物，随着国内需求的不断增加和种植面积的萎缩，供需矛盾日益突出。目前，中国大豆年供需缺口约 9000×10^4 t，加大了中国粮食供需缺口，严重影响粮食安全。2019 年国家大豆振兴计划正式开启，结合"十三五"规划和乡村振兴战略实施，推动国内大豆生产实现"扩面、增产、提质、绿色"的目标。一是扩大面积。到 2020 年，全国大豆种植面积达到 1.4 亿亩。到 2022 年，全国大豆种植面积达到 1.5 亿亩，达到本世纪以来最高水平。二是提高单产。到 2020 年，全国大豆平均亩产达到 135 kg。到 2022 年，全国大豆平均亩产达到 140 kg，逐步缩小与世界大豆主产国的单产差距。三是提升品质。到 2020 年，国产食用大豆蛋白质含量、榨油大豆脂肪含量分别提高 1 个百分点。到 2022 年，再分别提高 1 个百分点，达到或超过世界大豆主产国平均水平。四是绿色发展。全国大豆化肥、农药使用量保持负增长，到 2020 年化肥、农药利用率均达到 40%，耕种收综合机械化率达到 78%。到 2022 年化肥、农药利用率稳定在 40% 以上，耕种收综合机械化率达到 80%。

宁夏位于中国西北内陆地区东部、地处黄河中上游，从自然地理、资源条件和经济社会发展水平来看，分为北部引黄灌区、中部干旱带和南部山区 3 个自然生态区域。总耕地面积 111.7 万 hm²，其中，中部干旱带和南部山区面积占全区总面积的 68%，现有耕地面积 85 万 hm²，旱作耕地 65.5 万 hm²，占总耕地面积的 86.4%。中部干旱带和南部山区是宁夏典型的旱作农业区，农业土地资源丰富。宁夏引黄灌区也称"宁夏平原""银川平原"。2000 多年前即引黄河水自流灌溉，是西北重要的自流灌溉农业区，自古就有"塞上江南"之称。大豆是宁夏种植历史悠久的农作物。引黄灌区是宁夏大豆的主产区，也是中国大豆的高产超高产地区之一。据统计，1956 年宁夏种植大豆面积 3.97 万 hm²，主要集中在引黄灌区，而且主要在麦田套种，总产量 3050 万 kg，平均产量 765 kg · hm⁻²。1979 年种植面积为 2.24 万 hm²，总产量 2000 万 kg，平均产量 825 kg·hm^{-2}。发展宁夏大豆生产不仅有利于宁夏乃至西北地区农业产业化结构的调整，同时也对区域现代农业经济的发展起到积极的推动作用，更为主要的是最终能够实现农业增效、农民增收，同时又可以带动养殖业、加工业等相关产业的发展，市场前景广阔。

自然资源丰富。宁夏引黄灌区是中国西北地区重要的商品粮生产基地，地处贺兰山与鄂尔多斯高原之间，地质构造为断陷盆地，经黄河及平原湖和沼泽长期淤积而成，自青铜峡至石嘴山之间，包括山前洪积平原，东西宽 10~50 km，南北长 165 km，面积 7 000 km^2，海拔 1 100~1 200 m，自南向北缓缓倾斜，由于地势平坦，土层深厚，引水方便，利于自流灌溉，俗有"天下黄河富宁夏"之说。

气候条件优越。宁夏位于黄河上游，西北部为银川平原，中部和南部为黄土丘陵山地，基本上属于干旱与半干旱地区，最南端属于半湿润地区。日照时数 2 214~3 202 h，由南向北递增。农作物生长季节平均气温日较差 12~15 ℃。≥ 10 ℃ 的活动积温：中北部地区 3 000~3 300 ℃，固原地区 1 900~2 400 ℃，分布规律大致是由南向北递增。农作物生长季节短，引黄灌区农作物生长日数 140~160 d，固原地区农作物生长日数 103~148 d，年际间变化较大。得天独厚的天时地利环境为实现大豆优质高产创造了有利条件。

耕作历史悠久，灌排方便。银川平原自然条件优越，又得黄河之利。20 世纪 50 年代建成的青铜峡水利枢纽使宁夏引黄灌区（分银南灌区和银北灌区）灌溉面积扩大为 20 × 10^4 hm^2，比 1949 年增加近两倍。其中银南地区灌排条件较好，农作物以水稻、小麦、玉米、大豆为主，是宁夏灌区的高产稳产地区；银北地区主要农作物有小麦、杂粮、大豆等，因地面坡降小，地下水位高，土质黏重，排水不畅，多数土壤盐渍化较严重，但土地广阔，发展生产的潜力较大。

有较大面积可垦宜农荒地。黄河灌区有 38 万 hm^2 荒地可供开发利用，有占现有耕地 70% 以上的中、低产田可供改造，是今后宁夏农业发展的最大潜力所在。大豆作为重要的养地作物和先锋作物，可以在新垦荒地种植。大豆轮作可以实现种地养地，同时大豆又为发展畜牧业提供了优质蛋白质饲料。以贺兰山东麓地区为例，该地区土壤质地属沙质淡灰钙土，土壤有机质少，肥力低，就目前生产力水平，该地区小麦产量低于 $3750\,kg\cdot hm^{-2}$ 一般要亏损，而改种大豆一般产量可达 $2250\sim3000\,kg\cdot hm^{-2}$，高产可达到 $4500\,kg\cdot hm^{-2}$，纯收益可达 2250 元·hm^{-2} 以上。另据调查，产量在 $2250\,kg\cdot hm^{-2}$ 以上的大豆田块，可收获 $2250\,kg\cdot hm^{-2}$ 以上的茎秆、荚壳等优质饲草，还有 $3000\,kg\cdot hm^{-2}$ 根茬，落叶还田，加上大豆根瘤固氮，增加 $60\sim75\,kg\cdot hm^{-2}$ 氮素，$7.5\sim15.0\,kg\cdot hm^{-2}$ 磷素和约 $3000\,kg\cdot hm^{-2}$ 有机物质，大大有益于该地区宜农荒地的开发利用及改良和培肥。

大豆品质优、产量高。大豆被称为"21 世纪作物"和"奔小康作物"，是人们膳食结构中最主要的蛋白质来源之一。20 世纪 70 年代，宁夏大豆面积 0.3 万 ~0.4 万·hm^2，产量不足 $750\,kg\cdot hm^{-2}$。80 年代以间作、复种、套种为栽培方式的大豆生产得到发展，但栽培品种多数以地方品种和引进品种为主，大豆面积也只有 1.3 万 ~2.0 万 hm^2，大豆产量 $900\sim1050\,kg\cdot hm^{-2}$。90 年代以来，大豆科技工作者经过艰苦努力，培育和引进筛选出了适合宁夏各种栽培方式的大豆新品种，大豆优良品种普及率显著上升，占大豆总面积的 80% 以上，良种良法配套技术措施得力，大豆面积发展到 3 万 ~4 万 hm^2，大豆产量达到 $1500\sim2250\,kg\cdot hm^{-2}$，高产可达 $4500\,kg\cdot hm^{-2}$ 以上，优良品种的普及促进了全区大豆生产。多个品种通过宁夏回族自治区品种审定委员会审定，其中，自育春大豆品种有：宁豆 1 号、宁豆 2 号、宁豆 3 号、宁豆 4 号、宁豆 5 号，宁豆 6 号和宁豆 7 号；引进品种有晋豆 19、承豆 6 号、中黄 30、邯豆 3 号、汾豆 50、晋遗 30、平优 1 号等。一般株高 90~110 cm，百粒重 18~24 g，生育期 135 d 左右，大豆产量 2700~3750 $kg\cdot hm^{-2}$。特用型品种主要有绿色种皮、粒大荚宽、食味口感好的鲜食大豆、速冻毛豆。夏播复种的大豆品种主要有：黑河系列、垦丰系列、合丰系列等，一般株高 50~60 cm，百粒重 15~18 g，生育期 85 d 左右，大豆产量

$1\,500\!\sim\!3\,750\,\mathrm{kg}\cdot\mathrm{hm}^{-2}$。

大豆单产提高空间较大。2013 年 8 月 6~9 日，国家大豆产业技术体系银川综合试验站团队成员 4 人，赴新疆考察了大豆产业技术体系对接试验站新疆石河子大豆综合试验站在石河子地区开展的大豆超高产栽培技术试验、示范。2009 年新疆生产建设兵团农八师 148 团实收 $86.83\times666.7\,\mathrm{m}^2$，大豆平均产量 $364.68\,\mathrm{kg}\cdot666.7\,\mathrm{m}^{-2}$，并在 $1.19\times666.7\,\mathrm{m}^2$ 上创造了大豆产量 $402.5\,\mathrm{kg}\cdot666.7\,\mathrm{m}^{-2}$ 的高产全国纪录。2010 年新疆生产建设兵团农八师 148 团试验站种植的中黄 35 大豆超高产田实收 $1.066\times666.7\,\mathrm{m}^2$，大豆产量 $405.89\,\mathrm{kg}\cdot666.7\,\mathrm{m}^{-2}$，再创中国大豆单产纪录。新疆石河子地区大豆主栽品种有石大豆 1 号、2 号，新大豆 1 号。大豆超高产栽培 $666.7\,\mathrm{m}^2$ 收获密度为 2.5 万 ~3.0 万株，平均行距 30 cm 左右。株高 80 cm 左右，主茎节数 15~18 节，单株荚数 35 个左右。宁夏大豆主栽品种有宁豆 5 号、承豆 6 号、晋豆 19、中黄 30 等。大豆平均行距 50 cm 左右，栽培密度 $666.7\,\mathrm{m}^2$ 一般在 1.2 万 ~1.5 万株，大豆株高 100~120 cm，主茎节数 15~18 节，单株荚数 35~40 个。新疆石河子地区大豆超高产栽培技术关键是以促为主，促控结合，一促到底。大豆生长期间，喷施缩节胺或多效唑 5~6 次；滴水灌溉 10 次左右，结合灌溉每次追施尿素 $75\,\mathrm{kg}\cdot\mathrm{hm}^{-2}$，共追施尿素 $450\!\sim\!600\,\mathrm{kg}\cdot\mathrm{hm}^{-2}$，加上基施尿素 $225\,\mathrm{kg}\cdot\mathrm{hm}^{-2}$，施尿素达到了 $675\!\sim\!825\,\mathrm{kg}\cdot\mathrm{hm}^{-2}$。一方面从大豆根部促进大豆的生长，另一方面，从大豆茎叶喷施抑制剂控制旺长，大豆株高控制在 80 cm 左右。宁夏平原大豆高产栽培基施尿素 $225\!\sim\!300\,\mathrm{kg}\cdot\mathrm{hm}^{-2}$，磷酸二铵 $150\,\mathrm{kg}\cdot\mathrm{hm}^{-2}$，大豆生长期间一般很少追施氮肥，大豆的个体发育仍然很茂盛，株高一般在 110~120 cm，大豆生长后期易倒伏，严重影响了大豆的单产。新疆石河子地区和宁夏平原两地的农业气候条件相近，同属内陆西北地区，日照时数长，昼夜温差大，降水量少，蒸发量大，有效积温高，无霜期长。宁夏平原引黄灌溉，土层深厚，有得天独厚的自然资源条件，因此，宁夏平原具有独特的大豆超高产栽培的有利条件。宁夏平原大豆超高产栽培在品种选择方面，应选择高产、优质、抗逆性强，生育期适宜，株高 80 cm、百粒重 20 g 以上，单株结荚 40 荚以上的春大豆品种。从目前大豆生产上使用的品种及栽培技术情况分析，笔者认为银川平原大多数春大豆品种能满足大豆高产超高产栽培的品种及技术条件。

大豆市场需求持续增加。近年来，由于养殖业的发展，饲料需求逐步增加，豆粕及其再制品在饲料中的比例不断上升，市场上豆粕消费量日益增加，豆油的用途也日益广泛，大豆消费量继续增长成为必然趋势。大豆的蛋白质和油脂是非常优质的营养来源，含有大量的生理活性物质，由于大豆的营养价值高，被称为"豆中之王""田中之肉""绿色牛乳"等，是数百种天然食物中最受营养学家推崇的食用品之一。豆制品深加工方面，宁夏大豆制品加工有大型的豆制品加工企业领衔，如"宁夏天人和豆制品股份有限公司""宁夏兴豆缘豆制品有限公司"，市场需求的增长为宁夏大豆产业化发展前景提供了空间。

引黄灌区大豆高产高效复合种植面积较大。宁夏引黄灌区大豆单产一般在 2 400~3 750 kg·hm^{-2}，小麦套种大豆产量 2 250~3 000 kg·hm^{-2}，小麦套种玉米间作大豆产量 1 200~1 500 kg·hm^{-2}，大豆与经果林间作大豆产量 3 000 kg·hm^{-2} 左右，春小麦或冬小麦收获后夏播复种大豆产量 1 500~2 700 kg·hm^{-2}。宁夏大豆单种最高产量目前可达 4 500 kg·hm^{-2} 以上。因管理水平和种植方式不同单产水平差异较大，生产和增产潜力较大。据调查统计，宁豆 3 号套种产量 1 650~2 100 kg·hm^{-2}，单种产量 2 250~4 500 kg·hm^{-2}。灌区高阶地及河滩地一般大豆产量 1 500 kg·hm^{-2} 以上，高产可以达到 2 250~3 000 kg·hm^{-2}。宁南扬黄新灌区及小流域灌溉农业区套种大豆平均产量 1 005 kg·hm^{-2}，复种大豆平均产量 1 249.5 kg·hm^{-2}。宁夏大豆蛋白质含量高、粒大籽圆、虫食率低、籽粒光泽度好，商品性优良。

玉米间作大豆发展前景广阔。玉米与大豆间作适宜的间作技术是提高总产和效益的关键，在不影响玉米产量的前提下间作大豆能提高复种指数，实现土地单位面积增产增收。玉米间作大豆具有增加产量、提高效益和培肥地力三大好处。能够实现玉米大豆作物之间的轮作，增加土壤细菌群落的多样性，对培肥地力减少、土地化肥面源污染、改善土壤质量有巨大促进作用。据研究资料，大豆根瘤固氮有效降低了能源消耗，减少了氮肥投入，可以增加土壤有机质5.56%，土壤流失量减少约10.6%，还使得地表径流量减少约85.1%，同时使大豆田土壤总氮量提高了约7.29%，玉米氮肥利用率提高了约39.21%；既兼顾了经济效益、生态效益和社会效益，同时又充分利用了各种农业资源，提高了土地利用率、光能利用率，实现了光、热、水、肥等资源在时间和空间上的集约化有效利用。

玉豆间作实现了土地用养结合和农田带状轮作。据研究资料，籽粒产量水平 $1500\,kg\cdot hm^{-2}$ 的大豆根瘤固氮菌量为56.25 kg，约相当于262.5 kg的标准氮肥。加之大豆生物产量的农田归还率较高，因而将其纳入套种的两熟制农田生态系统中，发挥其肥田效应，能够有效地实现土地的用养结合和农田的短中期带状轮作。总之，大豆间作套种因扩大了营养面积，增加了作物间的边际效应，改善了通风透光条件，增加了田间 CO_2 浓度，充分发挥了作物的边行优势，增大了大豆根系的养分吸收范围，防止了大豆落花落荚，提高了大豆有效荚数，增加了粒重，从而达到增加产量和经济效益之目的。

大豆是宁夏农业生产的五大作物（小麦、水稻、玉米、大豆、马铃薯）之一，玉米是宁夏农业生产的主导作物之一。1991年全区玉米播种面积7.58万 hm^2，2019年播种面积达到30万 hm^2，28年间播种面积增加了22.42万 hm^2。玉米间作大豆不与主栽作物玉米争地、争水、争肥，合理利用当地的水、肥、光、热等自然资源，能够实现玉豆增产增收。传统的玉米间作大豆种植方式，由于玉豆间作带比配套不完善，机械化水平低，玉米种植密度小，大豆所占空间比例少，大豆品种不耐阴，玉米和大豆作物的整体边际效应没有得到很好的发挥，玉米产量 $11250{\sim}12000\,kg\cdot hm^{-2}$，大豆产量 $450{\sim}600\,kg\cdot hm^{-2}$，且收获不方便，经济效益较差，农业企业和农民迫切渴望轻简的栽培新模式和新技术。针对这些问题，研究形成玉米间作大豆带状复合种植新模式，围绕间作模式的品种搭配、株行带比配置、播种期协调、施肥、病虫草害防治和机播机收等关键技术进行全程机械化高效栽培，形成玉米间作大豆农机农艺融合，充分发挥两作生长过程的边行优势，提高玉米和大豆的综合生产能力，在保证玉米不减产或增产的前提下，增收大豆$1\,500\!\sim\!2\,250\,\mathrm{kg\cdot hm^{-2}}$，增效$7\,500\!\sim\!9\,000$元$\cdot\mathrm{hm^{-2}}$，可行性比较大，操作性强。

宁夏大豆产业的发展具有得天独厚的天时地利条件，同时具有一支能吃苦耐劳，积极上进，专业知识精深的科研队伍，发展宁夏大豆产业前景广阔。

第二章　宁夏大豆品种

第一节　常规优良品种

1. 宁豆1号

审定编号：宁种审8815。1988年通过宁夏回族自治区农作物品种审定委员会审定。

选育单位：宁夏种子公司

亲本来源：1983年从榆林黄大豆的变异株系中选育而成。

特征特性：春播，生育期145~150d。无限结荚习性，植株前期直立、后期半匍匐生长，株高80~100cm，主茎11~15节，分枝5~8个，底荚高8~12cm。椭圆叶，叶片小，叶色深绿。白花、灰毛，成熟荚褐色。单株结荚30~100个。椭圆粒，种皮黄色，有光泽，淡黄脐，百粒重17~20g。抗倒性中等，抗病性较强。

品质分析：籽粒脂肪含量15.37%，蛋白质含量44.50%。

产量表现：1985—1987年参加区域试验，平均产量1830kg·hm^{-2}，比对照榆林大豆增产18.1%。1985—1987年生产示范，平均产量2200.5kg·hm^{-2}，比榆林大豆增产35%。小麦、大豆套作时，大豆产量1800~2250kg·hm^{-2}；小麦玉米大豆三作间作套种时，大豆产量750kg·hm^{-2}左右。

适宜种植区域：适宜宁夏引黄、扬黄灌区种植。

2. 宁豆2号

审定编号：宁种审9415，1994通过宁夏回族自治区农作物品种审定委员会审定。

选育单位：宁夏种子公司

亲本来源：1987年从榆林大豆的变异株中系选育而成。

特征特性：春播，生育期135~140 d。无限结荚习性，植株直立，株高75.6 cm左右，分枝6.9个，底荚高10~18 cm。叶形蛋圆，叶片小，叶色深绿。紫花、灰毛，成熟荚褐色。单株结荚85.6个。圆粒，种皮青黄色，有光泽，脐黑色，百粒重21 g。抗倒性强，抗病性较强。

品质分析：籽粒脂肪含量19.64%，蛋白质含量43.12%。

产量表现：1990—1992年大豆区域试验平均产量1914 kg·hm^{-2}，较对照宁豆1号增产14.4%。1991—1992年大豆生产示范平均产量2136 kg·hm^{-2}，较对照种增产82.75%。麦豆套作大豆产量1500~2250 kg·hm^{-2}；玉米小麦大豆三作间作套种时，大豆产量50~80 kg·hm^{-2}；大豆单种产量3000~3750 kg·hm^{-2}。

适宜种植区域：适宜宁夏引黄灌区种植。

3. 宁豆3号

审定编号：宁种审9515，1995年4月经宁夏回族自治区农作物品种审定委员会审定通过。

选育单位：宁夏农林科学院农作物研究所

亲本来源：1983年从辽宁铁岭地区所引进的高代品系79165-14-2中经单株系选，于1988年定系育成。

特征特性：春播，生育期135~140 d，一般年份在9月25日左右即可成熟。亚有限结荚习性，植株直立，株高90 cm左右，主茎节数15.8节，单株分枝3~7个，底荚高10~15 cm。卵圆叶，叶较大，叶色深绿。白花、灰毛，成熟荚深褐色。单株结荚50~80个。粒形圆，种皮黄色，有光泽，浅褐脐，百粒重20.5~24 g。抗倒性强，抗花叶病毒病。

品质分析：脂肪含量 19.8%，蛋白质含量 38.2%。

产量表现：1991 年参加套种产量鉴定试验，平均产量 2535 kg·hm^{-2}，比宁豆 1 号增产 35.2%。1992 年参加农作物所品种比较试验，小区折合产量 2077.5 kg·hm^{-2}，比宁豆 1 号增产 20.8%。1992—1993 年参加引黄灌区春大豆品种比较试验，产量居参试品种之首，两年平均产量 1680 kg·hm^{-2}，比对照宁豆 1 号增产 35.4%。1994 年参加全区大豆生产试验示范，平均产量 2005.5 kg·hm^{-2}，比对照宁豆 1 号增产 49.8%。

适宜种植区域：宁夏引黄灌区种植。

4. 宁豆 4 号

审定编号：宁种审 9816，1998 年 4 月经宁夏回族自治区农作物品种审定委员会审定通过。

选育单位：宁夏农林科学院农作物研究所

亲本来源：1983 年从辽宁铁岭地区所引进的高代品系 79165-14-1 中经单株系选，于 1989 年定系育成。

特征特性：春播，生育期 133 d 左右。无限结荚习性，植株直立，株高 90 cm 左右，主茎 14.6 节，分枝 3~5 个，底荚高 10~15 cm。披针叶，叶片大小适中，叶色绿。白花、灰毛，成熟荚褐色。单株结荚 80~180 个。圆粒，种皮黄色，有光泽，浅褐脐，百粒重 20~22 g。抗倒性强，抗花叶病毒病。

品质分析：籽粒脂肪含量 16.3%，蛋白质含量 36.9%。

产量表现：1991 年参加套种大豆产量鉴定试验，大豆产量 2565 kg·hm^{-2}，比宁豆 1 号增产 25%。1992 年参加农作物研究所大豆品种比较试验，折合产量 3270 kg·hm^{-2}，比宁豆 1 号增产 26%。1993—1994 年参加全区春大豆品种区域联合试验，平均比宁豆 1 号增产 38.7%，比宁豆 1 号抗病能力强。1995 年参加春小麦套种大豆生产示范，大豆产量 1687.5 kg·hm^{-2}，比宁豆 1 号增产 20%。1996—1997 年套种大豆生产示范，平均产量 1900.5 kg·hm^{-2}，比宁豆 1 号增产 18%；大豆单种平均产量 3720 kg·hm^{-2}，最高达 4500 kg·hm^{-2} 左右。

适宜种植区域：适于在宁夏引黄灌区及贺兰山东麓地区栽培种植，新垦灌区及河滩地亦可栽培。

5. 宁豆 5 号

审定编号：宁审豆 2003001，2003 年通过宁夏回族自治区农作物品种审定委员会审定。

选育单位：宁夏平罗县种子公司

亲本来源：从地方品种中的变异单株系选，于 1995 年育成，原名平优 1 号。

特征特性：春播，生育期 145 d。无限结荚习性，植株直立，株高 110 cm 左右，主茎节数多，叶形圆，叶色绿。紫花、灰毛，成熟荚褐色。单株结荚 50 个。圆粒，种皮黄色，有光泽，褐色脐，百粒重 22.5 g。抗倒性中。

品质分析：籽粒脂肪含量 17.47%，蛋白质含量 42.18%。

产量表现：2000 年大豆区域试验平均产量 4188.9 kg·hm^{-2}，较对照宁豆 3 号增产 22.6%。2001 年大豆区域试验平均产量 3561.15 kg·hm^{-2}，较对照宁豆 3 号增产 6.7%。两年大豆区域试验平均产量 3875.1 kg·hm^{-2}，较对照宁豆 3 号增产 14.65%。

适宜种植区域：适宜宁夏引黄灌区种植。

6. 宁豆 6 号

审定编号：宁审豆 20180001，2018 年通过宁夏回族自治区农作物品种审定委员会审定。

选育单位：宁夏农林科学院农作物研究所和中国农业科学院作物科学研究所

亲本来源：中黄 24/Low linolenic acid 进行有性杂交，采用系谱法选育的春大豆新品种。

特征特性：生育期 136 d，比对照品种承豆 6 号（142 d）早熟 6 d，该品种为早熟品种。幼茎紫色，紫花，棕毛，无限结荚习性，椭圆叶。平均株高 103 cm，株型收敛，有效分枝 1.3 个，底荚高 16.1 cm，单株有效荚 54 个，单株粒数 124 粒，单株粒重 24.1 g。籽粒较大，呈椭圆形，种皮黄色，有光泽，种脐褐色，百粒重 19.5 g，种子外观商品性好。

品质分析：农业农村部谷物监督检验测试中心测试，籽粒粗蛋白含量 38.78%，粗脂肪含量 21.0%。

抗逆性鉴定：2015—2017 年参加宁夏引黄灌区春大豆区域试验中，宁豆 6 号在各参试点田间 0~1 级抗倒伏，抗花叶病毒病、霜霉病、炭疽病和菌核病，生长健壮，成熟时落叶性好，抗裂荚。

产量表现：2015—2016 年参加宁夏引黄灌区春大豆品种区域试验。2015 年大豆区域试验平均产量 4485 kg·hm^{-2}，比对照品种承豆 6 号增产 4.1%，居当年试验第三位，增产点次 80%。2016 年大豆区域试验平均产量 4231.5 kg·hm^{-2}，比对照品种承豆 6 号增产 3.5%，居当年试验第三位，增产点次 60%。两年大豆区域试验平均产量 4359 kg·hm^{-2}，比对照品种承豆 6 号增产 3.8%。2017 年参加宁夏引黄灌区春大豆生产试验，平均产量 3955.5 kg·hm^{-2}，比对照品种承豆 6 号增产 5%，居当年试验第 3 位，增产点次 80%。

栽培技术要点：

（1）适时播种　4 月 15~20 日播种，5 月 10 日前完成播种。

（2）合理密植　播种量 60~75 kg·hm^{-2}，播种行距 50 cm，株距 10 cm 左右，播深 3~5 cm，等行距精量播种，播后均匀覆土并压实。大豆第一个三出复叶展开时进行间苗、定苗，留苗 18.0 万 ~22.5 万株·hm^{-2}。

（3）科学施肥　结合春季平田整地，一次性施入优质农家肥 37.5~45.0 t·hm^{-2} 或磷酸二铵 150~225 kg·hm^{-2}、尿素 300 kg·hm^{-2}。大豆初花期视长势结合灌水酌情施肥，追施尿素 75~150 kg·hm^{-2}。大豆鼓粒期用 15 kg·hm^{-2} 尿素加 1.5 kg·hm^{-2} 磷酸二氢钾，兑水 750 kg·hm^{-2} 进行叶面喷洒。

（4）适时灌水　大豆出苗至开花前尽量不灌水，促使其根系苗壮发育，达到"蹲苗、壮苗"的效果。大豆始花期和鼓粒期及时灌水，以保证大豆营养生长和生殖生长对水分的需求。

（5）病虫草害防控　播后苗前可选用90%的乙草胺乳油 1.5~2.0 L·hm^{-2} 兑水 450 kg·hm^{-2} 喷雾进行封闭除草。大豆出苗后结合中耕进行机械除草。大豆封垄前用 25% 氟磺胺草醚 750 ml~900 ml·hm^{-2} 加精吡氟禾草灵 1050 ml·hm^{-2} 兑水 450 kg 喷雾进行化学除草。当大豆叶螨卷叶株率达 10% 时，及时用 73% 炔螨特乳油 3000 倍液喷雾。

（6）适时收获　9月中下旬当大豆茎叶及豆荚变黄，落叶达到 80% 以上时收获。

适宜种植区域：适宜在宁夏引黄灌区各市县种植。

7. 宁豆7号

审定编号：审豆 20190001，2019 年通过宁夏回族自治区农作物品种审定委员会审定。

选育单位：宁夏农林科学院农作物研究所和中国农业科学院作物科学研究所

亲本来源：由长农 17 / 冀 B04-6 杂交选育而成。

特征特性：生育期 136 d，较对照承豆 6 号早熟 5 d，属中熟高产高油品种。幼茎绿色，株高 94 cm，株型收敛，有效分枝 0.7 个，卵圆叶，白花，灰毛，有限结荚习性，成熟不裂荚，落叶性好，底荚高 17.9 cm，单株结荚 57.7 个，单株粒数 126.4 粒，单株粒重 26.2 g，百粒重 20.4 g。黄粒、褐脐、椭圆粒，有光。抗病性较好，丰产性、适应性好。

品质分析：2019 年农业农村部谷物品质监督检验测试中心（北京）测定：籽粒粗蛋白质含量 39.53%，粗脂肪含量 21.82%。

产量水平：2016 年大豆区域试验平均产量 277.9 kg·666.7 m^{-2}，较对照承豆 6 号增产 2.0%。2017 年大豆区域试验平均产量 304.3 kg·666.7 m^{-2}，较对照承豆 6 号增产 4.1%。两年区域试验平均产量 291.1 kg·666.7 m^{-2}，平均增产 3.1%。2018 年大豆生产试验平均产量 277.8 kg·666.7 m^{-2}，较对照承豆 6 号增产 6.3%。

栽培技术要点：

（1）播种期及密度　4月中下旬至5月上旬播种，666.7 m^2 播种量

4~5kg，666.7m²保苗密度1.2万~1.5万株，播种行距50~60cm。

（2）施肥　每666.7m²施氮（N）4kg、$P_2O_5$5kg、K_2O3~5kg，建议使用大豆根瘤菌剂拌种。

（3）除草　苗前每用150~200ml·666.7m⁻²250%乙草胺均匀喷雾封闭除草；苗后茎叶除草，用精喹禾灵、高效氟吡甲禾灵（高效盖草能）、精吡氟禾草灵（精稳杀得）、苯达松等药剂；大豆红蜘蛛可采用阿维哒螨灵、阿维菌素和红满盖等药剂混防治。

（4）适时收获　田间70%的豆荚出现黄熟色时可收获，过早、过晚都会影响产量和品质。

适宜种植区域：适宜宁夏引黄灌区春播种植。

8. 中黄318

审定编号：宁审豆20190002，2019年通过宁夏回族自治区农作物品种审定委员会审定。

选育单位：中国农业科学院作物科学研究所

亲本来源：以中作J8024和中作J9206杂交选育而成

特征特性：生育期136d，较对照承豆6号早熟3d，属于晚熟品种。幼茎紫色，株高88cm，株型收敛，有效分枝1.8个，卵圆叶，紫花，棕毛，有限结荚习性，底荚高16.3cm，不裂荚，落叶性好，微光，单株结荚59.4个，单株粒数125个，单株粒重29g，百粒重23.1g，黄粒、褐色脐、椭圆粒。

品质分析：2019年农业农村部谷物品质监督检验测试中心（北京）测定：籽粒粗蛋白质含量38.63%，粗脂肪含量20.83%。

产量水平：适宜宁夏引黄灌区春播种植。2016年大豆区域试验平均产量286kg·666.7m⁻²，较对照承豆6号增产5%，增产显著。2017年大豆区域试验平均产量306.5kg·666.7m⁻²，较对照承豆6号增产4.8%。两年区域试验大豆平均产量296.3kg·666.7m⁻²，平均增产4.9%。2018年大豆生产试验平均产量289.6kg·666.7m⁻²，较对照承豆6号增产11.3%。

栽培技术要点：

（1）播种期 4月中下旬至5月上旬，当地表10cm土壤温度稳定通过10℃时，采用机械或人工播种。

（2）合理密植 根据土壤肥力水平确定种植密度，播种行距50cm，每666.7m²保苗密度1.2万~1.5万株。

（3）田间管理 合理搭配施氮、磷、钾肥及微肥，土壤肥力中等以上，足施有机底肥，开花结荚期根据田间长势喷施叶面肥，大豆封垄前中耕1次。全生育期灌水3~4次。

（4）病虫草害防治 出苗前用150~200ml·666.7m⁻²250%乙草胺（金都尔）均匀喷雾封闭除草；出苗后茎叶除草，用精喹禾灵、高效氟吡甲禾灵（高效盖草能）、精吡氟禾草灵（精稳杀得）、苯达松等药剂；用40%炔满特、啶虫脒、红螨盖等及时防治红蜘蛛。

（5）适时收获 人工收割应在大豆黄熟期进行，机械收获应在完熟期进行。

适宜种植区域：适宜宁夏引黄灌区春播种植。

9. 承豆6号

审定编号：冀承审200006 宁审豆2003003 国审豆2003014

选育单位：河北省承德农业研究所选育。2001年由宁夏种子管理站和宁夏农林科学院农作物研究所引入宁夏。

亲本来源：承7907-2-3-2-1×铁丰25号杂交选育

特征特性：春性，生育期134d。植株直立，子叶绿色，长势强，株型半开，株高117.6cm。主茎1~2个分枝，有限结荚习性，底荚高30cm，每株54个荚，不实荚率低，每荚2~3粒，单株粒数129粒，单株粒重27.9g，籽粒椭圆形；黄色、褐脐、有光泽，商品性好。披针叶，白花，灰毛，淡褐色荚。百粒重19.6g。中晚熟品种，耐阴性强，较适合套种。裂荚性中等，较抗倒伏，病虫害轻。

品质分析：宁夏农科院分析测试中心化验分析：籽粒粗蛋白质含量40.8%，粗脂肪含量17.49%。

产量表现：2001 年大豆区域试验平均产量 272.50 kg·666.7 m^{-2}，比对照宁豆 3 号增产 22.42%。2002 年大豆区域试验平均产量 197.69 kg·666.7 m^{-2}，比对照宁豆 4 号增产 9.53%。两年区域试验平均产量 235.1 kg·666.7 m^{-2}，比对照种增产 15.97%。2003 年大豆生产试验平均产量 150.46 kg·666.7 m^{-2}，比宁豆 4 号增 16.73%。

栽培技术要点：

（1）播种期　4 月 20 日左右播种。

（2）每 666.7 m^2 播种量单种为 5 kg、套种为 2.5~3.5 kg。每 666.7 m^2 保苗密度 1.2 万 ~1.5 万株。

（3）田间管理　保证全苗、壮苗，适时灌水，氮、磷、钾（N、P、K）肥配合使用，及时中耕除草，摘除菟丝子，中后期及时用杀螨剂防治大豆红蜘蛛。避免重茬和迎茬，肥水过高易倒伏。

（4）适时收获　当田间 70% 的豆荚出现成熟色时即可收获，过早、过晚均会影响品种产量和品质分析。

适宜种植区域：适宜引黄灌区种植。

10. **晋豆 19**

审定编号：宁审豆 2003002

选育单位：山西省农科院作物遗传所育成。2000 年由宁夏回族自治区种子管理站引入宁夏。

亲本来源：以 168 为母本、铁 7517 为父本进行有性杂交选育而成。

特征特性：春性，生育期 132~143 d。植株半直立，子叶绿色，长势强。株高 114 cm，主茎 26 个分枝，株型半开，长势好，茎粗适中。卵圆叶，紫花，褐荚，棕毛，亚有限结荚习性，底荚高 20 cm，单株结荚 54 个，荚粒数 2~3 粒，百粒重 20.7 g，籽粒黄色、褐脐、椭圆形。

品质分析：经宁夏农林科学院分析测试中心化验分析，籽粒粗蛋白质含量 38.29%，粗脂肪含量 19.91%。

产量表现：2000 年大豆区域试验平均产量 267.14 kg·666.7 m^{-2}，比对照宁豆 3 号增产 17.3%。2001 年大豆区域试验平均产量

$246.39\,\mathrm{kg\cdot 666.7\,m^{-2}}$，比对照宁豆 3 号增产 10.69%。两年区域试验大豆平均产量 $256.77\,\mathrm{kg\cdot 666.7\,m^{-2}}$，比对照宁豆 3 号增产 14.0%。2002 年大豆生产试验平均产量 $143.41\,\mathrm{kg\cdot 666.7\,m^{-2}}$，比宁豆 3 号增产 11.26%。

栽培技术要点：

（1）播种期　4 月 20 日左右播种。

（2）单种播种量 $5\,\mathrm{kg\cdot 666.7\,m^{-2}}$、套种播种量 $2.5\!\sim\!3.5\,\mathrm{kg\cdot 666.7\,m^{-2}}$，保苗密度 1.5 万株 $\cdot 666.7\,\mathrm{m^{-2}}$ 左右。

（3）田间管理　保证全苗、壮苗，适时灌水，氮、磷、钾（N、P、K）肥配合使用，及时中耕除草，摘除菟丝子，中后期及时防治红蜘蛛。避免重茬和迎茬，肥水过高易倒伏。

（4）适时收获　当田间 70% 的豆荚出现成熟色时即可收获，过早、过晚均会影响品种产量和品质分析。

适宜种植区域：适宜引黄灌区种植。

11. 晋遗 30

审定编号：国审豆 2003027　晋审豆 2004002　宁审豆 2005001。

选育单位：山西省农业科学院作物遗传研究所

亲本来源：晋豆 19×晋豆 11 杂交选育

审定情况：2003 年通过国家农作物品种审定委员会审定，2004 年通过山西省农作物品种审定委员会审定，2005 年通过宁夏回族自治区农作物品种审定委员会审定。

特征特性：春播，生育期 131~140 d，株高 85~101.8 cm，株型收敛或半开张。椭圆叶，棕毛，紫花。亚有限结荚习性。椭圆粒，种皮深黄色，有光泽，种脐黑色，百粒重 21.5~22.2 g。

品质分析：国家大豆品种区域试验中，籽粒粗蛋白质含量 41.28%，脂肪含量 21.74%。

产量表现：2000—2002 年参加山西省大豆中晚熟组区域试验，3 年大豆平均产量 $175\,\mathrm{kg\cdot 666.7\,m^{-2}}$，比对照品种晋豆 19 增产 4.6%，居第一位。2003 年参加山西省大豆中晚熟组大豆生产试验，平均产量

$211.4\,kg\cdot666.7\,m^{-2}$，比对照品种晋豆 19 增产 7.9%。2001—2002 年参加国家北方春大豆品种晚熟组区域试验，两年平均产量 $217.2\,kg\cdot666.7\,m^{-2}$，比对照品种开育 10 号增产 9.8%，居第一位。2002—2003 年参加宁夏回族自治区大豆品种区域试验，两年平均产量 $201.44\,kg\cdot666.7\,m^{-2}$，比对照品种宁豆 3 号增产 11.31%，居第一位。

栽培技术要点：

（1）春播以 4 月下旬播种为宜。播种前施农家肥 $2\,000\,kg\cdot666.7\,m^{-2}$、硝酸磷肥 $15\sim20\,kg\cdot666.7\,m^{-2}$。播种深度 $3\sim5\,cm$，等行距条播。

（2）春播保苗密度 1.2 万株 $\cdot666.7\,m^{-2}$ 左右。

（3）及时防治病虫害。

适宜种植区域：适宜在宁夏灌区春播种植。

12. 铁丰 18

审定编号：宁种审 8306

选育单位：辽宁省铁岭地区农科所

亲本来源：以"45-15"为母本，"5621"为父本进行有性杂交，在杂种第一代用 r 射线处理选育而成。

特征特性：春播，生育期 $135\,d$。株高 $70\sim104\,cm$，半直立型，分枝 $2\sim4$ 个，单株结荚 $33\sim60$ 个，单株粒数 $50\sim130$ 粒，百粒重 $18\sim24\,g$，种子椭圆形，种皮黄色，微有光泽，种脐淡黄色，花紫色，叶片浓绿。耐肥抗倒，生长繁茂，不裂荚。

产量表现：1980 年大豆区域试验平均产量 $126.85\,kg\cdot666.7\,m^{-2}$，比榆林大豆增产 63.7%。1981 年大豆区域试验平均产量 $152\,kg\cdot666.7\,m^{-2}$。1982 年大豆区域试验平均产量 $111.5\,kg\cdot666.7\,m^{-2}$。1982 年大豆生产示范平均产量 $157\sim159.5\,kg\cdot666.7\,m^{-2}$。

栽培技术要点：

（1）播种期　4 月中下旬播种。

（2）种植密度　保苗密度 1.5 万株 $\cdot666.7\,m^{-2}$，肥力较高地块每 $666.7\,m^2$ 保苗密度 1 万株，行距 $50\,cm$，播种量 $4\sim6\,kg\cdot666.7\,m^{-2}$。

（3）灌水　生育期间灌 2~3 次水，第一水在开花前 7~10 d（即 6 月下旬）灌溉，第二水在 7 月下旬或 8 月上旬灌溉，第三水在 8 月中下旬灌溉。

适宜种植区域：适宜宁夏引黄灌区单种。

13. 铁丰 31

审定编号：宁审豆 2010001（辽农审证字 667 号，京审豆 2004003）

选育单位：辽宁省铁岭大豆科学研究所

亲本来源：新 3511 为母本，美国大豆品种瑞斯尼克为父本进行有性杂交，于 2001 年育成，属中晚熟春大豆品种。

特征特性：生育期 135 d，株高 83.3 cm，株型收敛，有效分枝 1.1 个，卵圆叶，亚有限结荚习性，底荚高 11 cm，不裂荚，单株结荚 46 个，单株粒数 99.7 个，单株粒重 19.8 g，黄粒，黑脐，椭圆形，微光，紫花，灰毛，落叶性好，百粒重 19.2 g。属中晚熟型品种。较能抗花叶病毒病，丰产性、稳产性较好，适应性较广，肥水高倒伏较重。

品质分析：籽粒粗蛋白含量 38%，粗脂肪含量 20.4%。

产量水平：2008 年 4 个大豆试验点平均产量 254 kg·666.7 m^{-2}，比对照种增产 8.2%，达到显著水平；2009 年 5 个大豆试验点平均产量 260.4 kg·666.7 m^{-2}，比对照种增产 4%；两年大豆区域试验平均产量 257.2 kg·666.7 m^{-2}，比对照种增产 6.1%。2009 年 3 个大豆生产试验点平均产量 258.2 kg·666.7 m^{-2}，3 个试验点都增产，比对照种增产 8.9%。

栽培技术要点：4 月 25 日前播种。单种播种量 5 kg·666.7 m^{-2}，保苗密度 1.2 万 ~1.5 万株·666.7 m^{-2}；套种播种量 2.5~3.5 kg·666.7 m^{-2}，保苗密度 1.0 万 ~1.2 万株·666.7 m^{-2}。密度过大、肥水过高易倒伏。中后期及时用杀螨剂防治红蜘蛛。当田间 70% 的豆荚出现成熟色时即可收获，过早、过晚均会影响产量和品质分析。

适宜种植区域：适宜宁夏灌区种植。

14. 邯豆 3 号

审定编号：宁审豆 2006001

选育单位：河北邯郸市农科所选育。2001 年由宁夏种子管理站引入宁夏。

亲本来源：邯 73 / 中作 87-D06

特征特性：生育期 126~139 d，植高 107.6 cm，分枝数 4.67，主茎 17 节，株型半开、直立，长势较强。圆叶，紫花、棕毛、褐荚，不裂荚，无限结荚习性，单株荚数 58 个，每荚 2~3 粒，粒大而圆，黄皮、褐脐、微光，单株粒重 26.15 g，百粒重 22.97 g。较能抗倒伏，病虫害轻。

品质分析：宁夏农林科学院分析测试中心检测，籽粒粗蛋白质含量 39.32%，粗脂肪含量 21.3%，水分含量 9.14%。

产量表现：2002 年大豆区域试验平均产量 207.22 kg·666.7 m^{-2}，较对照宁豆 4 号增产 14.82%；2003 年大豆区域试验平均产量 223.62 kg·666.7 m^{-2}，较对照宁豆 4 号增产 23.21%；两年区域试验大豆平均产量 215.42 kg·666.7 m^{-2}，较对照宁豆 4 号增产 19.02%。2004 年大豆生产试验平均产量 111.5 kg·666.7 m^{-2}；2005 年大豆生产试验平均产量 165.59 kg·666.7 m^{-2}，较对照宁豆 4 号增产 3.66%；两年大豆生产试验平均产量 138.55 kg·666.7 m^{-2}，较对照宁豆 4 号增产 0.46%。

栽培技术要点：

（1）播种期　4 月 25 日前播种。

（2）种植密度　单种播种量 5 kg·666.7 m^{-2}，套种播种量 2.5~3.5 kg·666.7 m^{-2}，保苗密度 1.0 万 ~1.2 万株·666.7 m^{-2}，密度过大、肥水过高易倒伏。

（3）田间管理　保证全苗、壮苗，适时灌水，氮、磷、钾（N、P、K）肥配合施用，及时中耕除草，摘除菟丝子，大豆生长中后期及时用杀螨剂防治红蜘蛛。

（4）适时收获当田间 70% 的豆荚出现成熟色时即可收获，过早、过晚均会影响产量和品质分析。

适宜种植区域：宁夏引黄灌区适合单种或套种。

15. 邯豆 7 号

审定编号：宁审豆 2007001（邯 348）

选育单位：河北省邯郸市农科院

亲本来源：以美 4550 / 冀豆 11 杂交选育而成。2004 年宁夏种子管理站引入宁夏区。

特征特性：生育期 124~146 d。株高 87 cm，主茎 14.8 节，株型收敛，生长直立，卵圆叶，紫花、棕毛，无限结荚习性，不裂荚，落叶性较好，单株结荚 35.1~47.9 荚，每荚 2~3 粒，椭圆粒，黄皮、褐脐、籽粒有光泽，单株产量 20.5~21.5 g，百粒重 21.5~26.0 g。抗倒伏，中抗花叶病毒病，外观商品性好。

品质分析：籽粒粗脂肪含量 20.72%，粗蛋白含量 31.5%。

适宜地区及产量水平：2005 年大豆区域试验平均产量 248.48 kg·666.7 m^{-2}，较对照宁豆 4 号增产 29.8%；2006 年大豆区域试验平均产量 275.28 kg·666.7 m^{-2}，较对照宁豆 4 号增产 23.86%；两年区域试验大豆平均产量 261.88 kg·666.7 m^{-2}，较对照宁豆 4 号增产 26.9%。2006 年套种大豆生产试验平均产量 96.5 kg·666.7 m^{-2}，较对照宁豆 4 号增产 0.01%。

栽培技术要点：

（1）播种期　4 月 25 日左右播种。单种播种量为 5 kg·666.7 m^{-2}，套种播种量为 2.5~3.5 kg·666.7 m^{-2}，单种保苗密度为 1.2 万 ~1.5 万株·666.7 m^{-2}，套种保苗密度为 1.0 万 ~1.2 万株·666.7 m^{-2}，密度过大、肥水过高易倒伏。

（2）田间管理　保证全苗、壮苗，适时灌水，氮、磷、钾（N、P、K）肥配合使用，及时中耕除草，摘除菟丝子，中后期及时用杀螨剂防治大豆红蜘蛛。

（3）避免重茬和迎茬。

（4）适时收获　当田间 70% 的豆荚出现成熟色时即可收获，过早、过晚均会影响产量和品质分析。

适宜种植区域：适宜宁夏灌区单种或套种。

16. 吉农 27 号

审定编号：国审豆 2009008　宁审豆 2010002

选育单位：吉林农业大学

亲本来源：以荷引 10 为母本，吉农 8601-26 为父本，经品种间有性杂交，按系谱法经多年系统选育而成。

特征特性：生育期 129 d。株高 84.5 cm，主茎 14.4 节，有效分枝 1.8 个，底荚高度 16.3 cm，单株有效荚数 44.1 个，单株粒数 88.8 粒，单株粒重 15.9 g，百粒重 18.2 g。圆叶、白花、亚有限结荚习性。籽粒圆形或椭圆形，种皮黄色，褐脐。病圃鉴定感胞囊线虫病。接种鉴定，中感灰斑病，抗花叶病毒病 1 号株系，中抗花叶病毒病 3 号株系。

品质分析：宁夏农林科学院农产品质分析量监测中心检测，籽粒粗蛋白含量 37.29%，粗脂肪含量 20.25%。

产量表现：2006 年参加北方春大豆中晚熟组品种区域试验，大豆平均产量 170.3 kg · 666.7 m^{-2}，比对照种吉林 30 增产 6.2%；2007 年大豆区域试验，大豆平均产量 178.6 kg · 666.7 m^{-2}，比对照种增产 6.3%；两年区域试验大豆平均产量 174.5 kg · 666.7 m^{-2}，比对照种增产 6.2%。2008 年大豆生产试验平均产量 207.1 kg · 666.7 m^{-2}，比对照种增产 4.9%。2008 年大豆平均产量 259.8 kg · 666.7 m^{-2}，比对照种增产 10.6%；2009 年大豆平均产量 270.4 kg · 666.7 m^{-2}，比对照种增产 8%；两年大豆平均产量 265.1 kg · 666.7 m^{-2}，比对照种增产 9.3%。2009 年大豆生产试验平均产量 261.9 kg · 666.7 m^{-2}，比对照种增产 10.4%。

栽培技术要点：

（1）播种期　4 月 25 日前播种。

（2）播种量　单种播种量为 5 kg · 666.7 m^{-2}，保苗密度为 1.2 万 ~1.5 万株；套种播种量为 2.5~3.5 kg · 666.7 m^{-2}，保苗密度为 1.0 万 ~1.2 万株。密度过大、肥水过高容易倒伏。

（3）田间管理　保证全苗、壮苗，适时灌水，氮、磷、钾（N、P、K）

肥配合使用，及时中耕除草，摘除菟丝子，中后期及时用杀螨剂防治红蜘蛛。避免重茬和迎茬。

（4）适时收获　当田间 70% 的豆荚出现成熟色时即可收获，过早、过晚均会影响产量和品质分析。

适宜种植区域：适宜宁夏北部灌区春播种植。

第二节　引进优良种质资源

1. 中黄 30

审定编号：该品种符合国家大豆品种审定标准，通过审定。国审豆 2006015

选育单位：中国农业科学院作物科学研究所

亲本来源：中品 661 × 中黄 14

特征特性：北方春大豆早熟种质，生育期 124 d。株高 63.8 cm，主茎节数 15 个，有效分枝 1.1 个，单株有效荚数 48.1 个，百粒重 18.1 g。圆叶，紫花，棕毛，有限结荚习性。种皮黄色，种脐浅褐色，籽粒圆形，有微光泽。抗倒、抗病性好，成熟时落叶性好，不裂荚。经接种鉴定，表现为中感大豆花叶病毒病 I 号株系，中感 III 号株系，中抗大豆灰斑病。

品质分析：籽粒平均粗蛋白质含量 39.53%，脂肪含量 21.44%。

产量表现：2004 年参加北方春大豆晚熟组品种区域试验，平均产量 193.3 kg·666.7 m^{-2}，比对照辽豆 11 增产 10.6%；2005 年持续试验，大豆平均产量 184.5 kg·666.7 m^{-2}，比对照种增产 8.3%；两年区域试验大豆平均产量 188.9 kg·666.7 m^{-2}，比对照种增产 9.4%。2005 年大豆生产试验平均产量 163.1 kg·666.7 m^{-2}，比对照种增产 5.4%。2007—2008 年北京市大豆春播区域试验平均产量 232.9 kg·666.7 m^{-2}，比对照中黄 13 增产 20.8%，2008 年大豆生产试验平均产量 234.6 kg·666.7 m^{-2}，比对照中黄 13 增产 16.1%。

栽培技术要点：

（1）适宜播种期为 4 月下旬至 5 月上旬。应选择中、上等肥力地块种植，保苗密度 1.5 万株·666.7 m^{-2}。

（2）精细整地，确保苗全、苗齐、苗壮。

（3）前期重施底肥，花荚期叶面喷施微肥，遇干旱及时灌水，及时除草，防治病虫害，适期收获。

适宜种植区域：适宜在宁夏中北部地区春播种植。

2. **中黄 35**

审定编号：2006 年国家农作物品种审定委员会审定，国审豆 2006002。

选育单位：中国农业科学院作物科学研究所

亲本来源：用品种（PI486355× 郑 8431）× 郑 6062 选育而成的大豆品种。

特征特性：黄淮海地区春播生育期 121 d，株高 78 cm，有效分枝 0.9 个，底荚高度 8.7 cm，单株有效荚数 45.3 个，单株粒数 108.4 粒，单株粒重 18.4 g，百粒重 17~18.5 g。卵圆叶，白花，灰毛，有限或亚有限结荚习性，株型收敛。种皮黄色，黄脐，圆粒。经接种鉴定，表现为中抗大豆花叶病毒病 SC3 和 SC7 株系。

品质分析：籽粒粗蛋白质含量 38.86%，脂肪含量 23.45%。

产量表现：2004 年参加黄淮海地区北片夏大豆品种区域试验平均产量 206.0 kg·666.7 m^{-2}，比对照早熟 18 增产 19.3%；2005 年大豆区域试验平均产量 204.3 kg·666.7 m^{-2}，比对照冀豆 12 增产 5.6%；两年区域试验大豆平均产量 205.1 kg·666.7 m^{-2}。2005 年大豆生产试验平均产量 219.1 kg·666.7 m^{-2}，比对照冀豆 12 增产 5.8%。

栽培技术要点：

（1）播种前施腐熟有机肥 2 000~3 000 kg·666.7 m^{-2}，播种时施磷、钾肥作为种肥。

（2）播种量 4~5 kg·666.7 m^{-2}，保苗密度 1.2 万 ~1.6 万株·666.7 m^{-2}。

（3）大豆分枝期、花荚期和鼓粒期要注意防旱。

适宜种植区域：宁夏中部地区种植。

3. 冀豆 12

审定编号：国审豆 2001001、国审豆 2003017

选育单位：河北省农林科学院粮油作物研究所

亲本来源：油 83-14（♀）× 晋大 7826（♂）

特征特性：春大豆晚熟种质，春播生育期 149 d，株高 85.1 cm，底荚高 18 cm，具有短分枝 3 个左右，单株有效荚数 43.6 个，百粒重 22~24 g。圆叶，紫花，灰毛，有限结荚习性。株型呈塔形，根系发达，茎秆粗壮，抗倒性好。椭圆粒，种皮黄色，种脐黄色。抗病抗倒伏性一般，成熟时轻度裂荚。高抗病毒病，抗旱性较好。

品质分析：籽粒粗蛋白质含量 46.48%，脂肪含量 17.07%。

产量表现：1999—2000 年参加全国黄淮夏大豆北组区域试验。1999 年大豆平均产量 192.53 kg·666.7 m^{-2}，较对照早熟 18 增产 4.2%；2000 年大豆平均产量 198.3 kg·666.7 m^{-2}，比照早熟 18 增产 10.84%；两年大豆平均产量 195.42 kg·666.7 m^{-2}，比对照早熟 18 增产 7.47%。大豆生产试验平均产量 170.53 kg·666.7 m^{-2}，比对照增产 4.68%。2000 年西北片大豆平均产量 180.1 kg·666.7 m^{-2}，较对照增产 30.48%。

栽培技术要点：

（1）机械播种量 5~6 kg·666.7 m^{-2}。肥力较高的地块保苗 1.5 万株·666.7 m^{-2} 左右；肥力较差的沙土地保苗密度 2 万株·666.7 m^{-2} 左右。

（2）苗期注意蹲苗防止生长后期倒伏。

（3）大豆开花期结合浇水追施纯氮 5~7 kg·666.7 m^{-2}。

（4）大豆结荚期、鼓粒期要注意抗旱、排涝，及时除草和防治病虫害，成熟后及时收获。

适宜种植区域：适宜宁夏灌区春播种植。

4. 冀豆 17

审定编号：2006 年 4 月审定通过。冀审豆 2006001 号

选育单位：河北省农林科学院粮油作物研究所

亲本来源：用 Hobbit × 早 5241 选育而成

特征特性：属春大豆中晚熟种质，生育期平均 138.9 d，株高 101.04 cm，主茎 17.7 节，有效分枝 2.4 个，底荚高度 15.6 cm，单株有效荚数 52.9 个，单株粒数 125.3 粒，单株粒重 25.3 g，百粒重 19.5 g。圆叶、白花、棕毛，亚有限结荚习性，植株直立生长。籽粒圆形，种皮黄色、微光，种脐黑色。接种鉴定，中感花叶病毒病 3 号株系，中感花叶病毒病 7 号株系，高感胞囊线虫病 1 号生理小种。

品质分析：籽粒粗蛋白质含量 38%，脂肪含量 22.98%。

产量表现：2010—2011 年参加西北春大豆品种区域试验，两年平均产量 253.3 kg·666.7 m^{-2}，比对照晋豆 19 增产 10.6%。2011 年大豆生产试验平均产量 253 kg·666.7 m^{-2}，比晋豆 19 增产 7.7%。

栽培技术要点：

（1）4 月底至 5 月初播种，机械条播，播种行距 40~50 cm，等行距播种或大小行距种植，大行距 60 cm、小行距 40 cm。

（2）高肥力地块保苗密度 1.0 万 ~1.2 万株·666.7 m^{-2}、中等肥力地块 1.2 万 ~1.4 万株·666.7 m^{-2}、低肥力地块 1.5 万 ~1.8 万株·666.7 m^{-2}。

（3）基施腐熟有机肥 1000 kg·666.7 m^{-2}、氮磷钾三元复合肥 20 kg·666.7 m^{-2} 或磷酸二铵 15~20 kg·666.7 m^{-2} 作基肥，大豆初花期追施尿素 5 kg·666.7 m^{-2}，结荚鼓粒期喷施磷酸二氢钾等叶面肥。

适宜种植区域：适宜宁夏中北部地区春播种植。

5. 冀豆 19

审定编号：国审豆 2008007

选育单位：河北省农林科学院粮油作物研究所

亲本来源：借助 MS1 雄性核不育材料，利用 70 多个国内外优良大豆作亲本，通过轮回选择方法选育而成。

特征特性：生育日数 132~143 d，株高 82.3 cm，底荚高 20.1 cm，分枝 1.8 个，叶色绿，圆叶、白花、灰毛，种皮黄色，种脐黄色。百粒重 17.2 g。亚有限结荚习性。秆强、喜肥水、耐湿，抗紫斑病、抗大豆食心虫，抗倒伏性较强，落叶性好，抗裂荚性强，适应性广。属高产、稳产、高油、分枝型品种。

品质分析：籽粒粗蛋白质含量 40.13%，脂肪含量 21.68%。

产量表现：大豆生产示范单种平均产量 250 kg · 666.7 m^{-2}，高产、稳产、优质。

栽培技术要点：

（1）中等肥力的地块一般施农家肥 2 000~3 000 kg · 666.7 m^{-2}，每 666.7 m^2 施种肥磷酸二铵 8~10 kg、硫酸钾 10 kg · 666.7 m^{-2} 或氯化钾 8~10 kg · 666.7 m^{-2}，施用种肥时肥料与种子一定要隔离，相距 3 cm 以上，避免肥料烧种。追肥：土壤肥沃的地块可少追肥或不追肥；土质差、苗长势弱的地块，每 666.7 m^2 追施尿素 4~5 kg。

（2）4 月 20 日左右播种，播深 4~5 cm。单种播种量 5~6 kg · 666.7 m^{-2}，行距 50 cm，株距 8~10 cm；间作、套种可以根据不同的套种模式播种量控制在 4 kg · 666.7 m^{-2} 左右。

（3）间作套种的大豆与小麦共生期间的灌水随同小麦管理。小麦收后可根据田间墒情适当灌水。大豆苗期不灌水，大豆花荚期不宜缺水。

（4）病虫防治用 25% 杀虫脒 200 g · 666.7 m^{-2}，兑水 60 kg 喷雾在心叶内防治豆荚螟；用 40% 乐果乳油加敌敌畏 1 000 倍液喷雾防治豆蚜；当田间有红蜘蛛发生时，及时拔除虫株消灭发生中心。用螨死净、三氯杀螨醇等杀螨剂加水喷雾，并间隔 5 d 左右连续喷药防治，直至防治干净以防害虫蔓延危害。大豆食心虫、草地螟等用 2.5% 敌杀死喷雾防治。

（5）大豆出苗前喷施 2，4–D 丁酯。生育期间及时中耕除草；及时摘除菟丝子。

（6）及时收获。当叶片脱落，多数豆荚变成成熟色时方可收获，过早过晚均影响籽粒的产量和品质。

适宜种植区域：适宜宁夏灌区春播种植。

6. 辽豆 14（原代号：辽 21051）

审定编号：国审豆 2003013

选育单位：辽宁省农科院作物研究所

亲本来源：以辽 86–5453 为母本，用引自美国的 Mecury 做父本，采取人工杂交和系谱选择方法育成。

特征特性：生育期 131 d，株高 89.3 cm，分枝 3~5 个，主茎节数 21~23 个，白花，灰毛，荚分布均匀，单株有效荚数 55.4 个，荚熟时呈褐色；籽粒黄色，有光泽，粒圆形，种脐黑色，百粒重 16.8 g，籽粒整齐，完全粒率高达 95.4%，虫食粒率 2.2%，褐斑粒率 0.1%，紫斑粒率 0.3%。该品种属亚有限结荚习性，株型收敛，根系发达，主茎韧性较强，抗倒伏。

品质分析：经国家农业部农产品分析测试中心测定，该品种籽粒粗脂肪含量 22.04%，粗蛋白含量 37.48%，属优质高油大豆品种。

适宜种植区域：适宜宁夏灌区春播种植。

7. 辽豆 15

审定编号：国审豆 2003010

选育单位：辽宁省农业科学院作物研究所

亲本来源：辽 85062 × 郑州长叶 –18

特征特性：生育期 144.5 d，株高 79 cm，单株有效荚数 37.2 个，紫花，茸毛灰色，籽粒圆形，种黄皮，无色脐，百粒重 24.3 g。较抗病，抗倒伏性较好。

品质分析：籽粒粗蛋白质含量 42.07%，脂肪含量 20.49%。

产量表现：2000—2001 年参加西北地区大豆品种区域试验。2000 年大豆区域试验平均产量 178.6 kg·666.7 m^{-2}，比对照增产 29.4%，达极显著水平，居 9 个参试品种（系）第二位。2001 年大豆区域试验平均产量 168.26 kg·666.7 m^{-2}，比对照增产 11.07%，居 7 个参试品种（系）第三位；两年区域试验大豆平均产量 173.43 kg·666.7 m^{-2}，比对照增产 19.81%。2001 年大豆生产试验平均产量 181.3 kg·666.7 m^{-2}，比对照晋豆 19 增产 8.8%。

栽培技术要点：

（1）选择不重茬、不迎茬的中等以上肥力土壤地块种植。

（2）以农家肥为主，增施氮、磷、钾复合肥。

（3）合理密植。肥力水平高的地块保苗密度 1.0 万 ~1.1 万株·666.7 m^{-2}，中等肥力的地块保苗密度 1.1 万 ~1.3 万株·666.7 m^{-2}。

（4）加强田间管理。及时中耕，防治虫害。

适宜种植区域：适宜在宁夏灌区地区春播种植。

8. 辽豆 22

审定编号：国审豆 2006013

选育单位：辽宁省农业科学院作物研究所

亲本来源：辽 8878-13-9-5 × 辽 93010-1

特征特性：生育期 130 d，株高 96.8 cm，单株有效荚数 42.1 个，百粒重 21.4 g。圆叶，紫花，籽粒圆形，种皮黄色，种脐黄色，籽粒椭圆形。亚有限结荚习性。经接种鉴定，表现为抗大豆花叶病毒病Ⅰ号株系，感Ⅲ号株系，中抗大豆孢囊线虫病。

品质分析：籽粒粗蛋白质含量 41.29%，粗脂肪含量 21.66%。

产量表现：2004 年参加北方春大豆晚熟组品种区域试验平均产量 186.1 kg·666.7 m^{-2}，比对照辽豆 11 增产 6.5%（极显著）；2005 年大豆区域试验，大豆平均产量 187.3 kg·666.7 m^{-2}，比对照增产 9.9%（极显著）；两年区域试验大豆平均产量 186.7 kg·666.7 m^{-2}，比对照增产 8.2%。2005 年大豆生产试验平均产量 173.8 kg·666.7 m^{-2}，比对照增产 12.3%。

栽培技术要点：

（1）选择中等肥力以上的地块种植，保苗密度 1.0 万 ~1.3 万株·666.7 m^{-2}。

（2）基施有机肥 2000~3000 kg·666.7 m^{-2}、磷酸二铵 15 kg·666.7 m^{-2}，大豆初花期结合灌水追施尿素 5 kg·666.7 m^{-2}。

适宜种植区域：宁夏中北部地区春播种植。

9. 辽豆 24

审定编号：国审豆 2007030

选育单位：辽宁省农业科学院作物研究所

亲本来源：辽豆 3 号 × 异品种

特征特性：生育期 129 d。株高 93.0 cm，单株有效荚数 48.2 个，百粒重 20.4 g。圆叶，紫花，亚有限结荚习性。籽粒圆形，种皮黄色，淡脐。接种鉴定，中抗大豆灰斑病，中抗 SmV Ⅰ 号株系和 SmV Ⅲ 号株系。

品质分析：籽粒粗蛋白质含量 39.86%，粗脂肪含量 20.91%。

产量表现：2005 年参加北方春大豆晚熟组品种区域试验平均产量 186.2 kg·666.7 m^{-2}，比对照辽豆 11 增产 7.4%，达到极显著；2006 年大豆区域试验，大豆平均产量 194.3 kg·666.7 m^{-2}，比对照增产 8.4%，极显著；两年区域试验大豆平均产量 190.3 kg·666.7 m^{-2}，比对照增产 7.9%。2006 年大豆生产试验平均产量 182.9 kg·666.7 m^{-2}，比对照增产 8.9%。

栽培技术要点：

选择中等肥力地块种植，施农家肥 2 000~3 000 kg·666.7 m^{-2}、磷酸二铵 15 kg·666.7 m^{-2} 作底肥；适宜播种期为 4 月中旬至 5 月上旬；保苗密度 1.0 万 ~1.3 万株·666.7 m^{-2}。

适宜种植区域：适宜在宁夏中部和中北部春播种植。

10. 辽首 2 号

审定编号：国审豆 2005018（原品系代号 LS95~11~3）

选育单位：辽宁省辽阳县旱田良种研发中心

特征特性：辽首 2 号大豆新品种系全国北方春大豆晚熟组品种，生育期 138 d。株高 93 cm，紫花，圆叶，有限结荚习性，种皮黄色，脐黄色，籽粒椭圆形，百粒重 25.1 g。属大粒型品种，外观形态好，茎秆韧性强、抗倒伏、抗蚜，耐旱，喜肥水。肥水条件充足时，产量显著增高。

品质分析：籽粒粗蛋白质含量 42.4%，粗脂肪含量 19.55%。

产量表现：经国家北方春大豆晚熟组品种对比试验 2 年比对照平均增产 7.5%，产量水平位居第一位；大豆生产试验 6 个承试点平均产量

$215.6\,\mathrm{kg} \cdot 666.7\,\mathrm{m}^{-2}$，比对照品种（$202.2\,\mathrm{kg} \cdot 666.7\,\mathrm{m}^{-2}$）增产 6.6%，产量名次居第一位。

栽培技术要点：

（1）对土壤要求不严，但播种密度肥地宜稀，一般保苗密度 1.1 万株 $\cdot 666.7\,\mathrm{m}^{-2}$ 左右。

（2）春播抢墒播种，时间为 4 月 25 日至 5 月 15 日。

（3）注意防止地下害虫和蚜虫，重点防治大豆食心虫。

适宜种植区域：该品种适宜于在宁夏永宁和中宁等地区种植。

11. 晋豆 23

审定编号：国审豆 2001011

选育单位：山西省农科院经济作物研究所

亲本来源：以晋大 28 号为母本、诱变 30 为父本选育而成

品种特点：春播，生育期 140 d，株高 110 cm 左右，主茎节数 18~21 节，分枝 4~5 个，株型收敛，柔韧性好；圆叶，叶色深绿，棕色茸毛，白花，圆粒，黄种皮，种脐黑色，百粒重 21~23.5 g，无限结荚习性。该品种落黄好，粒大粒饱满，种皮黄色有光泽，整齐一致。抗旱性强，抗病毒病能力强。

品质分析：籽粒粗蛋白质含量 41.8%，脂肪含量 19.6%。

产量表现：1999—2000 年参加国家大豆区域试验，平均产量 $168.6\,\mathrm{kg} \cdot 666.7\,\mathrm{m}^{2}$，较对照铁丰 27 号增产 11.5%；2000 年参加国家大豆区域试验，平均产量 $169.7\,\mathrm{kg} \cdot 666.7\,\mathrm{m}^{2}$，较对照增产 1.9%。2000 年大豆生产试验平均产量 $193.2\,\mathrm{kg} \cdot 666.7\,\mathrm{m}^{2}$，较对照增产 2.4%。

适宜种植区域：适宜在宁夏地区春播。晋豆 23 号综合农艺性状优良，抗倒伏，它兼有高度抗旱性和高度抗病毒病能力，有较强的抗大豆红蜘蛛能力，产量高，该品种 2002—2003 年被列入农业部重点跨省示范计划。

12. 晋遗 31

审定编号：国审豆 2008022

选育单位：山西省农业科学院作物遗传研究所

亲本来源：以中品 661 为母本、早熟 18 号为父本，进行有性杂交选育而成。

特征特性：生育期 134 d。株高 91 cm，圆叶，白花，单株有效荚数 44.8 个，百粒重 19 g。籽粒椭圆形或圆形，种皮黄色，种脐褐色。无限或亚有限结荚习性。接种鉴定，抗大豆灰斑病，抗 SmV Ⅰ 号株系，中抗 SmV Ⅲ 号株系。

品质分析：籽粒粗蛋白质含量 41.57%，粗脂肪含量 20.71%。

产量表现：2006 年参加北方春大豆晚熟组品种区域试验，平均产量 184.9 kg·666.7 m^{-2}，比对照辽豆 11 增产 7.0%；2007 年大豆区域试验，平均产量 200.3 kg·666.7 m^{-2}，比对照增产 7.2%；两年区域试验大豆平均产量 192.6 kg·666.7 m^{-2}，比对照增产 7.1%。2007 年大豆生产试验平均产量 183.1 kg·666.7 m^{-2}，比对照增产 6.5%。

栽培技术要点：春播在 4 月下旬至 5 月上旬播种。保苗密度 0.8 万 ~1.0 万株·666.7 m^{-2}。施农家肥 2 000 kg·666.7 m^{-2}、过磷酸钙 40 kg·666.7 m^{-2}、氮肥 15 kg·666.7 m^{-2}。

适宜种植区域：适宜在宁夏中北部地区春播种植。

13. 汾豆 56

审定编号：审定编号为国审豆 2008001、国审豆 2007013。2007 年和 2008 年 2 次通过国家审定

选育单位：山西省农业科学院经济作物研究所

亲本来源：（晋豆 9 号 × 诱变 31）× 晋豆 23

特征特性：生育期 108 d。株高 67.7 cm，主茎 14.9 节，有效分枝 2.7 个。单株有效荚数 34.2 个，单株粒数 73.6 粒，单株粒重 16.5 g，百粒重 21.2 g，籽粒椭圆形、黄色、微光、褐色脐。椭圆叶，紫花，棕毛，亚有限结荚习性，株型收敛。接种鉴定，抗花叶病毒病 SC3、SC7 株系，高感大豆孢囊线虫病 1 号生理小种。

品质分析：籽粒粗蛋白质含量 41.07%，粗脂肪含量 20.96%。

产量表现：2006 年参加黄淮海地区中片夏大豆品种区域试验，平均产量 178.3 kg·666.7 m^{-2}，比对照齐黄 28 增产 7.2%；2007 年大豆区域试验，平均产量 196.4 kg·666.7 m^{-2}，比对照增产 7.7%；两年区域试验平均产量 187.3 kg·666.7 m^{-2}，比对照增产 7.5%。2007 年大豆生产试验平均产量 205.9 kg·666.7 m^{-2}，比对照增产 10.24%。

栽培技术要点：结合早春耙地，基施农家肥 2 000 kg·666.7 m^{-2}、磷酸二铵 20 kg·666.7 m^{-2}；4 月中下旬适时播种，保苗密度为 1.6 万株·666.7 m^{-2} 左右。

适宜种植区域：适宜宁夏灌区种植。

14. 汾豆 65

审定编号：国审豆 2007014

选育单位：山西省农业科学院经济作物研究所

亲本来源：晋豆 15×早熟 18 号

特征特性：生育期 132 d。株高 80.7 cm，单株有效荚数 45.5 个，百粒重 20.7 g。籽粒椭圆形，种皮黄色，褐脐。圆叶，紫花，亚有限或无限结荚习性。接种鉴定，抗 SmV Ⅰ 号株系，中感 SmV Ⅲ 号株系；中感大豆孢囊线虫病 4 号生理小种，中抗 3 号生理小种。

品质分析：籽粒粗蛋白质含量 42.09%，粗脂肪含量 19.03%。

产量表现：2004 年参加北方春大豆晚熟组品种区域试验，平均产量 186.3 kg·666.7 m^{-2}，比对照辽豆 11 增产 6.6%；2005 年大豆区域试验，平均产量 185.2 kg·666.7 m^{-2}，比对照增产 8.7%；两年区域试验大豆平均产量 185.8 kg·666.7 m^{-2}，比对照增产 7.6%。2006 年大豆生产试验，平均产量 183.6 kg·666.7 m^{-2}，比对照增产 9.5%。

栽培技术要点：

（1）精细整地，施足底肥，施农家肥 2 000 kg·666.7 m^{-2}、磷酸二铵 25~30 kg·666.7 m^{-2} 做基肥。

（2）适宜播种期为 4 月下旬至 5 月上旬；保苗密度为 0.8 万株·666.7 m^{-2}。

（3）加强田间肥水管理及病虫害防治。

适宜种植区域：适宜在宁夏中北部地区春播种植。

15. 铁丰 33（区域试验代号：铁 94037-6）

审定编号：国审豆 2005022

选育单位：辽宁省铁岭市大豆科学研究所

亲本来源：铁 89059-8 × 新 3511

特征特性：生育期 131 d。株高 86.2 cm，单株结荚 39.7 个，百粒重 22.5 g，黄粒，黄脐，椭圆形。卵圆叶，紫花，亚有限，成熟时落叶，不裂荚。较抗花叶病毒病，丰产性、稳产性较好，适应性较广，肥水高倒伏较重。田间表现抗病和抗倒伏较好，接种鉴定，抗花叶病毒病 1 号株系，中抗 3 号株系，中感灰斑病。

品质分析：籽粒粗蛋白含量 41.95%，粗脂肪含量 21.15%。

产量表现：2003 年参加北方春大豆晚熟组品种区域试验，平均产量 191.2 kg·666.7 m^{-2}，比对照辽豆 11 号增产 8.2%；2004 年大豆区域试验，大豆平均产量 185 kg·666.7 m^{-2}，比对照辽豆 11 号增产 5.9%；两年区域试验大豆平均产量 188.1 kg·666.7 m^{-2}，比对照辽豆 11 号增产 7.1%。2004 年大豆生产试验平均产量 210.9 kg·666.7 m^{-2}，比对照辽豆 11 号增产 4.3%。

栽培技术要点：选择中等以上肥力地块种植，施农家肥 2000~3000 kg·666.7 m^{-2} 和复合肥 25 kg·666.7 m^{-2} 作基肥；4 月中旬至 5 月上旬播种为宜，保苗密度 1.0 万~1.3 万株·666.7 m^{-2}。

适宜种植区域：该品种属北方春大豆晚熟高产品种，适宜在宁夏中南部地区春播种植。

16. 铁丰 35

审定编号：国审豆 2006014

选育单位：辽宁省铁岭大豆科学研究所

亲本来源：以铁 91017-6 为母本、锦 8412 为父本进行有性杂交，采用系谱法选育而成。

特征特性：生育期 134 d。株高 78.4 cm，单株有效荚数 45.6 个，百粒重 21.0 g。圆叶，紫花，有限结荚习性。种皮黄色，脐黄，籽粒圆形或椭圆形。经接种鉴定，表现为中抗大豆花叶病毒病 I 号株系，感 III 号株系，感大豆灰斑病。

品质分析：籽粒平均粗蛋白质含量 40.11%，粗脂肪含量 21.84%。

产量表现：2004 年参加北方春大豆晚熟组品种区域试验，平均产量 187.8 kg·666.7 m^{-2}，比对照辽豆 11 增产 7.5%；2005 年大豆区域试验，大豆平均产量 185 kg·666.7 m^{-2}，比对照增产 8.6%；两年区域试验大豆平均产量 186.4 kg·666.7 m^{-2}，比对照增产 8.0%。2005 年大豆生产试验，平均产量 173.7 kg·666.7 m^{-2}，比对照增产 12.3%。

栽培技术要点：适宜播种期为 4 月下旬至 5 月初；选择中等肥力以上的地块种植，保苗密度 1.0 万 ~1.3 万株·666.7 m^{-2}；施有机肥 2 000~3 000 kg·666.7 m^{-2}、复合肥 25 kg 作基肥·666.7 m^{-2}。

适宜种植区域：适宜在宁夏中北部地区春播种植。

17. 铁豆 45

审定编号：国审豆 2007017。

选育单位：辽宁铁研种业科技有限公司、辽宁省铁岭大豆科学研究所

亲本来源：新 3511×Amos8

特征特性：生育期 127 d。株高 97.3 cm，单株有效荚数 50.2 个，百粒重 19.2 g。圆叶，紫花，亚有限结荚习性。籽粒椭圆形，种皮黄色，褐脐。接种鉴定，抗大豆灰斑病，抗 SmV I 号株系，中抗 SmV III 号株系。

品质分析：籽粒平均粗蛋白质含量 40.01%，粗脂肪含量 20.87%。

产量表现：2005 年参加北方春大豆晚熟组品种区域试验，平均产量 190.6 kg·666.7 m^{-2}，比对照辽豆 11 增产 10%（极显著）；2006 年大豆区域试验，大豆平均产量 199.6 kg·666.7 m^{-2}，比对照增产 11.3%（极显著）；两年区域试验大豆平均产量 195.1 kg·666.7 m^{-2}，比对照增产 10.7%。2006 年大豆生产试验平均产量 184.5 kg·666.7 m^{-2}，比对照增产 9.9%。

栽培技术要点：选择中、上等肥力地块种植，基施农家肥

$2\,000\sim3\,000\,kg\cdot666.7\,m^{-2}$、复合肥 $25\,kg\cdot666.7\,m^{-2}$；适宜播种期为 4 月中旬至 5 月上旬；保苗密度 1.0 万 ~1.3 万株·$666.7\,m^{-2}$。

适宜种植区域：适宜在宁夏中部等地区春播种植。

18. 吉育 95 号

审定编号：国审豆 2008018

选育单位：吉林省农业科学院

亲本来源：公交 9417-10 × 公交 9404A-1

特征特性：生育期 129d。株高 91.1cm，单株有效荚数 45.7 个，百粒重 20g。圆叶、紫花、亚有限结荚习性。籽粒圆形或椭圆形，种皮黄色，种脐黄色。接种鉴定，中感大豆灰斑病，中抗 SMV Ⅰ号株系，中感 SmV Ⅲ号株系。

品质分析：籽粒粗蛋白质含量 37.93%，粗脂肪含量 21.27%。

产量表现：2006 年参加北方春大豆中晚熟组品种区域试验，平均产量 $176.9\,kg\cdot666.7\,m^{-2}$，比对照吉林 30 增产 10.3%，极显著；2007 年大豆区域试验，大豆平均产量 $183.2\,kg\cdot666.7\,m^{-2}$，比对照增产 9%，极显著；两年区域试验大豆平均产量 $180.1\,kg\cdot666.7\,m^{-2}$，比对照增产 9.6%。2007 年大豆生产试验平均产量 $200.9\,kg\cdot666.7\,m^{-2}$，比对照增产 16.4%。

栽培技术要点：适宜播种期为 4 月底至 5 月初，保苗密度 1.5 万 ~1.7 万株·$666.7\,m^{-2}$；中等肥力地块基施磷酸二铵 $10\,kg\cdot666.7\,m^{-2}$，土壤肥力较低的地块应加大施肥量。

适宜种植区域：适宜在宁夏北部地区春播种植。

19. 东豆 339

审定编号：国审豆 2008019。

选育单位：辽宁东亚种业有限公司

亲本来源：开交 9810-7 × 铁丰 29 选育而成

特征特性：生育期 131d。株高 61.3cm，单株有效荚数 47.6 个，百粒重 24.9g。圆叶，紫花，有限结荚习性。籽粒椭圆形，种皮黄色，种脐褐色。接种鉴定，中感大豆灰斑病，中抗 SmV Ⅰ号株系，中感

SmVⅢ号株系。

品质分析：籽粒粗蛋白质含量 42.28%，粗脂肪含量 20.39%。

产量表现：2006 年参加北方春大豆晚熟组品种区域试验，平均产量 200.2 kg·666.7 m^{-2}，比对照辽豆 11 增产 15.9%，达到极显著水平；2007 年大豆区域试验，大豆平均产量 231.8 kg·666.7 m^{-2}，比对照增产 24.1%，达到极显著水平；两年区域试验平均产量 216 kg·666.7 m^{-2}，比对照增产 20.1%。2007 年大豆生产试验平均产量 200.5 kg·666.7 m^{-2}，比对照增产 16.6%。

栽培技术要点：精细整地，基施农家肥 3 000~5 000 kg·666.7 m^{-2}、磷酸二铵 10~15 kg·666.7 m^{-2}；保苗密度 0.8 万 ~1.1 万株·666.7 m^{-2}。

适宜种植区域：适宜在宁夏中北部地区春播种植。

20. 奎丰 1 号

审定编号：国审豆 2008020

选育单位：铁岭市维奎大豆科学研究所

亲本来源：铁丰 31×辽 91111

特征特性：生育期 132 d，株高 95.2 cm，单株有效荚数 44.9 个，百粒重 21.8 g。圆叶，紫花，亚有限结荚习性。籽粒椭圆形或圆形，种皮黄色，种脐黄色。接种鉴定，抗 SmVⅠ号株系，中抗 SmVⅢ号株系，感大豆孢囊线虫病 3 号生理小种。

品质分析：籽粒粗蛋白质含量 42.54%，粗脂肪含量 20.79%。

产量表现：2006 年参加北方春大豆晚熟组品种区域试验，平均产量 187.1 kg·666.7 m^{-2}，比对照辽豆 11 增产 8.3%，达到极显著水平；2007 年大豆区域试验，大豆平均产量产 227.7 kg·666.7 m^{-2}，比对照增产 21.9%，达到极显著水平；两年区域试验大豆平均产量 207.4 kg·666.7 m^{-2}，比对照增产 15.4%。2007 年大豆生产试验平均产量 201.9 kg·666.7 m^{-2}，比对照增产 17.4%。

栽培技术要点：适宜播种期为 4 月中旬至 5 月上旬，行距 55~60 cm，采取穴播，穴距 15~20 cm，每穴留苗 2 株。

适宜种植区域：适宜在宁夏中北部地区春播种植。

21. 沈农 9 号

审定编号：国审豆 2007015

选育单位：沈阳农业大学

亲本来源：1030× 沈农 92-16

特征特性：生育期 129 d。株高 88.7 cm，单株有效荚数 52.3 个，百粒重 16.5 g。圆叶，白花，无限或亚有限结荚习性。籽粒圆形或椭圆形，种皮黄色，种脐黑色。接种鉴定，中抗大豆灰斑病，中感 SMV Ⅰ 号株系，中抗 SMV Ⅲ 号株系。

品质分析：籽粒粗蛋白质含量 39.49%，粗脂肪含量 21.55%。

产量表现：2004 年参加北方春大豆晚熟组品种区域试验，平均产量 188.1 kg·666.7 m^{-2}，比对照辽豆 11 增产 7.7%（极显著）；2005 年大豆区域试验，大豆平均产量 181.2 kg·666.7 m^{-2}，比对照增产 6.3%（极显著）；两年区域试验大豆平均产量 184.7 kg·666.7 m^{-2}，比对照增产 7%。2006 年大豆生产试验平均产量 185.5 kg·666.7 m^{-2}，比对照增产 10.5%。

栽培技术要点：精细整地，施足底肥，施农家肥 1 000 kg·666.7 m^{-2}、磷酸二铵 7.5 kg·666.7 m^{-2} 作底肥；适宜播种期为 4 月下旬至 5 月初；保苗密度 1.1 万 ~1.3 万株·666.7 m^{-2}。

适宜种植区域：适宜在宁夏中北部地区春播种植。

22. 航丰 2 号

审定编号：国审豆 2006016

选育单位：辽宁大丰航天农业科技发展有限公司

亲本来源：铁丰 29 号 × 吉林 30

特征特性：生育期 130 d。株高 66.3 cm，单株有效荚数 51 个，百粒重 22.7 g。圆叶，紫花，有限结荚习性。种皮黄色，黄脐，籽粒圆形或椭圆形。经接种鉴定，表现为中抗大豆花叶病毒病 Ⅰ 号株系，中感 Ⅲ 号株系，抗大豆灰斑病。

品质分析：籽粒粗蛋白质含量 41.66%，粗脂肪含量 20.85%。

产量表现：2004 年参加北方春大豆晚熟组品种区域试验，平均产量 197.6 kg·666.7 m^{-2}，比对照辽豆 11 增产 14%；2005 年大豆区域试验，大豆平均产量 185.7 kg·666.7 m^{-2}，比对照增产 9%；两年区域试验大豆平均产量 191.7 kg·666.7 m^{-2}，比对照增产 11%。2005 年大豆生产试验平均产量 167.1 kg·666.7 m^{-2}，比对照增产 8%。

栽培技术要点：适宜播种期为 4 月下旬，选择中上等肥力地块种植，保苗密度 1.4 万株·666.7 m^{-2}。

适宜种植区域：适宜在宁夏中北部地区春播种植。

23. 榆林黄大豆

亲本来源：1949 年由原宁朔县（现青铜峡市）马寨农民从陕西榆林引入，1950 年开始在宁夏种植表现良好。

特征特性：生育日数 141~150 d。株高 70~80 cm，底荚高度 11 cm，主茎直立，有 17~19 节。单株分枝数为 2.5~4 个，单株结荚 72 个，单株粒数 150 粒。叶片大小中等，呈椭圆形，色绿，幼茎浅黄色，茸毛灰白，花紫色。株型紧凑，为亚有限结荚习性。成熟时荚为黄褐色；籽实丰满，椭圆形，种皮黄色，种脐褐色，光泽中等，百粒重 22 g，属大粒种。

产量表现：据 1957 年在平罗试种，单作平均产量 92 kg·666.7 m^{-2}，比当地大豆产量 62.7 kg·666.7 m^{-2}，增产 29.2 kg，增产 46.5%；1958 年王太堡农业试验场品种试验（为对照品种）结果，间作条件下大豆平均产量 201 kg·666.7 m^{-2}；1963 年单作试验，大豆平均产量 188 kg·666.7 m^{-2}，较参试品种增产 4.4%~42.0%。由于产量较高，成熟期又较地方品种早十多天，故深受群众欢迎。据初步了解当前以青铜峡、灵武、永宁等县种植较多。

栽培技术要点：该品种属中熟品种，一般在 4 月下旬至 5 月初播种，7 月上旬开花，9 月中旬成熟。该品种适应性强，对土质要求不严，在二、三段轮作地上均可种植，由于耐肥、耐湿性中等，故在过肥的麦地和碱性大、地势低洼、积水多的地上种植易贪青、徒长或生长不良。籽粒大，叶片开张度大，播量一般在 5.0~7.5 kg·666.7 m^{-2}（单作播量宜高，间作宜低）。单作种植留苗 1.0 万 ~1.2 万株·666.7 m^{-2}（行距 50 cm 株距 10 cm）为宜；间作种植每留苗以 7000~8000 株·666.7 m^{-2}（行距 80 cm，株距 10 cm）为宜。由于生长直立，行间杂草易于生长，应加强田间中耕除草工作，以利豆株生长。与小麦间作时，麦收后应即灌水，以促进植株迅速恢复正常生育。

适宜种植区域：据试验，该品种是适宜于本区间作或单作栽培的品种，应扩大种植。

第三节　新品种（系）

1. 宁黄 129

选育单位： 宁夏农林科学院农作物研究所

亲本来源： 宁夏农林科学院农作物研究所以中黄 38/ 公交 9703–3 选育而成。

特征特性： 生育期 136 d，与对照承豆 6 号熟期相同，属于晚熟品种。幼茎绿色，株高 90.8 cm，株型收敛，有效分枝 1.0 个，卵圆叶，白花，灰毛，有限结荚习性，底荚高 16.7 cm，不裂荚，落叶性好，有光，单株结荚 56.0 个，单株粒数 117.9 粒，单株粒重 25.2 g，百粒重 21.6 g，黄粒、深褐脐、圆粒。

品质分析： 2019 年农业农村部谷物品质检验测试中心（北京）测定，粗蛋白 38.88%，粗脂肪 20.67%。

产量水平： 2017 年区域试验 5 点中 4 点增产 1 点减产，增产点次率 80%，平均产量 304.4 kg·666.7 m^{-2}，较对照承豆 6 号增产 4.1%，增产不显著；2018 年区域试验 5 点中 4 点增产 1 点减产，增产点次率 80%，平均产量 303.9 kg·666.7 m^{-2}，较对照承豆 6 号增产 5.8%，增产显著；两年区域试验平均产量 304.2 kg·666.7 m^{-2}，平均增产 4.7%。

2019 年生产试验 5 点中 4 点增产 1 点减产，增产点次率 80%，平均产量 248.5 kg·666.7 m^{-2}，较对照承豆 6 号增产 5.0%。

栽培技术要点：

（1）播期 4 月中下旬至 5 月上旬，地表 10 cm 土壤温度稳定通过 10℃，机械或人工播种。

（2）合理密植 根据土壤肥力水平确定种植密度，行距 0.5 m，每 666.7 m^{2}1.2~1.5 万株。

（3）田间管理 重施农家肥，合理配施氮、磷、钾（N、P、K）肥及微肥，土壤肥力中等以上，足施有机底肥，开花结荚期，根据田间长相喷施叶面肥，全生育期灌水 2~3 次，花荚期遇旱灌水可保障丰产目标，大豆封垄前中耕 1 次。

（4）病虫草害防治 大豆播后苗前每 666.7 m^2 用 50% 乙草胺 150~200 ml 均匀喷雾封闭除草；大豆苗后茎叶除草，可使用精喹禾灵、高效氟吡甲禾灵（高效盖草能）、精吡氟禾草灵（精稳杀得）、苯达松等药剂。用 40% 炔满特、啶虫脒、红螨盖等及时防治红蜘蛛。

（5）适时收获 人工收割应在大豆黄熟期进行。机械收获应在完熟期进行。

适宜种植区域：宁夏引黄灌区春播种植。

2. 宁黄 135

选育单位：宁夏农林科学院农作物研究所

亲本来源：宁夏农林科学院农作物研究所以中黄 38/ 公交 9703-3 选育而成。

特征特性：生育期 137 d，较对照承豆 6 号晚熟 1 d，属于晚熟品种。幼茎绿色，株高 89.5 cm，株型收敛，有效分枝 0.9 个，卵圆叶，白花，灰毛，有限结荚习性，底荚高 15.4 cm，不裂荚，落叶性好，强光，单株结荚 49.7 个，单株粒数 115.5 粒，单株粒重 29.0 g，百粒重 24.0 g，黄粒、深褐脐、圆粒。

品质分析：2019 年农业农村部谷物品质检验测试中心（北京）测定，

粗蛋白 38.05%，粗脂肪 21.66%。

产量水平：2017 年区域试验 5 点中 4 点增产 1 点减产，增产点次率 80%，平均产量 318.1 kg·666.7 m^{-2}，较对照承豆 6 号增产 8.8%，增产不显著；2018 年区域试验 5 点均增产，增产点次率 100%，平均产量 309.1 kg·666.7 m^{-2}，较对照承豆 6 号增产 7.4%，增产极显著；两年区域试验平均产量 313.6 kg·666.7 m^{-2}，较对照增产 8.0%。2019 年生产试验 5 点均增，增产点次 100%，平均产量 265.4 kg·666.7 m^{-2}，较对照承豆 6 号增产 12.5%。

栽培技术要点：

（1）播期 4 月中下旬至 5 月上旬，地表 10 cm 土壤温度稳定通过 10 ℃，机械或人工播种。

（2）合理密植 根据土壤肥力水平确定种植密度，行距 0.5 m，每 666.7 m^2 1.2 万 ~1.5 万株。

（3）田间管理 重施农家肥，合理配施氮、磷、钾（N、P、K）肥及微肥，土壤肥力中等以上，足施有机底肥，开花结荚期，根据田间长相喷施叶面肥，全生育期灌水 2~3 次，花荚期遇旱灌水可保障丰产目标，大豆封垄前中耕 1 次。

（4）病虫草害防治 大豆播后苗前每 666.7 m^2 用 150~200 ml 50% 乙草胺均匀喷雾封闭除草；大豆苗后茎叶除草，可使用精喹禾灵、高效氟吡甲禾灵（高效盖草能）、精吡氟禾草灵（精稳杀得）、苯达松等药剂。用 40% 炔满特、啶虫脒、红螨盖等及时防治红蜘蛛。

（5）适时收获 人工收割应在大豆黄熟期进行。机械收获应在完熟期进行。

适宜种植区域：宁夏引黄灌区春播种植。

3. 宁黄 LD-222

选育单位：宁夏农林科学院农作物研究所

亲本来源：利用大豆 ms1 雄性核不育材料，70 多个国内优良大豆种质作亲本，通过轮回选择选育而成。

特征特性：该品种直立生长，生育期140d。株型收敛，株高111.5cm，卵圆叶，无限结荚，底荚高15.6cm，有效分枝1.1个，不裂荚，落叶性好，黄粒，黑色脐，椭圆粒，微光，白花，棕毛，单株结荚59.0个，单株粒数138.6个，单株粒重29.8g，百粒重21.3g。成熟荚黄褐色，椭圆粒，种皮黄色，有光泽，外观商品性好。该品种丰产、稳产性好，适应性广。

品质分析：籽粒粗蛋白质含量39.23%，粗脂肪含量21.12%。

产量水平：2016年产量比较试验折合产量334.91kg·666.7m^{-2}，比对照种增产8.9%。2017年产量比较试验折合产量产量388.91kg·666.7m^{-2}，比对照增产9%。2018年区域试验5点（+4，–1），增产点次80%，平均产量318.5kg·666.7m^{-2}，较对照承豆6号增产11.2%，达到极显著水平。2019年区域试验5点（+4，–1），增产点次80%，两年区域试验平均产量297.04kg·666.7m^{-2}，较对照增产9.85%。2019年宁黄LD–222高产示范经宁夏大学、宁夏农林科学院、宁夏农业技术推广总站、宁夏种子管理站、宁夏农垦技术推广服务站等单位组成的专家组实地测产，收获密度0.8万株·666.7m^{-2}，实收666.7m^2，产量319.36kg。

栽培技术要点：

（1）4月25日前后适期播种，播种行距50cm，株距10~12cm，保苗密度1.2万~1.3万株·666.7m^{-2}。

（2）大豆出苗后，对缺苗断垄的地块及时进行补种。大豆3~4叶期及时进行中耕除草。

（3）大豆苗期尽量不灌水，以控为主；大豆花荚期如遇干旱、降水量少，应及时灌花荚水。

（4）大豆3~4叶期、初花期、盛花期对长势旺盛的大豆喷施烯效唑进行化控防倒。

（5）及时防治病虫草害。

适宜种植区域：宁夏引黄，扬黄灌区。

4. 宁黄 LD–89

选育单位：宁夏农林科学院农作物研究所

亲本来源：利用大豆ms1雄性核不育材料，70多个国内优良大豆种质作亲本，通过轮回选择选育而成。

特征特性：春性，直立生长，生育天数137 d，直立生长，无限结荚习性，株型收敛。株高107.2 cm，底荚高29 cm，主茎节数16.5节，单株分枝4.65个，单株结荚数46.4荚，单株粒数107.5粒，百粒重21.7 g。白花，卵圆叶，成熟荚褐色，不裂荚，茸毛棕色，圆粒，有光泽，种脐褐色。

产量表现：2018年参加品种产量比较试验，平均产量343.13 kg·666.7 m^{-2}，比对照承豆6号产量285.59 kg·666.7 m^{-2}，增产了20%。2019年参加品种产量比较试验A组平均产量210.2 kg·666.7 m^{-2}，比对照承豆6号产量182.4 kg·666.7 m^{-2}，增产了15.3%；品种产量比较试验B组平均产量253.8 kg·666.7 m^{-2}，比对照承豆6号产量209.2 kg·666.7 m^{-2}，增产44.6 kg。增产21.3%。

栽培技术要点：

（1）适期早播，早春及时机械整地、镇压保墒。4月20日前后结合机械整地基施尿素5 kg·666.7 m^{-2}、磷酸二铵10 kg·666.7 m^{-2}；4月25日前后适期播种，播种行距50 cm，株距10 cm，保苗密度1.3万株·666.7 m^{-2}左右，肥地易密，瘦地易稀。

（2）大豆出苗后，对缺苗断垄的地块及时进行补种。对窝窝苗及时进行间苗、定苗，大豆3~4叶期及时进行中耕除草。

（3）大豆苗期尽量不灌水，以控为主；大豆花荚期如遇干旱、降水量少，应及时灌花荚水。对地力条件差、大豆长势弱的地块，根据田间情况适当追施尿素5 kg·666.7 m^{-2}左右，也可结合防治虫害进行叶面喷肥。

（4）大豆3~4叶期、初花期、盛花期对长势旺盛的大豆喷施烯效唑进行化控防倒伏。

（5）及时进行化学药剂除草。

适宜种植区域：适宜宁夏引黄灌区，扬黄灌区。

5. 宁黄 LD-61

选育单位：宁夏农林科学院农作物研究所

亲本来源：利用大豆 ms1 雄性核不育材料，70 多个国内优良大豆种质作亲本，通过轮回选择选育而成。

特征特性：春播，直立生长，生育期 135 d，较对照承豆 6 号早熟 5 d。株型半开张，株高 111.0 cm，卵圆叶，无限结荚习性，底荚高 18.5 cm，有效分枝 1.8 个，不裂荚，落叶性好，黄皮、黑色脐、椭圆粒，微光，紫花，棕毛，单株结荚 45.3 个，单株粒数 105.3 个，单株粒重 24.7 g，百粒重 23.7 g。该品种丰产、稳产性好，适应性广。

产量表现：2015 年品种产量比较试验小区折合产量 250.6 kg·666.7 m^{-2}，比对照承豆 6 号增产 20.1%；2016 年品种产量比较试验小区折合产量 311.8 kg·666.7 m^{-2}，比对照承豆 6 号增产 1.41%；2018 年品种产量比较试验小区产量 305.4 kg·666.7 m^{-2}，比对照承豆 6 号增产 7.4%；3 年平均产量 289.2 kg·666.7 m^{-2}。2019 年区域试验 5 点（+5，−0），增产点次 100%，平均产量 273.86 kg·666.7 m^{-2}，较对照承豆 6 号增产 7.1%。

栽培技术要点：

（1）适期早播　4 月 25 日前后适期播种，保苗密度 1.2 万 ~1.3 万株·666.7 m^{-2}。

（2）间苗、补苗、中耕除草　大豆出苗后，及时进行间苗、定苗，3~4 叶期及时进行中耕除草。

（3）追肥、灌水　大豆苗期以控为主。大豆花荚期如遇干旱、降水量少，应及时灌花荚水。对地力条件差、大豆长势弱的地块，根据田间情况适当追施尿素 5 kg·666.7 m^{-2} 左右，也可结合防治虫害进行叶面喷肥。

（4）化控防倒　大豆 3~4 叶期、初花期、盛花期对长势旺盛的大豆喷施烯效唑进行化控防倒。

（5）及时进行化学药剂除草　苗前进行药剂封闭，出苗后进行化学药剂茎叶除草。

适宜种植地区：适宜宁夏引黄灌区，扬黄灌区。

6.宁黑1号

特征特性： 春播，直立生长，生育期138d。株型收敛，株高117.7cm，卵圆叶，无限结荚，底荚高19.6cm，有效分枝1.4个，不裂荚，落叶性好，黑皮、黑色脐、椭圆粒、强光、白花、棕毛，单株结荚50.5个，单株粒数106.9个，单株粒重20.5g，百粒重19.8g。该品种为高附加值特用大豆。

产量表现： 2019年区域试验5点（+3，−2），增产点次60%，平均产量251.74kg·666.7 m^{-2}。

栽培技术要点：

（1）4月25日前后适期播种，保苗密度1.2万~1.3万株·666.7 m^{-2}。

（2）大豆出苗后，及时进行间苗、定苗，3~4叶期及时进行中耕除草。

（3）大豆苗期以控为主。大豆花荚期如遇干旱、降水量少，应及时灌花荚水。

（4）大豆3~4叶期、初花期、盛花期对长势旺盛的大豆喷施烯效唑进行化控防倒。

（5）大豆出苗前进行药剂封闭，大豆出苗后进行化学药剂茎叶除草。

适宜种植区域：适宜宁夏引黄灌区，扬黄灌区。

7.宁黄88

选育单位： 宁夏农林科学院农作物研究所、中国农科院作物科学研究所

亲本来源： 用吉育71和PI196160杂交而成。

特征特性： 春播，生育天数139d，直立生长，有限结荚习性，株型收敛。株高77cm，底荚高10cm，主茎节数13.88节，单株分枝1.25个，单株结荚数89.88荚，单株粒数207.75粒，百粒重19.08g。白花、卵圆叶，成熟荚呈褐色，不裂荚，茸毛灰色，圆粒，有光泽，种脐黄色。田间抗倒伏、抗病毒病，长势好。

产量表现：2018 年参加品种（系）产量比较试验，平均产量 307.66 kg·666.7 m^{-2}，比对照承豆 6 号（277.4 kg·666.7 m^{-2}）增产 10.98%；2019 年参加品种（系）产量比较试验平均产量 310.09 kg·666.7 m^{-2}，比对照承豆 6 号（242.98 kg·666.7 m^{-2}）增产 27.54%。

栽培技术要点：

（1）适期早播　早春及时机械整地、镇压保墒。4 月 20 日前后结合机械整地每亩基施尿素 5 kg·666.7 m^{-2}、磷酸二铵 10 kg·666.7 m^{-2}。4 月 25 日前后适期播种，播种行距 50 cm，株距 10 cm，确保保苗密度 1.3 万株·666.7 m^{-2}，播种量 3~3.5 kg·666.7 m^{-2}。

（2）间苗、补苗、中耕除草　大豆出苗后，对缺苗断垄的地块及时进行补种。对窝窝苗及时进行间苗、定苗，大豆 3~4 叶期及时进行中耕除草。

（3）追肥、灌水　大豆苗期尽量不灌水，以控为主；大豆花荚期如遇干旱、降水量少，应及时灌花荚水。对地力条件差、大豆长势弱的地块，根据田间情况每亩适当追施尿素 5 kg 左右，也可结合防治虫害进行叶面喷肥。

（4）化控防倒　大豆 3~4 叶期、初花期、盛花期对长势旺盛的大豆喷施烯效唑进行化控防倒。

8. 宁黄 117

选育单位：宁夏农林科学院农作物研究所、中国农科院作物科学研究所

亲本来源：用科丰 14×滨海 13-5 杂交定向选育。

特征特性：春播，生育天数 132 d，直立生长，亚有限结荚习性，株型收敛。株高 76.6 cm，底荚高 14.8 cm，主茎节数 15.7 节，单株分枝 1.4 个，单株结荚数 82.5 荚，单株粒数 230.4 粒，百粒重 21.23 g。白花，披针叶，成熟荚呈棕黄色，不裂荚，茸毛灰色，圆粒，有光泽，种脐褐色。田间抗倒伏、抗病毒病，长势好。

产量表现：2018 年参加品系比较试验，平均产量

$348.47\,kg\cdot666.7\,m^{-2}$，比对照承豆 6 号（$325.61\,kg\cdot666.7\,m^{-2}$）增产 9.22%；2019 年参加品系比较试验，平均产量 $312.61\,kg\cdot666.7\,m^{-2}$，比对照承豆 6 号（$242.98\,kg\cdot666.7\,m^{-2}$）增产 28.58%。

栽培技术要点：

（1）适期早播　早春及时机械整地、镇压保墒。4 月 20 日前后结合机械整地每亩基施尿素 $5\,kg\cdot666.7\,m^{-2}$、磷酸二铵 $10\,kg\cdot666.7\,m^{-2}$。4 月 25 日前后适期播种，播种行距 50 cm，株距 10 cm，确保保苗密度 1.3 万株 $\cdot666.7\,m^{-2}$，播种量 $3{\sim}3.5\,kg\cdot666.7\,m^{-2}$。

（2）间苗、补苗、中耕除草　大豆出苗后，对缺苗断垄的地块及时进行补种，对窝窝苗及时进行间苗、定苗，大豆 3~4 叶期及时进行中耕除草。

（3）追肥、灌水　大豆苗期尽量不灌水，以控为主；大豆花荚期如遇干旱、降水量少，应及时灌花荚水。对地力条件差、大豆长势弱的地块，根据田间情况每亩适当追施尿素 5 kg 左右，也可结合防治虫害进行叶面喷肥。

（4）化控防倒　大豆 3~4 叶期、初花期、盛花期对长势旺盛的大豆喷施烯效唑进行化控防倒。

第四节　夏播复种大豆

1. 黑河 34

选育单位：黑龙江省农业科学院黑河农科所大豆育种二室选育而成，原代号为黑河 99-5210。

特征特性：株高 70 cm 左右。白花，披针叶，灰色茸毛，荚熟为褐色，籽粒圆形，种皮黄色，有光泽，脐色淡黄，百粒重 19 g 左右。亚有限结荚习性。两年抗灰斑病鉴定结果，中抗或感病。

产量表现：2018 年在宁夏农林科学院农作物研究所望洪基地复种示范，大豆生长后期气温较常年低，晚霜来临日期 9 月 22 日。麦后复种大豆平均产量 120~145.65 kg·666.7 m^{-2}。

品质分析：脂肪含量 17.60%，蛋白质含量 44.92%。

2. 黑河 43

选育单位：黑龙江省农业科学院黑河分院

亲本来源：黑交 9292-1544 为母本，黑交 9494-1211 为父本，经多年选育而成。

特征特性：株高 80 cm 左右；紫花、披针叶、茸毛灰色；籽粒圆黄，百粒重 20~22 g，种皮黄色，脐色淡，外观好。亚有限结荚习性。

产量表现：2018 年在宁夏农林科学院农作物研究所望洪基地复种示范，大豆生长后期气温较常年低，晚霜来临日期 9 月 22 日。麦后夏播复种大豆平均产量 103.2 kg·666.7 m^{-2}。

品质分析：据农业部谷物及制品质量监督检验检测中心（哈尔滨）2 年随机取样分析，脂肪含量 18.58%~19.37%，平均 18.98%；蛋白质含量 40.80%~42.87%，平均 41.84%。

3. 垦豆 20

特征特性：株高 80 cm 左右。无分歧。披针叶，白花，灰茸毛。3、4 粒荚较多，荚为褐色。籽粒圆形，种皮黄色。有光泽，黄色脐，百粒重 20 g 左右。亚有限结荚习性。抗倒伏，中抗灰斑病。该品种适宜做豆浆用豆。

产量表现：高产、稳产、抗倒伏、适应性广的大豆新品种。

品质分析：籽粒粗蛋白质含量 44.01%，脂肪含量 19.60%。

4. 垦豆 25

选育单位：黑龙江省农垦科学院大豆育种研究室

亲本来源：以垦丰 16 为母本、绥农 16 为父本有性杂交，系谱法选育而成

特征特性：株高 90 cm 左右。无分枝，白花，圆叶，灰白色茸毛，

荚弯镰形，成熟时呈浅褐色。籽粒椭圆形，种皮黄色，种脐黄色，有光泽，百粒重 19g 左右。该品种为亚有限结荚习性。

产量表现：2008—2009 年黑龙江省区域试验，平均产量 159.91 kg·666.7 m^{-2}，较对照品种合丰 50 增产 16.5%；2010 年生产试验平均产量 210.3 kg·666.7 m^{-2}，较对照品种合丰 50 增产 12.2%；2016 年宁夏农林科学院农作物研究所望洪试验基地春麦后夏播复种示范，每 666.7 m^2 平均产量 170kg；2017 年永宁县王太堡冬麦后复种示范，每 666.7 m^2 平均产量 238.2kg，春麦后复种示范，每 666.7 m^2 平均产量 205.0kg。

品质分析：籽粒粗蛋白质含量 40.05%，脂肪含量 20.28%。

5. 垦豆 39

选育单位：黑龙江省农垦科学院农作物开发研究所、北大荒垦丰种业股份有限公司

亲本来源：以垦丰 9 号为母本，垦农 5 号为父本有性杂交，系谱法选育而成。

特征特性：株高 90.9cm，主茎 17.3 节，有效分枝 0.6 个，底荚高度 14.0cm，单株有效荚数 40.4 个，单株粒数 93.1 粒，单株粒重 16.8g，百粒重 19.1g。披针叶，紫花，灰毛。籽粒圆形，种皮黄色、微光，种脐黄色。属高油型中早熟春大豆品种。无限结荚习性，株型收敛。接种鉴定，中感花叶病毒病 1 号株系和 3 号株系，抗灰斑病。

产量表现：2013—2014 年参加国家北方春大豆中早熟组品种区域试验，两年平均产量 204.1 kg·666.7 m^{-2}，比对照种增产 2.4%。2015 年生产试验，平均产量 190.2 kg·666.7 m^{-2}。2016 年宁夏农林科学院农作物研究所望洪试验基地春麦后复种示范，平均产量 193.0 kg·666.7 m^{-2}。

品质分析：籽粒粗蛋白含量 37.09%，粗脂肪含量 23.05%。

6. 垦豆 43

选育单位：黑龙江省农垦科学院农作物开发研究所、北大荒垦丰种业股份有限公司

亲本来源：以垦丰 97-151 为母本、垦豆 18 为父本有性杂交，系谱法选育而成。

特征特性：株高 100 cm，主茎 17.4 节，有效分枝 0.7 个，底荚高度 14.1 cm，单株有效荚数 33.3 个，单株粒数 76.9 粒，单株粒重 16.2 g，百粒重 21.7 g。披针叶，紫花，灰毛。籽粒圆形，种皮黄色、无光或微光，种脐黄色。高油型中早熟春大豆品种，株型收敛，无限结荚习性。接种鉴定，中感花叶病毒病 1 号株系，感花叶病毒病 3 号株系，中抗灰斑病。

产量表现：2012—2013 年参加北方春大豆中早熟组品种区域试验，两年平均产量 202 kg·666.7 m^{-2}，比对照种增产 2.2%。2014 年生产试验，平均产量 210.2 kg·666.7 m^{-2}，比对照种合交 02-69 增产 6.5%。

品质分析：籽粒粗蛋白含量 38.03%，粗脂肪含量 21.87%。

7. **垦豆 65**

选育单位：黑龙江省农垦科学院农作物开发研究所、北大荒垦丰种业股份有限公司

亲本来源：合丰 9 号为母本，垦丰 15 为父本有性杂交，系谱法选育而成。

特征特性：亚有限结荚习性，株型收敛，以主茎结荚为主，荚熟褐色，披针叶、紫花、灰茸毛，不裂荚，籽粒圆形，种皮黄色、微光，种脐黄色。中感花叶病毒病 1 号株系、感 3 号株系、抗灰斑病。

产量表现：2018 年在宁夏农林科学院农作物研究所望洪基地复种示范，大豆生长后期气温较常年低，晚霜 9 月 22 日来临，麦后复种大豆平均产量 120~145.65 kg·666.7 m^{-2}。

品质分析：平均粗蛋白含量 37.59%，粗脂肪含量 22.15%，蛋脂总和 59.74%。

8. **垦丰 22**

选育单位：黑龙江省农垦科学院农作物开发研究所

亲本来源：以绥农 10 号为母本，合丰 35 号为父本，经有性杂交，系谱法选育而成。

特征特性：株高85cm左右，披针叶，紫花，灰茸毛，叶色浓绿。以主茎结荚为主，3~4粒荚较多，荚呈弯镰形，成熟时为褐色，底荚高17cm。籽粒圆形，种皮黄色，有光泽，种脐黄色，百粒重22g左右。亚有限结荚习性，接种鉴定、中抗灰斑病。

品质分析：籽粒平均粗蛋白含量42.54%，粗脂肪含量20.27%。

9. 黑农35

选育单位：黑龙江省农业科学院大豆研究所

亲本来源：1978年从黑农16×十胜长叶的杂交后代品系哈76-6296中，经过人工培育系统选择而成。

特征特性：株高80~85cm。主茎发达，节数多，节间短、结荚密，3~4粒荚较多。白花、灰毛、亚有限结荚习性。披针叶浓绿，叶柄上举通风 透光好。籽粒椭圆，种皮淡黄色有光泽，种脐黄色，百粒重20~22g。属高蛋白品种类型。喜肥水秆强不倒，耐病毒病，较抗灰斑病。

品质分析：籽粒粗蛋白质含量45.24%。

10. 黑农37

选育单位：黑龙江省农业科学院大豆研究所

亲本来源：以黑农28为母本、哈78-8391为父本，经有性杂交，系谱法选育而成。

特征特性：株高80~90cm，生长繁茂，主茎平均17节，1~2个分枝。结荚较密，荚熟呈褐色。籽粒椭圆形，种皮黄色，有光泽，脐蓝色，百粒重18~20g。秆强抗倒，中抗灰斑病及病毒病，籽粒褐斑病粒率低。亚有限结荚习性，幼茎绿色，圆叶、白花，灰色茸毛。

品质分析：籽粒粗蛋白质含量38.04%，脂肪含量21.56%。

11. 黑农41

选育单位：黑龙江省农业科学院大豆研究所

亲本来源：用Co60-γ射线8000伦琴处理黑农33原原种，风干种子，按大豆高光效育种程序和方法育成。

特征特性：株高95~100cm，披针形叶，白花，灰毛，百粒重

18~20 g。亚有限结荚习性。

品质分析：籽粒粗蛋白质含量 41.72%，脂肪含量 20.42%。

第五节 特用大豆

1. 吉黑 4 号

特征特性：中晚熟黑大豆品种。有限结荚习性，株高 70 cm 左右。圆叶，白花，棕色茸毛。结荚均匀，2~3 粒荚多，荚熟时呈褐色。籽粒椭圆形，种皮黑色、有光泽，种脐黑色，子叶绿色，百粒重 31.4 g。人工接种（菌）鉴定，抗大豆花叶病毒 1 号株系、混合株系和灰斑病，中抗大豆花叶病毒 3 号株系；田间自然诱发鉴定，高抗花叶病毒病、灰斑病、霜霉病和细菌性斑点病，抗褐斑病，感食心虫。

产量表现：2009—2010 年吉林省区域试验，每公顷平均产量 2 394.9 kg，2011 年生产试验每公顷平均产量 2 810 kg。

品质分析：籽粒粗蛋白含量 41.66%，粗脂肪含量 18.98%。

栽培技术要点：一般 4 月下旬播种，每公顷保苗 20 万~22 万株。每公顷基肥农家肥 20~30 t，每公顷种施磷酸二铵 100~150 kg、硫酸钾 50 kg。注意及时防治蚜虫和食心虫。

2. 农黑 3 号

特征特性：有限结荚习性，平均株高 64.9 cm，底荚高 11.5 cm，株型收敛，主茎节数 16.3 节，有效分枝 3.2 个，有效荚 87.8 个，单株粒数 173.7 粒，百粒重 21.72 g，卵圆叶，紫花，棕毛，成熟荚黄褐色。籽粒圆形，种皮黑色，子叶黄色，有光泽。茎秆强韧，抗倒伏，成熟时落叶性较好，不裂荚，籽粒商品性好。

产量表现：2016 年生产示范平均产量 230.24 kg·666.7 m^{-2}，2017 年生产示范平均产量 242.6 kg·666.7 m^{-2}。

3. 小粒 3 号

作物类别：豆芽专用大豆

特征特性：该品种为亚有限结荚习性。株高 100 cm 左右，有分枝，紫花，披针叶，灰色茸毛，荚微弯镰刀形，成熟时呈褐色。种子为圆球形，种皮黄色，种脐浅黄色，有光泽，百粒重 9.5 g。接种鉴定中抗灰斑病。

品质分析：籽粒平均蛋白质含量 45.47%，脂肪含量 16.7%。

栽培技术要点：该品种春播，适宜选择中等以上肥力地块种植，每公顷保苗株数 22 万株。每公顷施肥量为磷酸二铵 180 kg。加强田间管理，及时中耕除草，防治病虫害，成熟收获。

4. 农鲜 1 号

品种：农鲜 1 号（晋豆 39）

特征特性：株型收敛，亚有限结荚习性。株高 61.2 cm，主茎 11.4 节，有效分枝 1.2 个，单株有效荚数 19.1 个，单株鲜荚重 48.0 g，百粒鲜重 77.3 g。每 500 g 标准荚数为 173 个，荚长 × 荚宽为 5.7 cm×1.3 cm，标准荚率为 68.6%。圆叶，白花、灰毛。籽粒圆形，种皮黄色、微光，种脐褐色。

5. 农鲜 2 号

品种：农鲜 2 号（沈鲜 1 号）

特征特性：株高 45 cm，圆叶，白花，有限结荚习性，结荚部位集中。3 粒荚占 70% 以上，熟期一致，采收方便。鲜荚绿色，荚上茸毛白色，种皮绿色。鲜粒蛋白质含量高，营养丰富，口感鲜嫩，品质分析优良，早熟性好。产鲜荚最高可达 1000 kg·666.7 m^{-2} 左右，百粒干重 38 g。

6. 农鲜 3 号

品种：农鲜 3 号（浙鲜 4 号）

特征特性：生育期 81 d，株高 32.4 cm，主茎节数 9.7 个，分枝数 1.8 个，单株荚数 31.8 个，单株鲜荚重 41.8 g，百粒鲜重 59.6 g。感观鉴定属香甜柔糯型。每 500 g 标准荚数 196 个，荚长 × 荚宽为 5.06 cm×1.31 cm，标准荚率 68.23%。紫花，灰毛，青荚绿色，种皮黄色。接种鉴定，抗

SMVSC3 株系，中感 SC8、SC11 和 SC13 株系。该品种符合国家大豆品种审定标准，通过审定。适宜春播鲜食大豆种植。

7. 农鲜 4 号

品种：农鲜 4 号（浙鲜豆 5 号）

特征特性：白花、灰毛。株高 34.9 cm，主茎节数 9.3 个，分枝数 2 个，单株荚数 25.1 个，单株鲜荚重 42.2 g，每 500 g 标准荚数 198 个，荚长 × 荚宽为 5.1 cm×1.3 cm，标准荚率 70.3%，百粒鲜重 66 g。感观品质分析鉴定属香甜柔糯型。鲜荚绿色，种皮黄色。接种鉴定，抗花叶病毒病 3 号株系，中感花叶病毒病 7 号株系。该品种符合国家大豆品种审定标准，通过审定。适宜作春播鲜食大豆品种种植。

8. 农鲜 5 号

品种：农鲜 5 号（浙鲜 8 号）

特征特性：丰产性好、优质、抗大豆花叶病毒病等优良特性。株高 35~40 cm，单株有效荚数 24~28 个，标准荚长 6.1 cm 左右、荚宽 1.47 cm 左右，每荚粒数 2 粒，百荚鲜重 280~300 g，百粒鲜重 80~86 g。鲜豆口感香甜柔糯，干籽种皮绿色。抗大豆花叶病毒病 SC3、SC7 株系，从播种至采收青荚约 94 d，一般鲜荚产量 9.75 t·hm⁻²。据农业部农产品质分析量监督检验测试中心检测，淀粉含量 4.29%，可溶性总糖含量 2.55%。该品种栽培上宜适当早播，适时采收，提高鲜荚商品性。该品种丰产性好，商品性较好，抗大豆花叶病毒病，适宜作春季菜用大豆种植。

9. 农鲜 7 号

品种：农鲜 7 号（苏早 1 号）

特征特性：中早熟品种。有限结荚习性，白花，荚茸毛灰色，叶卵圆形，株高中等，百粒鲜重 71 g，属大粒品种。较耐病毒病。商品性好，糯性好，易剥壳。

第三章　大豆栽培技术

第一节　一般栽培技术

　　宁夏平原地处温带干旱地区，日照充足，年均日照时数3 000 h左右，无霜期160~170 d，≥10℃活动积温3 300℃左右，热量资源丰富，有利于农作物的生长发育和营养物质的积累。由于地势平坦，土层深厚，虽干旱少雨，但黄河年均过境水量达300余亿 m³，便于引黄灌溉，光、热、水、土等农业自然资源配合较好，为发展农林牧业提供了极为优越的自然条件，素有"天下黄河富宁夏"之说。灌区春播作物7月10日左右收获后，距10月份秋霜来临还有80~100 d的时间，是典型的农作物生育一季有余，两季不足的农业生产地区。宁夏灌区大豆除了春播单种之外，结合本地光热资源，土地资源以及种植业制度还可以采取间作、套种、复种方式，充分利用土地、光、热、水、肥等自然资源，不仅可以大幅度提高资源的利用率，而且对增加大豆产量提高农民收入也起到积极作用。

一、宁夏大豆种植的几种主要方式

1. 春播单种大豆

春播单种大豆主要是发挥大豆"低密度促进型"高产栽培技术，针对该种植区域的干旱条件和精耕细作的传统农业习惯，发挥无霜期长、热量丰富的优势，在低密度群体下，按照"促—控—促"大豆高产高效综合配套栽培技术，以个体发育高经济系数带动单位面积产量的提高，达到高产。宁夏灌区一般大豆单种产量在 $160~250\text{kg} \cdot 666.7\,\text{m}^{-2}$，高产可以达到 $300\text{kg} \cdot 666.7\,\text{m}^{-2}$ 以上。

栽培关键技术：

（1）品种选择 根据该地区的生态条件，选择生育期较长、直立生长，多分枝、抗倒伏、优质、高产春大豆品种，如：目前宁夏生产上推广种植的品种主要有宁豆 3 号、宁豆 4 号、晋豆 19、承豆 6 号、宁豆 5 号、宁豆 6 号、中黄 318 和宁豆 7 号等，还有经过国家审定可以在宁夏灌区种植的品种，如：辽首 2 号、冀豆 12、铁丰 35、铁丰 30、辽豆 22、辽豆 24、吉育 95、中黄 30、汾豆 65、汾豆 56、晋遗 30 和冀豆 17 等品种进行春播种植。

（2）适期播种 春播大豆 4 月 15 日左右抢墒播种，如果土壤墒情较差，不适宜播种，应提前灌一次"跑马水"，浇水补墒，5 月 10 日前播种结束。

（3）合理密植 播种量 $3.5~4.0\text{kg} \cdot 666.7\,\text{m}^{-2}$，行距 50cm，播种不宜过深，一般 3~5cm 为宜。播种采用等行距精量播种，播后覆土均匀并压实。大豆出苗后有复叶出现时及时进行间苗、定苗，第一个三出复叶展开前，一次性定苗，株距 13~15cm，定苗原则是"去小留大、去弱留壮"，保证留苗密度 $0.8\,万 ~1.2\,万株 \cdot 666.7\,\text{m}^{-2}$。

（4）科学施肥、灌水 根据土壤肥力情况进行施肥，结合春季平田整地，底肥一次性施入，基施优质农家肥（腐熟的猪粪、鸡粪等）$2500\sim3000\,kg\cdot666.7\,m^{-2}$、磷 酸 二 铵 $10\sim15\,kg\cdot666.7\,m^{-2}$、尿 素 $20\,kg\cdot666.7\,m^{-2}$。为了保证壮苗可以在初花期视苗情追肥、灌水，追施尿素 $5\,kg\cdot666.7\,m^{-2}$，过磷酸钙 $7.5\sim15\,kg\cdot666.7\,m^{-2}$。封垄前继续人工除草。大豆初花期根据长势酌情灌水、施肥，结合灌水每 $666.7\,m^2$ 追施尿素 $5\sim10\,kg$，长势健壮茂盛的田块应少追肥或不追肥。大豆花荚期是"促—控—促"栽培技术的关键时期，此时保证为大豆植株提供充足的水分，有利于促进大豆植株后期的生长发育。结合花荚期追施氮肥等技术措施，适当进行叶面喷施磷酸二氢钾和硼、钼、锌等微肥，一般连续喷 $2\sim3$ 次。用磷酸二氢钾 $100\,g\cdot666.7\,m^{-2}$ 兑水 $50\,kg$ 均匀喷施于植株茎叶上，始花后 $7\,d$ 左右喷施多效唑或烯效唑，长势茂盛的大豆地块适当提早至始花前期施用，用 15% 多效唑可湿性粉剂 $50\sim100\,g\cdot666.7\,m^{-2}$，兑水 $50\,kg$ 稀释后均匀喷施叶片的正反面，以壮秆矮化植株，防止后期倒伏。大豆鼓粒成熟期及时灌水，以水攻粒对提高大豆产量和品质有明显作用。

（5）防治病虫草害　6月上旬至7月上旬及时防治蚜虫，当田间有蚜株率达 $30\%\sim40\%$，百株蚜量达到 1500 条以上，应及时用 40% 乐果乳油配制成 $800\sim1000$ 倍药液，用药液量 $40\sim45\,kg\cdot666.7\,m^{-2}$ 喷雾防治。大豆卷叶株率 10% 时应及时用药防治大豆红蜘蛛，结合防治蚜虫用 73% 灭螨净 3000 倍液或 20% 扫螨净、螨克乳油 2000 倍液等喷雾，连续喷施 $2\sim3$ 次。大豆播种后出苗前，用 2，4-D 丁酯 $25\,ml\cdot666.7\,m^{-2}$ 兑水 $40\,kg$ 喷雾，封闭杂草。大豆 $3\sim4$ 片复叶时结合灌水，使用仲丁灵（地乐胺）农药 $0.5\,kg\cdot666.7\,m^{-2}$ 拌成毒土均匀撒入大豆田间防除大豆菟丝子，根据大豆长势酌情中耕除草 $2\sim3$ 次。7月末至8月初人工除田间大草，以利于田间通风、透光，促熟增产。

2. 夏播复种大豆

随着早熟春小麦或冬小麦等农作物在引黄灌区种植面积的逐年扩大，选择适宜的后茬作物进行复种是提高种植效益的措施之一。夏播复种大豆主要是充分发挥夏播大豆"早密"高产栽培技术，充分利用地力与光热资源，发挥群体的生产效益，结合灌溉合理追施化肥，获得较为理想的大豆产量。宁夏引黄灌区能够在 10 月 10 日前完全成熟的夏大豆品种，都是能够在初霜期前成熟的品种，故应因地制宜引种扩种、发展夏播复种大豆生产。宁夏灌区在早熟春小麦或冬小麦收获后复种大豆，大豆产量在 $100\sim180\,kg \cdot 666.7\,m^{-2}$，高产可以达到 $200\,kg \cdot 666.7\,m^{-2}$ 以上，播种越早产量越高。

主要关键栽培技术：

（1）品种选择是关键　宁夏灌区夏播复种大豆应选择适宜该区域气候特点种植的早熟高产品种，以生育日数 85 d 左右的品种为宜，如：垦丰 7 号、垦丰 8 号、垦丰 18、垦丰 25，以及合丰、黑河、东农等系列品种。

（2）抢时早播　夏播大豆增产的关键是力争早播，合理密植，充分利用夏大豆生育前期的温光潜热，延长营养生长时间，奠定高产物质基础，争取增花保荚促粒夺丰产。夏播大豆 6 月下旬至 7 月 15 日为最适播种期，播种行距 25~30 cm，播种量 $10\,kg \cdot 666.7\,m^{-2}$，保苗密度 3.0 万 ~3.5 万株 $\cdot 666.7\,m^{-2}$。试验表明，夏大豆播种越早产量越高。7 月 15 日以后播种则不能保证正常安全成熟。

（3）确定最佳群体结构　夏播复种的大豆很少有分枝，生育期短，植株较春播大豆矮，叶片少，叶面积小。促使个体生长发育，发挥群体的增产作用是提高大豆产量的关键。夏播复种大豆保苗密度 3.0 万 ~3.5 万株 $\cdot 666.7\,m^{-2}$。

（4）合理施肥、及时灌水　夏播复种大豆有效生育天数 85 d 左右，生育期短，生长发育快。播种后 5~7 d 出苗，出苗后 20~30 d 开始开花，开花期至结荚期与春大豆历时相似。大豆进入营养生长和生殖生长并进阶段，需肥水集中，时间短，对产量影响较大，应及时施肥、灌水。大豆苗期追施尿素 $10\,kg \cdot 666.7\,m^{-2}$ 左右，最高不能超过 $15\,kg \cdot 666.7\,m^{-2}$。花荚期、鼓粒期及时灌水、喷施微肥，增产效果明显。

（5）加强田间管理　促进壮苗早发，及时中耕松土，增温灭草，防治蚜虫、食心虫是保证夏播复种大豆高产稳产的基础。

3. 间作、套种大豆

间作、套种的大豆能与主要粮食作物和谐共处，生长发育空间大，不争地、不争肥、不争时，解决了农作物种植一季有余、两季不足的矛盾，增加了单位面积的产出，提高了单位面积的效益。一方面，利用大豆较耐旱、耐阴、耐瘠薄等特点，与小麦、玉米、经果林、西瓜等作物套种，使一熟变二熟，提高其复种指数和土地利用率；另一方面，大豆与小麦套种玉米间作或与其他作物间作、套种，虽存在一定的共生时期，但由于适宜的播种期、合理的种植密度与耐阴广适高产品种的选择，避开了种间对光、热、水、肥等生态因子的竞争。大豆还可以通过自身根瘤进行生物固氮，达到氮素的种间利用和培肥地力的效果，既减少了化学肥料的施用量，还可以促进小麦、玉米等间作套种作物产量的提高。

（1）小麦套种大豆的种植模式　该模式具有适应性强、丰产性好、机械化程度高等特点，小麦套种大豆产量一般在 $150\sim200\,\mathrm{kg}\cdot666.7\,\mathrm{m}^{-2}$，高产可接近 $300\,\mathrm{kg}\cdot666.7\,\mathrm{m}^{-2}$。小麦套种大豆是一项低投入、高产出、高效益的立体复合种植技术，也是一种用地和养地相结合的生态型套种模式，它能充分利用光、热、水、肥等自然资源，既解决了农业生产中光热资源一季有余、两季不足的矛盾，保证了小麦的稳产高产，收获了优质大豆，同时又利用豆科作物的根瘤固氮作用培肥了地力，达到了用地养地相结合的目的，为后茬作物提供了良好的土壤肥力条件，是提高农田经济生态效益的有效途径之一。试验结果表明，套种田小麦产量 $282.9\,\mathrm{kg}\cdot666.7\,\mathrm{m}^{-2}$，大豆产量 $106.6\,\mathrm{kg}\cdot666.7\,\mathrm{m}^{-2}$，两作混合产量 $387.5\,\mathrm{kg}\cdot666.7\,\mathrm{m}^{-2}$，比单种小麦增产 30.92%，比单种大豆增产 67.72%。套种田纯收入 $898.9\,\mathrm{元}\cdot666.7\,\mathrm{m}^{-2}$，比单种小麦和大豆分别增加收入 $254.1\,\mathrm{元}\cdot666.7\,\mathrm{m}^{-2}$ 和 $283.9\,\mathrm{元}\cdot666.7\,\mathrm{m}^{-2}$，麦豆套种经济效益明显提高。

主要栽培技术：

①整地、施肥。前茬作物收获后及时整地，并在适耕期内深耕灭茬，耕深 30 cm 左右。11 月上旬灌足冬水，冬灌后发现地面有裂缝时耱地保

墒，早春顶凌耙地 1~2 次，并进行镇压，做到地平土碎、上虚下实。基肥力求多施农家肥，增施磷肥，提倡氮磷搭配，秋季结合深翻基施优质农家肥 5 000 kg·666.7 m^{-2}、碳酸氢铵 50 kg·666.7 m^{-2}、普通过磷酸钙 30 kg·666.7 m^{-2}。播种时磷酸二铵作种肥，小麦种植带施种肥磷酸二铵 10 kg·666.7 m^{-2}、大豆种植带施种肥磷酸二铵 3~5 kg·666.7 m^{-2}，也可将种肥在播种前整地时一次性施入。

②选用优良品种。小麦选择高产、抗倒伏、丰产的优良品种宁春 4 号等，大豆选用熟期适宜、多分枝、茎秆直立、耐阴性强、不易裂荚落粒、丰产性好的高产抗病虫优良品种宁豆 3 号、宁豆 4 号、晋豆 24 号、承豆 6 号、晋豆 19、宁豆 6 号和宁京豆 7 号等。

③适时播种。宁夏灌区小麦于 2 月下旬至 3 月上旬适期早播，并预留大豆带；大豆可适当推迟到 4 月 10 日前后播种，即小麦苗齐、苗全后开始播大豆，力争小麦灌头水时大豆能全苗。灌区机械播种小麦套种大豆的主要方式有：小麦用 12 行播种机播种，总带距 220 cm，其中，小麦净带宽 130 cm，大豆播种带宽 90 cm，播种 3 行大豆，行距 30 cm。小麦 2 月下旬择期播种，播种量 18~20 kg·666.7 m^{-2}。大豆 4 月上中旬择期播种，播种量 3~4 kg·666.7 m^{-2}，大豆保苗密度 0.8 万 ~1.2 万株·666.7 m^{-2}。宁夏固原地区农科所试验结果表明，麦豆套种的最佳比例是 2：1，小麦带宽 90 cm，大豆带宽 45 cm 种 2 行大豆。麦豆混合产量以 2：1 的最高，比小麦单种增产 15.57%，纯收益比单种小麦提高 49.47%，比单种大豆提高 176.9%。

④加强田间管理。小麦大豆共生期间的田间管理以小麦为主，小麦收获后加强大豆管理。喷施多效唑可湿性粉剂壮秆矮化植株，防止大豆生长后期倒伏。大豆红蜘蛛危害始期用 1.8% 阿维菌素乳油 2 000~3 000 倍液，或 20% 哒螨灵可湿性粉剂 1 500~2 000 倍液喷雾防治，每隔 7 d 喷 1 次，连喷 2~3 次。

（2）小麦套种玉米间种大豆

该模式主要栽培关键技术：①小麦玉米总带宽 160 cm。小麦带宽

100cm，播10行小麦，行距10cm，玉米带宽60cm，种2行玉米，行距20cm，玉米距边行小麦20cm，在麦行与玉米行间种大豆。

②小麦带宽120cm，行距10cm，玉米带宽100cm，种3行玉米，在麦行与玉米行间种2行大豆。

③小麦宽、窄行种植，播10行小麦，净宽108cm，玉米带宽72cm，种2行玉米，行距30cm，玉米与小麦相距20cm，中间种1行大豆，穴距30cm。

（3）胡麻混种蚕豆套种玉米、大豆　该种植方式是一种高秆作物与矮秆作物、夏播作物与秋播作物、粮食作物与油料作物立体复合种植方法。充分利用光、热、水、肥资源，改善田间通风透光条件，发挥作物边行优势，是解决粮油争地矛盾，提高单位面积产量的有效途径。经多年多点示范，大豆平均产量100kg·666.7 m^{-2}以上。

主要栽培关键技术：

①施足基肥、精细整地。秋施农家肥4000kg·666.7 m^{-2}以上，秋深施或春施碳铵50kg·666.7 m^{-2}。播种前10d左右播施尿素10kg·666.7 m^{-2}、磷酸二铵10kg·666.7 m^{-2}。春季适时耙糖、镇压，做到土碎田平，墒情好。

②合理带距。总带距137.5cm。胡麻播种6行，采用12行播种机，堵住中间5个下籽口，关掉一侧1条开沟器，留75cm的大豆和玉米带，胡麻行距12.5cm，胡麻带净宽62.5cm；蚕豆种在胡麻带中，大豆种2行，玉米种1行，玉米种在2行大豆中间。大豆距离玉米17.5cm，距离胡麻20cm。

③适期播种、合理密植。胡麻、玉米、大豆均在4月中旬同期播种，玉米和大豆采取拉线开沟定位穴播方式，大豆选用高产直立品种，每穴播2~3粒种子，穴距20cm，争取密度在8000株·666.7 m^{-2}以上。大豆穴与玉米穴呈三角形布局。

④加强管理。5月下旬用48%的仲丁灵（地乐胺）乳油250g·666.7 m^{-2}拌成毒土均匀撒入胡麻大豆行间防止杂草和大豆菟丝子，

施药后及时灌水保证药效。大豆追肥根据地力和苗情而定。

（4）经果幼林套种大豆　近年随着引黄灌区农业经济结构调整，经果林（苹果幼树、葡萄幼树等）面积增加，幼林树木小，光、热及空闲地资源十分丰富，幼林暂时又不能产生经济效益，因此，利用经果幼林套种大豆，是一项农民增收、农业增效、培肥改良土壤、维持农业可持续发展一举多得的种植新模式。大豆是在幼龄树木之间种植的比较理想的作物。2008 年国家大豆产业技术体系银川综合试验站在永宁县进行幼林（苹果幼树）套作大豆示范，一般增收大豆 200 kg·666.7 m^{-2}以上，增收效益 600~800 元。2015 年年国家大豆产业技术体系银川综合试验站开展幼龄果树套种冀豆 17 示范展示，经大豆专家组现场对青铜峡市曲靖镇友谊村百亩果树套种冀豆 17 示范展示，实收测产 312.7 kg·666.7 m^{-2}，创套种大豆高产纪录。

主要栽培关键技术：

①精细整地。整地质量的好坏是影响大豆苗齐、苗壮及夺取大豆高产的关键技术环节。在经果幼林套种大豆前，应对种植大豆的地块进行精细平整，达到田面平整无坷垃无杂草。对一些质地属砂壤类型的地，只要清理杂草平整后，土壤墒情好就可实行免耕种植。

②施足底肥，适时播种。大豆播种时必须施足底肥、灌足底水，确保大豆出苗需要吸收的水分以及生长后期对养分的需要。底肥以农家肥和磷肥为主，一般施农家肥 2 500~3 000 kg·666.7 m^{-2}、过磷酸钙 10~13 kg·666.7 m^{-2}。经果幼林套种春大豆的播种时间一般为 4 月中下旬，播种时间最晚不能迟于 5 月 15 日，套种夏大豆的播种时间一般在 6 月下旬之前。

③合理套种带距，保证大豆的群体结构。经果幼林套种大豆的密度主要以幼林的空闲空间大小、大豆品种类型、土壤肥力及不影响幼林正常生长所需的生长空间而定。春大豆行距 40~50 cm、穴距 15~20 cm，每穴定苗 2 株；夏大豆行距 30 cm 左右，等距条播最好，株距 3~4 cm。

④加强田间管理。大豆生育期间中耕 2~3 次，春大豆从开花至鼓

粒期间注意防治红蜘蛛、蚜虫、大豆食心虫。夏大豆根据田间虫害发生情况进行病虫害防治。大豆生长期间看苗酌施苗肥，一般情况下，豆苗长势旺盛，叶色嫩绿就不施苗肥；若豆苗长势弱，叶色淡黄，苗肥一般结合灌水追施尿素 $4{\sim}5\,\mathrm{kg}\cdot666.7\,\mathrm{m}^{-2}$，针对土壤瘠薄、豆苗长势较差的地块，大豆初花期追施尿素 $3{\sim}4\,\mathrm{kg}\cdot666.7\,\mathrm{m}^{-2}$ 作为保花增荚肥。

二、旱作保墒不同栽培方式研究

宁南山区是典型的旱作雨养农业区，由于土壤贫瘠，气候干旱，降雨分布不均，年际间变化大，冬春土壤休闲期干旱多风，农田裸露，风蚀量大，春迟、秋旱、气温低，播种期干土层厚，土壤含水量仅为4%~8%，降雨期与播种期不能同期而遇，常造成播种、出苗困难，粮食产量低而不稳。水资源短缺严重制约着农业生产力水平的提高，有限水资源的高效利用是旱作雨养区农业生产面临的主要问题。

秋季全膜覆盖双垄集雨沟播技术，采用大小双垄的集雨效果，将冬春 5~10 mm 有限降雨最大限度地蓄积并保存于土壤中，以保证早春作物生长所需要的水分，有效促进土壤——作物水分的良性循环。土壤水分状况是决定作物根系生长的关键因素，对作物生长发育具有决定性的影响。合理的土地利用方式可改善土壤结构，增强土壤对外界环境变化的抵抗力。免耕覆盖可减少耕作次数，改变土壤结构和容重，调节土壤水气分配，进而使土壤的水、肥、气、热状况重新组合。与常规耕作相比，保护性耕作可降低土壤侵蚀，增加水稳性大团聚体及其结构稳定性，改善土壤结构。

如何充分利用有限的降水资源，提高水分利用效率，成为提高旱作区粮食产量的重要途径。经过 3 年的试验研究与示范推广，建立和形成了以秋季覆膜和全膜双垄沟播为主，其他抗旱保墒措施为辅的具有宁夏特色的旱作农业节水模式和旱作农业节水技术体系，提高了产量和水分利用效率。

1.土壤温度效应

全膜双垄沟播具有较好的增温保温作用，即全膜覆盖双垄沟播栽培的土壤温度显著高于半膜土壤温度，降温效果则相反。播种时地表温度低于地下温度，并随土壤深度的增加地温增大。

在玉米整个生育期内，不同覆膜方式其土壤温度为秋季全膜双垄沟播 > 早春全膜双垄沟播 > 播种期全膜双垄沟播 > 秋季半膜 > 早春半膜 > 播种期半膜。这说明秋季全膜双垄沟播不仅提高了土壤温度，还为根茬秸秆还田等提供了良好的分解环境。其中在不同生育期内均是苗期差距较大，依次为苗期、拔节期、大喇叭口期、抽雄期和成熟期。在苗期，秋季全膜比播种期半膜增加 6.8℃，比拔节期增加 4.97℃，比大喇叭口期增加 3.33℃，比抽雄期增加 2.0℃，比成熟期增加 1.42℃（见表 3-1）。有效温度的提高，为玉米出苗创造了良好的土壤环境，使其达到苗全、苗齐、苗壮、苗旺，为高产奠定了良好的基础。

表 3-1 不同时期土壤平均温度（0~25 cm）

单位：℃

覆膜方式	播种期	出苗前	拔节期	大喇叭口期	抽雄期	成熟期
秋季全膜双垄	16.36	24.32	25.62	28.45	25.37	11.22
早春全膜双垄	15.78	23.66	24.86	27.63	25.22	11.18
播种期全膜双垄	14.96	22.87	24.21	27.12	24.83	11.06
秋季半膜	14.06	20.67	22.64	26.22	24.25	10.36
早春半膜	13.59	18.23	21.18	25.64	23.79	10.22
播种期半膜	13.08	17.52	20.65	25.12	23.37	9.80

每一个生育时段的积温，秋季全膜双垄沟播 > 早春全膜双垄沟播 > 播种期全膜双垄沟播 > 秋季半膜 > 早春半膜 > 播种期半膜，播种期到灌浆期土壤积温逐渐升高，灌浆到成熟期土壤积温开始降低。资料显示，晚熟玉米品种所需土壤 ≥0℃有效积温 2 700℃以上，通过连续多年试验

研究，全膜双垄沟播和秋季半膜覆盖方式满足玉米晚熟品种所需≥0℃有效积温 2 700℃以上的要求。其中秋季全膜双垄沟播、早春全膜双垄沟播、播种期全膜双垄沟播和秋季半膜≥0℃总积温分别为 3 187.96℃、3 117.65℃、3 038.85℃、2 853.54℃，分别比播种期半膜（常规半膜）增加 575.14℃、504.83℃、426.03℃、240.72℃。其积温的增加，能有效解决积温不足区域种植玉米的问题。

2. 土壤水分效应

不同覆膜方式土壤水分效应。土壤含水量。采用不同覆膜方式栽培，土壤含水量为秋季覆膜＞早春顶凌覆膜＞播种期覆膜、全膜覆盖＞半膜覆盖，播种期耕作层（0~20 cm）土壤含水量依次为秋季全膜覆膜、早春顶凌全膜、播种期全膜、秋季半膜、春季顶凌半膜、播种期半膜，分别为 18.8%、18.4%、15.5%、15.3%、15.3%、15.2%。秋季全膜双垄沟播栽培、春季顶凌全膜含水量均超过 18%，为作物播种与出苗创造了良好的土壤水分条件，显示了较好的蓄水保墒、逆境成苗的效果。

耕作层 0~20 cm 土壤含水量秋季全膜为 15.68%，早春全膜为 15.65%；播种期全膜为 13.45%，秋季半膜为 13.98%，早春半膜为 13.20%，播种期半膜为 13.07%，秋季全膜较播种期半膜增加 2.6%，整体为秋季覆膜＞早春覆膜＞播种期覆膜，全膜覆盖＞半膜覆盖。播种期全膜＜秋季半膜，说明在覆膜条件下应采取秋覆效果最佳。在水分活跃的 0~60 cm 土层，不同覆膜方式玉米不同生育期水分含量变化趋势与 0~20 cm 一致，只是土壤水分含量随土壤深度的增加而递减，差异越来越小。在 100~200 mm 土层内，随着土层深度的增加，土壤含水量随之降低，差异也越来越小。

土壤贮水量。播种期 0~100 cm 各处理土壤贮水量分别为秋季全膜双垄沟播 230.2 mm、早春全膜双垄沟播 227.4 mm、播种期全膜双垄沟播 194.0 cm、秋季半膜 198.7 mm、早春半膜 191.5 cm、播种期半膜 179.5 cm，秋季全膜双垄沟播分别较其他覆膜处理贮水量增加 28.0 mm、36.2 mm、31.5 mm、38.7 mm、50.7 mm。整个生育期各处理平均贮水量分别为秋季全膜双垄沟播 191.5cm、早春全膜双垄沟播 190.1mm、播种期全膜双垄沟播 165.9mm、秋季半膜 171.2mm、早春半膜 162.7cm、播种期半膜 155.1mm，秋季全膜比播种期半膜增加 36.4mm。整体为秋季覆膜 > 早春覆膜 > 播种期覆膜，秋季半膜 > 早春半膜 > 播种期半膜。

不同灌溉量土壤水分效应。玉米大喇叭口期进行补充灌溉，补水后第七天测定，不同处理和不同层次土壤含水量随补水量的增加而增加，补水量与含水量成正比，补灌 375m³·hm⁻² 土壤含水量最高，平均比对照增加 10.33%，土壤含水量变化规律随着土壤深度的增加逐渐递减，呈反比关系（表 3-2）。

表 3-2　不同土层土壤含水量

土层 /cm	播种期土壤含水量 /%	补灌量 / (m³ · hm⁻²)					
		75	150	225	300	375	0
0~10	17.2	18.39	21.58	24.76	27.95	31.14	15.9
10~20	16.8	15.88	18.43	20.34	22.25	24.16	14.7
20~40	15.2	14.78	16.05	17.33	18.60	19.88	13.6

全膜双垄沟播条件下，随着灌溉量的增加土壤贮水量随之增加，补灌 375mm·hm⁻² 土壤贮水量最高，达 123.11mm，比对照（0 补灌）增加 48.07mm，土壤贮水量变化规律随着土壤深度的增加逐渐递减，呈反比关系。

不同生育期有限补灌土壤水分效应。苗期补充灌溉，土壤含水量从 17.2% 增加到 26.8%，增加了 9.6 个百分点，拔节期增加了 7.0 个百分点，大喇叭口期增加了 5.4 个百分点，吐丝期增加了 1.6 个百分点。拔节期补充灌溉，0~20cm 土壤含水量从 15.7% 增加到 25.3%，增加了 9.6 个百分点。大喇叭口期增加了 6.3 个百分点，吐丝期增加了 2.6 个百分点。大喇叭口期补充灌溉，0~20cm 土壤含水量从 13.9% 增加到 23.5%，增加了 9.6%，吐丝期增加了 6.2%。0~40cm 土壤含水量不同时期补充灌溉，土壤含水量变化规律与 0~20cm 土壤含水量基本吻合，且随着土壤深度的增加，含水量逐渐减少。不同生育期有限补灌 0~40cm 土壤贮水量，随着不同生育时期有限补灌的分期进行，土壤贮水量逐渐增加，随着生育期的推进，作物蒸腾增强，土壤贮水量呈下降趋势。

旱作保墒免耕土壤水分效应。通过连续 2 年（2011—2012 年）定位研究，对一膜两季免耕栽培（A）和全膜双垄沟播栽培（B）0~20 和 0~80cm 土壤含水量变化情况研究表明，其含水量变化趋势基本一致，且均高于常规种植。说明采用秋季全膜覆盖和一膜两季农艺措施（冬春季地膜覆盖）极大地保蓄了土壤水分，有效地减少了土壤休闲期地表裸露而导致水分耗散，蓄墒保墒效果显著。

3 水分利用率

不同覆膜方式水分利用率　从不同覆膜方式降水利用率、水分生产率看，秋季全膜覆盖双垄沟播 > 早春全膜覆盖双垄沟播 > 播种期全膜覆盖双垄沟播 > 秋季半膜 > 早春半膜 > 播种期半膜，降水利用率分别为 74.72%、73.07%、67.89%、59.82%、58.0%、57.19%，秋季全膜覆盖双垄沟播较播种期半膜增加了 17.53 个百分点；水分生产率分别为 31.65kg·mm^{-1}·hm^{-2}、31.05kg·mm^{-1}·hm^{-2}、29.1kg·mm^{-1}·hm^{-2}、29.25kg·mm^{-1}·hm^{-2}、27.45kg·mm^{-1}·hm^{-2}、25.2kg·mm^{-1}·hm^{-2}，秋季全膜覆盖双垄沟播较播种期半膜增加 6.45kg·mm^{-1}·hm^{-2}，增幅为 20.38%（见表3-3）。

不同灌溉水分生产效率。随着灌溉量的增加水分生产率随之增加，灌溉量达 225m^3·hm^{-2} 时，水分生产率达 35.41kg·mm^{-1}·hm^{-2}，超过这一灌溉量时，随着灌溉量的增加，水分生产率随之递减，但所有进行补灌的田块，其水分生产率比不补灌溉的增加 2.5kg·mm^{-1}·hm^{-2} 以上。

立体复合种植水分生产率。全膜覆盖双垄沟播条件下，玉米种植于两垄沟内，大垄相距 70cm，种植空间较大，将播种期基本相同、共生期较短的大豆，播入大垄中间种植，形成复合群体后，相对矮秆的大豆可利用近地面的太阳辐射光能，高秆的玉米则有效地利用空间光能，进而提高种植系统光热资源的利用率，形成较高的生物产量。玉米套种大豆水分生产效率达 $32.4\,kg\cdot mm^{-1}\cdot hm^{-2}$，较单种玉米增加 $1.2\,kg\cdot mm^{-1}\cdot hm^{-2}$，较单种大豆增加 $23.85\,kg\cdot mm^{-1}\cdot hm^{-2}$，降水利用率提高 5.2、10.3 个百分点。（见表 3-4）

表 3-3 不同覆膜方式降水利用率和水分生产效率

覆膜方式	播种期 2 m 土壤贮水量 /mm	收获 2 m 土壤贮水量 /mm	生育期降水量 /mm	耗水量 /mm	经济产量 /（kg·hm⁻²）	年降水量 /mm	降水利用率 /%	水分生产率 /（kg·mm⁻¹·hm⁻²）
秋季全膜双垄	398.6	326.6	235.4	307.4	9735.0	411.4	74.7	31.7
早春全膜双垄	387.1	321.9	235.4	300.6	9337.5	411.4	73.1	31.1
播种期全膜双垄	344.4	300.5	235.4	279.3	8145.0	411.4	67.9	29.1
秋季半膜	355.5	344.8	235.4	246.1	7857.0	411.4	59.8	28.3
早春半膜	315.4	312.2	235.4	238.6	6543.0	411.4	58.0	27.5
播种期半膜	298.4	298.5	235.4	235.3	5937.0	411.4	57.2	25.2

表 3-4 立体复合种植降水利用率和水分生产率

种植方式	播种期贮水量 /mm	收获期贮水量 /mm	生育期降水量 /mm	耗水量 /mm	经济产量 /（kg·hm⁻²）	年降水量 /mm	降水利用率 /%	水分生产率 /（kg·mm⁻¹·hm⁻²）
玉米大豆	197.45	198.8	325.4	324.2	10 482	417.7	78.1	32.4
单种玉米	197.45	220.4	325.4	302.3	9 429	414.7	72.9	31.2
单种大豆	197.45	241.66	325.4	281.0	2 424	414.7	67.8	8.55

4. 结论与讨论

不同覆膜条件下，秋季覆膜产量最高，为 9 735.0 kg·hm^{-2}，较常规半膜增产 3 796.5 kg·hm^{-2}，增幅为 38.99%，增产效果非常显著。

旱作雨养区全膜覆盖条件下进行不同灌溉量补充灌溉，补充灌溉对玉米农艺性状效果显著。主副产品平均单产达 2 645.43 kg·hm^{-2}，比对照种增产 11.1%。

全膜覆盖条件下玉米大垄中间套种大豆，充分发挥宁夏南部山区一年一熟光热资源丰足有余，一年两熟又嫌不足的气候条件。该种植模式生态、经济、社会效益十分明显，相对玉米单种，水分生产效率提高 1.20 kg·mm^{-1}·hm^{-2}，土地利用率提高 43%，单产 10 481.5 kg·hm^{-2}，经济纯收入提高 40.39%。

发挥大豆的茬口优势，实现土地的用养结合和农田的带状轮作。据研究，将粒产量水平 1 500 kg·hm^{-2} 的大豆根瘤固氮量为 56.25 kg，约相当于 262.5 kg 的标准氮肥。加之大豆生物产量的农田归还率较高，因此，将其纳入套种的两熟制农田生态系统中，发挥其肥田效应，能够有效实现土地的用养结合和农田的短中期地带状轮作。

玉米对土壤氮素吸收较多，而大豆对磷素敏感同时大豆根系着生大量的根瘤菌，根瘤菌的生命活动形成含氮化合物。为提高土地利用率，在同一块田套种 2 种作物，可均衡地吸收土壤中氮、磷、钾。玉米是高产高效作物，大豆则是典型豆科高产作物，套种模式发挥大豆的增产优势的同时也促进玉米增产，可实现双丰收。相对单种消耗土壤肥力，农田如果没有相应的培肥措施作保障，将对农田形成掠夺式经营。而将大豆纳入复合种植体系后，则可发挥和利用其根瘤固氮和落物（叶、花、根）回田的习性，使土壤得以培肥，养分得以补偿。

三、宁夏地区大豆优质高产栽培实用技术

1. 合理轮作

大豆忌连作，也不能和豆科作物轮作倒茬，可与小麦、胡麻、玉米和马铃薯等作物轮作倒茬。因其具有固氮作用，能调节土壤养分，培肥地力，故又是多种作物的好茬口。宁南山区旱地轮作方式一般：大豆—小麦—小麦（马铃薯）；大豆—小麦—胡麻；大豆—小麦—玉米。水地一般与其他作物套种，套作方式大豆 + 小麦；大豆 + 马铃薯；大豆 + 玉米等。

2. 精细整地

大豆是需水较多的作物，种子发芽时需要吸收种子重量的120%~160% 的水分，播前要求土壤墒情好。精细整地，土壤细碎平整，上松下实，达到"平、碎、松、墒"四字标准。一般夏作物收获后即可进行伏耕，充分接纳雨水，多蓄水，秋季耙耱保墒，冬季镇压 1~2 次，达到提墒保墒的作用。

3. 以磷为主，氮磷配合

大豆要增施磷肥，以磷促氮，氮磷配合科学施肥。一般施底肥有机肥 $3 \times 10^4 \mathrm{kg} \cdot \mathrm{hm}^{-2}$，磷酸二铵 $225 \mathrm{kg} \cdot \mathrm{hm}^{-2}$，尿素 $150 \mathrm{kg} \cdot \mathrm{hm}^{-2}$。磷肥对大豆生长发育效果好，它既能促进根系发达，增加根瘤菌数量，增强固氮作用，又能加速花、荚、粒的形成和发育。

4. 选用良种

选用适宜本地区生长性能好、抗病性好、高产的黑龙 32、东农 34大豆品种。播种前精选种子，选籽粒饱满、无病粒的种子，晒种 1~2 d，提高种子出苗率。

5. 适期播种

选择最佳播种期是培育大豆全苗、壮苗，保证高产稳产的重要措施之一。据播种期试验，根据气温可大致确定清水河上游头营地区大豆适

宜的播种期，为日平均气温稳定在 8.7~12.9℃，5 cm 土层日平均地温达到 10~12℃，一般 4 月 6~16 日播种。由于本地区春季风大，土壤水分蒸发快，在适播期内提倡早播。

6. 合理间作套种

间作套种能充分利用生态资源，改善农田小气候，发挥边行优势增收大豆和提高总产量，提高土地贡献率。主要间作套种方式：

（1）大豆和玉米间作　主要带型：两行玉米一行大豆（2∶1）；四行玉米两行大豆（4∶2）；两行玉米四行大豆（2∶4）。

（2）大豆和小麦间作　主要带型：七行小麦两行大豆，带幅 180 cm，大豆和小麦带宽均为 90 cm，带型比（1∶1）；七行小麦一行大豆，带幅 135 cm，小麦带宽为 90 cm，大豆带宽为 45 cm，带型比（2∶1）。

（3）大豆和胡麻间作　主要带型：七行胡麻两行大豆，带幅 180 cm，大豆和胡麻带宽均为 90 cm，带型比（1∶1）；七行胡麻一行大豆，带幅 135 cm，胡麻带宽为 90 cm，大豆带宽为 45 cm，带型比（2∶1）。

（4）大豆和马铃薯间作　主要带型：两行马铃薯两行大豆，带幅 130 cm，马铃薯带宽 65 cm，起垄种植，垄宽 60 cm，垄高 15~20 cm，大豆带宽为 65 cm，带型比（1∶1）；两行马铃薯一行大豆，带幅 90 cm，马铃薯带宽为 60 cm，大豆带宽为 30 cm，带型比（2∶1）。

7. 合理密植

大豆合理密植应根据不同品种特性，土壤性质和水肥条件、管理水平，以及当地的气候因素来确定。一般肥地宜稀，薄地宜密；早种宜稀，晚播宜密；生育期长的品种宜稀，生育期短的品种宜密。播种方式采用等距点播，行距 40~50 cm，株距 7~10 cm，定苗密度 22.5 万 ~27.0 万株·hm^{-2}。

8. 田间管理

（1）查苗、补苗　大豆缺苗应进行移栽补苗，移苗最好在子叶期进行，先移栽，栽好后再浇好水，移苗一般应选择阴天或 16∶00 以后进行。

（2）间苗、定苗　大豆出苗后应及早疏苗，在第一片复叶出现后应进行定苗，及早间苗定苗有利于促进早发，达到幼苗健壮。

（3）中耕、松土、除草　为增加土壤透气性，提高地温，保蓄水分，减少蒸发，促进根系生长，苗期应中耕 2~3 次，中耕深度第一次宜浅，第二次宜深，第三次宜浅。第一次中耕在大豆苗高 7~10 cm 时进行浅耕，浅耕深 3~5 cm，以后隔 10~15 d 中耕 1 次，生育期除草 2~3 次。

（4）追肥技术　大豆根瘤具有固氮作用，一般固氮 75~135 kg·hm^{-2}，可供大豆生长发育需要 30%~50% 的氮素，因此在施足底肥的基础上，大豆一般采取重施磷肥、钾肥，补施氮肥的原则。追肥一般分 3 次进行，即巧施苗肥，重施花荚肥，补施灌浆肥。巧施苗肥。大豆在施足基肥的情况下，一般可不施或少施苗肥，基肥不足，幼苗长势弱，必须早施，多施苗肥，其施肥量应占整个追肥量的 30% 左右。以利于茎秆生长，增加花蕾，为单株结荚、增粒奠定基础。重施花荚肥。花荚肥是大豆需肥的高峰期，此期供应充足的肥料可延长叶片功能期，利于养分运输和转化，有保花、增荚、增粒数、增粒重的作用。此期应根据大豆长势确定具体的施肥时间和施肥量。长势弱的苗田，应适当早施重施，即在初花期追肥，做到增花、增荚兼顾；长势一般的在盛花期追肥，以利多结下部荚，争取中部荚；长势好的，应晚施轻施，肥量一般控制在总追肥量的 60%~70%。追施叶面肥。大豆灌浆期因根系逐渐停止生长，吸收功能减退，为了延长叶片功能期，增加光合产物，提高粒重。一般喷施 0.3%~0.5% 磷酸二氢钾叶面肥液 225~337.5 kg·hm^{-2}。

（5）灌水　大豆苗期一般需水较少，降水量多时少灌水或不灌水，开花期和结荚鼓粒期是大豆需水高峰期，农谚"大豆开花，沟里摸虾"，说明此时是大豆需水最多的时期。大豆一生灌水 2~3 次，整个生育期不宜多浇水，田面不能积水过多，否则会使根系发育不良。灌水时宜采用沟灌和畦灌，防止漫灌积水。

（6）防治病虫害　大豆病害主要有病毒病、菌核病和细菌病，主要虫害有蚜虫和红蜘蛛等，防治技术主要有农业防治和药剂防治。

农业防治。培育抗病品种，深耕灭茬，轮作倒茬，合理灌水，增施磷、钾肥，合理密植，及时排除豆田积水。药剂防治。药剂拌种，用 50% 福美双拌种，用量为种子重量的 0.5%；叶面喷施蚜虫用 40 环乐果或氧化乐果 1 000~1 500 倍液进行防治；防治病害用 65% 代森锰锌可湿性粉剂 400~600 倍液，或用 77% 可杀得可湿性粉剂 500 倍液，隔 7~10 d 喷 1 次，连喷 2~3 次。

9. 适时收获

大豆的收获期为田间 95% 以上豆荚成熟时即可收获，一般采用人工收割。大豆脱粒后籽粒要充分晒干，待籽粒含水量降至 15% 以下才可贮存，除去杂质后分级装袋，以提高商品品质。

四、宁夏引黄灌区大豆高产栽培技术

宁夏引黄灌区位于贺兰山以东，黄河中游，南北长 320 km，东西宽 40 km，海拔 1 000~1 200 m。大陆性气候，日照充足，热量丰富，有效积温高，昼夜温差大，虽干旱少雨，但有黄河灌溉。作物生长季 4~9 月日照时数 1 400 h，日照率 60% 左右；无霜期 160 d，≥ 10 ℃ 以上积温约 3 200 ℃，平均温度 18.5 ℃，日夜温差 13 ℃ 以上；降水量约 150 mm，蒸发量 1 400 mm，相对湿度 60% 左右。主要农业土壤有灌淤土和淡灰钙土，含有机质 0.5%~1.6%、氮 0.03%~0.15%、磷 0.14%~0.24%、钾 1.2%~2.4%，pH7.5~8.7。灌淤土的耕种历史长，肥力较高，保水性强，生产性能较好；淡灰钙土耕种历史短，沙质土，透水性强，肥力较低，含钙量较高，生产性能较差。

宁夏引黄灌区的大豆种植历史较久，但是长期以来被视为低产的"捎带庄稼"，面积小、管理粗放、单产低。20 世纪 50 年代中期是宁夏大豆生产的"鼎盛时期"，面积曾达到 4×10^4 hm²，大豆产量 50 kg·666.7 m⁻²。1981 年大豆单产只有 42.5 kg·666.7 m⁻²，单产低是限

制大豆生产发展的一个重要因素。1982 年以来，开展了大豆综合高产试验研究，出现了大豆产量 150 kg·666.7 m^{-2} 以上的大面积丰产田。高产试验田面积 77.82×666.7 m^2，大豆平均产量 248 kg·666.7 m^{-2}，其中面积 33.46×666.7 m^2，大豆产量达到 250 kg·666.7 m^{-2} 以上，面积 1.84×666.7 m^2，大豆平均产量达到了 304.2 kg·666.7 m^{-2}。从本区农业生态和生产条件出发，本文分析总结了高产经验，并运用专题试验研究成果，对大豆高产主要栽培技术作探讨。

1. 优良品种

优良品种应该既能充分利用当地生育季节的光热资源，又能确保在无霜期内安全成熟，最终获得高产、稳产、优质产品。

几年来，我们对 108 余份大豆品种（品系）进行了观察比较，试验示范，认为铁丰 18 号是当前本区较为理想的大豆高产良种。该品种在本区春播单作条件下，出苗至成熟 130~140 d，单株分枝 4~6 个，株高 70~90 cm，秆粗抗倒，籽粒饱满，百粒重 20~24 g，蛋白质含量 37%~39%，脂肪含量 21%~25%。铁丰 18 号区域试验平均产量 253.5 kg·666.7 m^{-2}，居参试品种之首。1984 年大豆品种区域试验的产量稳定性测验结果表明铁丰 18 号的回归方程为 $y=-2.95+1.19x$，说明该品种在高产栽培条件下具有较大的增产潜力，适于高产栽培。

2. 生育指标

根据现有高产实践以及有关专题试验结果，铁丰 18 号大豆产量 200 kg·666.7 m^{-2} 以上的高产栽培，应实现以下产量结构及相应的生育指标。

（1）产量结构　高产试验田中，每 666.7 m^2 收获 1.0 万~1.5 万株的有 15 块地，占 83.3%。高产大豆田的产量结构应是结荚数不能少于 750 个·m^{-2}，平均荚粒数 2 粒，百粒重 20 g 以上。肥力较高的大豆田，每 666.7 m^2 收获 1 万株，单株结荚数不能少于 50 荚、单株粒数 100 粒；中等肥力条件下，每 666.7 m^2 收获 1.5 万株，单株结荚 40 个左右、单株籽粒

70~80 粒。

（2）物候期　5月上旬出苗，6月中旬分枝，7月中旬封行、开花，7月下旬结荚，8月中旬鼓拉，9月下旬成熟。

（3）生长指标　种植行距 60cm，每 666.7 m² 收获 1.0 万 ~1.5 万株的条件下，株高 70~90cm，主茎节数 16~18 节，平均节间长 5~7cm，茎粗 0.8~1.0cm，单株分枝 4~6 个，底荚距地面 15cm 左右，最大叶面积指数（4.5~5.5）出现在结荚期，最大生物产量（600~700kg）出现在结荚鼓粒期，收获指数 40% 左右（以自然风干重计算）。

3. 适期播种

生产上苗期和成熟期常有低温霜冻侵袭。播种过早，苗期易受冻害。播种过晚，不仅影响正常成熟，而且会因土壤失墒影响全苗。大豆的最适播种期应当是既能充分利用当地生长季节，又能确保在无霜期内安全成熟，获得高产、稳产。分期播种试验（自4月5日至6月20日，每隔 5d 为一个播种期）表明：

出苗速度与日均温、土壤水分（0~20cm，下同）均呈极显著正相关（r 分别为 0.6850**、0.6562**）。土壤水分与日均温呈显著负相关（r =-0.6176*）。大豆出苗的适宜指标是 0~20cm 土壤水分达田间最大持水量的 75%~80%，气温稳定通过 10℃，5~10cm 地温稳定通过 12℃。

产量（y）与出苗至成熟天数（x_1）及 10℃ 以上活动积温（x_2）均呈极显著正相关，r 分别为 0.8812**、0.8559**。产量回归方程分别为 $y=-647.2+6.0x_1$，$y=-634.0+0.29x_2$。随着播种期推迟，生育天数及积温相应减少，产量也趋于降低（见表 3-5）。因此，大豆高产栽培提倡适期早播。

表 3-5 大豆不同播种期的产量效应

	播期	产量 / (kg · 666.7 m^{-2})		播期	产量 / (kg · 666.7 m^{-2})
冬灌 保墒水	4 月 5 日	263.7 ± 6.7	春灌 底墒水	5 月 5 日	230.6 ± 10.1
	4 月 10 日	265.0 ± 10.0		5 月 10 日	195.8 ± 15.6
	4 月 15 日	254.9 ± 8.6		5 月 15 日	188.8 ± 17.8
	4 月 20 日	242.1 ± 19.5		5 月 20 日	176.4 ± 25.2
	4 月 25 日	213.0 ± 16.6			
	4 月 30 日	198.9 ± 3.4			

大豆幼苗期（复叶出现前）能抗 -4℃ 低温，而成熟期只能忍耐 2℃ 左右的轻霜。宁夏灌区晚霜终日为 5 月 16 日，早霜始日为 9 月 27 日，最短无霜期为 134 d。以铁丰 18 号出苗至成熟需要 140 d，播种至出苗期需要 15~25 d（因各年温度高低而异）推算安全播种期，应为 4 月 14~24 日。这时期播种，不仅全生育期所需温度可以得到保证，而且主要物候期所要求的温度条件基本与气温变化相吻合。如种子萌发期（4 月 20~30 日）5 cm 种子层土温 12.2~16.4℃，花荚期（7 月 10 日 ~8 月 20 日）平均温度 22.6~23.9℃，鼓粒期（8 月 20 日 ~9 月 20 日）平均温度 16.7~18.4℃，日夜温差 1.2~13.6℃，成熟期（9 月 20~30 日）平均温度 12.6~15.4℃，极端低温 -1.7~5.7℃。

总之，播种期试验及高产实践表明，铁丰 18 号大豆的适宜播种期为 4 月 15~25 日，沙质淡灰钙土适宜早播，以防因土壤失墒而造成缺苗减产。

4. 适宜密度

大豆密度包含单位面积上的株数以及植株在田间的分布形式。

适宜密度。因土壤肥力而异。高肥宜稀，低肥宜密。肥力较高的灌淤土上，每 666.7 m² 收获株数 1 万株的产量最高为 248.2 kg，

比每 $666.7\,m^2$ 收获株数 2.2 万株的大豆产量 $195.4\,kg\cdot666.7\,m^{-2}$，增产 25.2%；肥力水平较低的淡灰钙土上，每 $666.7\,m^2$ 收获株数 2.2 万株的产量最高为 $135.4\,kg$，比每 $666.7\,m^2$ 收获株数 1 万株的大豆产量 $103.4\,kg\cdot666.7\,m^{-2}$，增产 26.2%。

在相同的密度条件下，不同田间布局形式的产量效应不同。如 $60\,cm$ 等行距条播的比（$60+30\,cm$）宽窄行条播的增产 6.1%~8.3%。地力越低，密度越大，宽窄行形式的减产幅度越大。这主要是由于宽窄行种植使大豆生育后期光照条件恶化所致。铁丰 18 号大豆高产栽培采取 $60\,cm$ 等行距条播，并根据土壤肥力水平确定每 $666.7\,m^2$ 收获 1.0 万 ~1.5 万株的密度为宜。

在这个密度范围，田间群体与个体营养生长与生殖生长，以及产量构成诸因素之间均比较协调，有利于获得高产。（见表 3-6）

表 3-6　大豆不同密度的生育状况及产量品种：铁丰 18 号

密度 /（万株·$666.7\,m^2$）	单株分枝/个	单株结荚/个	单株粒数/粒	单株粒重/g	百粒重/g	地上部收获量/（$kg\cdot666.7\,m^{-2}$）	收获指数/%	产量/（$kg\cdot666.7\,m^{-2}$）
1.0	6.8	69.9	150.1	31.9	21.3	663.5	44.9	297.6
1.4	5.7	47.9	107.6	22.6	21.0	716.0	37.9	271.4
1.8	3.6	34.7	86.9	16.1	18.5	747.0	33.6	251.3
2.2	3.2	31.0	60.2	12.0	23.4	—	—	253.5

5. 施肥技术

无论灌淤土或淡灰钙土，基施氮、磷化肥均有增产作用。增产率以氮肥大于磷肥，而氮、磷结合效果更佳。沙质淡灰钙土比中壤、重壤灌淤土肥料流失大，利用率和肥效低。灌淤土上施氮 $2.3\,kg\cdot666.7\,m^{-2}$，增产 9.3%，每千克氮增产 $4.65\,kg$；施 P_2O_5 $2.3\,kg\cdot666.7\,m^{-2}$，增产 4.6%，每千克 P_2O_5 增产 $2.2\,kg$；施氮（N）、P_2O_5 各 $2.3\,kg\cdot666.7\,m^{-2}$ 增产

12.2%；施氮（N）4.6 kg·666.7 m^{-2}、P$_2$O$_5$ 2.3 kg·666.7 m^{-2}增产率最高，为 20.3%。淡灰钙土上施氮 4 kg·666.7 m^{-2}增产 8.3%，每千克氮增产 1.5 kg；施 P$_2$O$_5$ 4 kg·666.7 m^{-2}增产 6.6%，每千克 P$_2$O$_5$ 增产 1.2 kg；施氮（N）、P$_2$O$_5$ 各 4 kg·666.7 m^{-2}增产 13.2%。

大豆生育期内追施氮素化肥具有显著的增产效果。其增产率又因土壤肥力、产量水平、施氮数量，施氮时期的不同而异。随土壤肥力和产量水平增高，追氮增产率降低。如不施氮时每 666.7 m^2 产量分别为 97.55 kg、114.3 kg、167.6 kg、261.1 kg，每 666.7 m^2 追施氮 5 kg 后增产率分别为 55.9%、20.4%、15.6%、2.1%。随施氮的增加，每千克氮的增产量趋于减少。每 666.7 m^2 施氮为 2 kg、4 kg、6 kg、8 kg，每千克氮增产大豆分别为 8.1 kg、3.7 kg、1.8 kg、1.4 kg。等氮量追肥，其增产率又因追肥时期不同而异如每 666.7 m^2 追氮 5 kg 于分枝期追施，增产 8.9%，始花期追施增产 13.3%，分枝期和始花期两次追施增产 19.4%。

施用氮素化肥对大豆根瘤的形成有一定的抑制作用。根瘤数与施氮量呈极显著的负相关（$r=-0.87**$）。但在土壤缺氮，根瘤固氮作用尚弱或大豆需肥的高峰时期适量地补充氮肥，既可以改善大豆生育状况又不至于削弱根瘤的作用。

根据以上施肥试验结果并结合高产田施肥实践，认为铁丰 18 号大豆高产栽培的具体施肥技术措施是：头年秋耕时 666.7 m^2 基施农家肥 0.25 万 ~0.50 万 kg、磷酸二铵 15~25 kg，播种时在种下 5 cm、种侧 10 cm 处施种肥，每 666.7 m^2 施入种肥尿素 25 kg、磷酸二铵 5 kg；始花期每 666.7 m^2 追施尿素 5~10 kg。对于地力较低、植株生长较弱的豆田，可于分枝期增施尿素 5 kg。

6. 灌溉技术

大豆高产田全生育期耗水量 400~500 m^3·666.7 m^{-2}，折合降水量 600~800 mm，分枝至鼓粒期需水量约占全生育期总需水量 60%~70%，其中开花至鼓粒期为需水临界期，耗水量占总耗水量的 45% 以上。宁夏引黄灌区全年降水量 200 mm 左右，在大豆生育季节的 4~9 月里降水量仅有 50 mm，而且年际变化又大，同期蒸发量却高达 1 400 mm 以上。因此，必须进行人工灌溉。一般只要灌好冬水保好墒，并于 4 月中下旬适期早播种，即可满足大豆发芽、出苗以至分枝需水。对于保水性能较好的灌淤土壤，一般于开花期至鼓粒期灌 1~2 次水即可。对于保水性能较差的沙质淡灰钙土壤，则需要在分枝、开花、结荚鼓粒期灌 3~4 次水。

实现大豆高产，除因地制宜运用以上关键栽培技术之外，还应注意不断培肥土壤，平整土地，精选种子，优质播种，及时疏苗，加强防治病、虫、草害。为了防止高产大豆倒伏，关键在于合理密植，巧施肥料，特别是避免施用氮肥过多。此外，在苗期（出苗至分枝期）采取控水蹲苗，加强中耕松土措施，必要时也可喷矮壮素或三碘苯甲酸。

五、淡灰钙土种植大豆综合高产试验总结

宁夏贺兰山东麓新灌区的沙质淡灰钙土种植历史短，熟化程度低，含有机质少，保肥保水性能差，土壤肥力和生产能力低。通过几年的大豆栽培试验，1983 年在南梁农场二队和种子队分别获得了大豆 $666.7 \, m^2$ 产量 $269.45 \, kg \cdot 666.7 \, m^{-2}$（$2 \times 666.7 \, m^2$）和 $253.5 \, kg \cdot 666.7 \, m^{-2}$（$1.5 \times 666.7 \, m^2$）的好成绩，初步认为该地区适宜种植大豆，而且大豆平均产量可以突破 $200 \, kg \cdot 666.7 \, m^{-2}$。在总结以往经验的基础上，初步拟订了一套相应的栽培技术，并于 1984 年设置了 $1.93 \times 666.7 \, m^2$ 的综合高产试验田，大豆 $666.7 \, m^2$ 平均产量达到 $217.2 \, kg$。

试验地土壤为典型的沙质淡灰钙土。前茬为油料作物红花，常年种植小麦产量 $200 \, kg \cdot 666.7 \, m^{-2}$ 左右。播种前取 0~20 cm 的土层土壤化验，土壤的 pH8.3、全盐含量 0.037%、有机质 1.09%、全氮 0.044%、全磷 0.071%、水解氮 $146 \, mg \cdot kg^{-1}$、速效磷 $15 \, mg \cdot kg^{-1}$。大豆生育季节 4~9 月份，除降水量多于常年平均值外，光、温条件接近常年平均值。当年气候正常，无重大灾害性天气。

1. 栽培管理情况

试验地于上年进行秋耕、整地、冬灌，4月上旬施圈肥 4000kg·666.7m^{-2}（含有机质2.55%、全氮0.17%、含磷0.2%、水解氮 279mg/kg速效磷269mg/kg）、磷酸二铵25kg·666.7m^{-2}（含氮18%、 P$_2$O$_5$48%）。施肥后圆盘耙耙地，灌底墒水。

4月19日播种，品种为铁丰18，种子纯度99.5%，发芽率94%， 百粒重17.6g，采取穴播，行距60cm，穴距10cm，每穴2粒，播深 4~5cm。播种后及时覆土、轻压保墒。生育期间中耕除草3次。6月初 于苗侧沟施尿素和磷酸二铵各5kg。6月初、7月中旬灌2次水。7月上 旬药剂防治霜霉病2次。

2. 试验结果

大豆5月3日出苗，6月10日分枝，7月10日开花，9月19日成 熟，出苗至成熟生育期139d。1984年气温正常，大豆出苗整齐均匀， 出苗率72.9%，断行率11.6%左右，植株分布变异系数为9.8%。大豆 品种株高83.6cm，有14.7节，节间长5.7cm，单株有效分枝4.8个， 地上部干重38.7g，666.7m^{2}株数15000株，生物产量581kg，666.7m^2 产量217.2kg。产量构成因素是：666.7m^{2}总荚数45.7万，结实荚率 为88.4%。其中1粒荚率17.8%，2粒荚率51.9%，3粒荚率15.5%， 每荚平均2粒，每株79粒，百粒重21.9g，每株粒重17.7g，经济系数 45.7%。分枝在单株产量中所占比率为31.1%。

3. 高产栽培技术要点

根据几年来大豆生产试验、示范，笔者认为，该地区大豆产量 200kg·666.7m^{-2}以上的栽培技术要点如下。

（1）种植方式　宜春播单作，不宜间套种。

（2）选地　选择土层深厚、灌排方便，地面平整，种植小麦产量 200kg·666.7m^{-2}以上的基本农田。不种重茬或迎茬。

（3）选用良种　选用铁丰18号良种。种子纯度95%以上，净度 100%，发芽率95%以上，百粒重20g以上。

（4）精耕细作　通过秋耕、整地、冬灌、保墒等一系列土壤耕作措施，达到地平土碎、墒足墒匀。

（5）精细播种、一次全苗　适期早播。4月中下旬（4月15~25日）播种，5月上旬出苗，6月中旬分枝，7月中旬开花，7月下旬、8月上旬结荚，8月中旬鼓粒，9月中下旬成熟。合理密植。高肥水条件下保苗密度1万株·666.7 m^{-2}，中肥水条件下保苗密度1.5万株·666.7 m^{-2}。播种量以可发芽种子粒数计算，粒数要比留苗数多50%~70%。精细播种。采取60cm行距条播或穴播，播深4~5cm。要求落籽均匀，播深一致，覆土严密，随播随压。及时定苗。第一复叶长出及时按留苗计划均匀留壮苗。

（6）生育指标　产量因素每平方米有结实荚数700个、粒数1400粒、百粒重20g。保苗密度1.0万~1.5万株·666.7 m^{-2}，单株荚数30~50荚，单株粒数60~100粒，单株粒重15~20g。

长势长相。株高60~50cm，茎粗0.8~1.0cm，单株节数14~16节，节间长5~6cm，单株分枝3~5个，底荚高15cm左右。大豆开花期（7月中旬）封行。最大叶面指数出现在大豆花荚期，达到4~6。最高生物产量出现在大豆结荚鼓粒期，大豆产量在500kg·666.7 m^{-2}左右。

（7）增施农家肥　重施基肥，巧施追肥，氮磷配合。中等肥力的地施农家肥2500~5000kg·666.7 m^{-2}、磷酸二铵15~20kg·666.7 m^{-2}作基肥。666.7 m^2施磷酸二铵2.5~5kg作种肥。大豆分枝期追施尿素5~10kg·666.7 m^{-2}，开花期追施磷酸二铵5~10kg·666.7 m^{-2}，追肥结合灌水进行。

（8）灌水　在灌足冬水、春季保墒的基础上，酌情灌好花荚水。幼苗期不宜灌水。

（9）防治病、虫、草害　大豆出苗至封行前中耕除草3~4次。人工摘除或结合"鲁保1号"药剂防治大豆菟丝子。防治大豆蚜虫、红蜘蛛用1000~1500倍乐果液喷雾。用80%代森锌500倍液喷雾防治大豆霜霉病。

六、美国大豆品种在石嘴山市良种繁殖场的表现

大豆是我国重要的农作物之一。宁夏石嘴山地处引黄灌区，土壤肥沃，灌溉方便，光照充足，适宜大豆生长。石嘴山市良种繁殖场 1975 年引入一批美国大豆品种，经过 3 年试种观察、鉴定、选育，筛选出了适应全区种植的品种。

现将试验过程及今后试种意见简介如下。

1. 品种来源

引入品种有克拉克 62、威莱姆斯、阿姆索 71、卡兰特、韦恩、韦尼、哈罗索、莫罗索、索尔夫、科索、维尔金 11 个品种，来源于美国北部各州，全是杂交育成品种，其亲本来源于我国东北、日本、印尼等地。

2. 种植概况

3 年来对来自美国的大豆品种进行了分期播种、三种三收、耐碱试验、丰产栽培等试验。

分期播种试验。第一期于 4 月 21 日播种，5 月 31 日出苗，7 月 1 日开花，开花期间正值高温季节，开花多，但结荚较少，产量不高。第二期于 5 月 8 日播种，5 月 18 日出苗，7 月底至 8 月上旬开花，结荚较多，籽粒饱满，产量也高。

三种三收试验。种植 2 行玉米、4 行小麦、2 行大豆，头水前用人工开沟播种，二水出苗，7 月底开花，与玉米共生没有矛盾，同期收获。大豆产量不低于麦后复种的大豆。

耐碱试验。在盐碱地种植，种子容易发霉，出苗不齐，高温缺水时，叶片早衰，籽粒不饱满，产量不高。

丰产栽培试验。选择土壤肥沃、高水肥条件下，大豆苗期健壮，单株产量可达 40g 左右，保苗密度 8000 株·666.7m^{-2}，大豆产量可达 300kg·666.7m^{-2} 左右。

3. 生育表现

从生育期看，可分早、中、晚三个类型，早熟的有维尔金、科索，生育期 107 d，索尔夫生育期 117 d，中熟的卡兰特、哈罗索、克拉克 62、阿姆索 71、莫罗索、韦恩、韦尼，生育期 132 d，晚熟的威莱姆斯生育期 142 d，可作丰产栽培试种。（见表 3-7）

表 3-7　美国大豆生育期

品种	播种期	出苗期	开花期	成熟期	全生育期 /d
卡兰特	5 月 8 日	5 月 18 日	7 月 20 日	9 月 30 日	132
威莱姆斯	5 月 8 日	5 月 18 日	7 月 20 日	9 月 30 日	142
哈罗索	5 月 8 日	5 月 18 日	7 月 20 日	9 月 30 日	132
克拉克 62	5 月 8 日	5 月 18 日	7 月 20 日	9 月 30 日	132
莫罗索	5 月 8 日	5 月 18 日	7 月 20 日	9 月 30 日	132
阿姆索 71	5 月 8 日	5 月 18 日	7 月 20 日	9 月 30 日	132
韦恩	5 月 8 日	5 月 18 日	7 月 20 日	9 月 30 日	132
韦尼	5 月 8 日	5 月 18 日	7 月 20 日	9 月 30 日	132
索尔夫	5 月 8 日	5 月 18 日	7 月 13 日	9 月 15 日	117
科索	5 月 8 日	5 月 18 日	7 月 6 日	9 月 5 日	107
维尔金	5 月 8 日	5 月 18 日	7 月 6 日	9 月 5 日	107

供试品种的生物学特征是：大豆茎秆粗壮，不倒伏，叶色墨绿，分圆形叶、椭圆形叶两大类型，叶有茸毛。稀播情况下，大豆株高 70~80 cm，密植及高水肥条件下，可达 90~100 cm；主茎节数 10~12 节，节间长 4~5 cm，基部节间较长，豆荚口紧不易落粒，适宜机械化收割；株型紧凑，点播时分枝较多，有 5~6 个分枝；无限结荚习性，花期较长，花呈紫色、白色；节间结荚 4~5 个，每荚 3 粒，单株结荚最多达 105~120 个；籽粒圆形、种皮黄色，百粒重 22 g。根系发达，茎秆粗壮，

抗茎腐病及根腐病。

4. 产量结果

石嘴山市良种繁殖场试验地，地处低洼盐碱地，肥力水平较低，茬口较差，施肥水平低，没有进行特殊管理，但仍获得较好收成，小区折合产量 250kg·666.7m^{-2} 左右，其中克拉克 62 产量较高，而威莱姆斯增产潜力较大，成熟较晚，在高水肥条件下，产量可达 300kg·666.7m^{-2}。（见表 3-8）

表 3-8 美国大豆产量性状分析

品种	株高 /cm	分枝数 /个	主茎节数 /节	节间距离 /cm	每节荚数 /个	每荚粒数 /粒	百粒重 /g	单株重 /g	小区产量 /（kg·666.7m^{-2}）
卡兰特	80	6	9	4	4	3	22.5	33	260
哈罗索	80	6	10	5	4	3	23	33	260
威莱姆斯	80	6	11	4	4	3	24	38	300
克拉克 62	80	6	10	4	4	3	23.6	33	260
莫罗索	80	5	10	5	4	3	23	33	260
阿姆索 71	80	5	10	5	4	3	23	33	260
韦恩	80	6	9	5	4	3	23	33	260
韦尼	80	6	8	5	4	3	23	33	260
索尔夫	75	4	10	5	4	3	22	34	270
科索	70	4	8	5	4	3	22	28	225
维尔金	70	4	8	5	4	3	20	28	225

5. 建议

根据 3 年来试种情况，美国大豆品种在宁夏能正常成熟并收获。大豆茎秆粗壮，耐肥抗倒，丰产性较好，增产潜力较大，在气候干燥的情况下，不裂荚，不落粒，适应机械化收割。建议进一步在引黄灌区扩大试种。今后试种时应注意下列几点。

高产栽培时，必须增施化肥。有机质含量较高的土壤上种植，直接施氮效果不明显，一般是前茬作物施氮，使后茬大豆受益。据试验，大豆生长最适宜的土壤 pH 6~6.5。

在密植情况下不分枝，播种行距 50 cm，便于除草，但为了提高单位面积产量，可用窄行距 30 cm，窄行距封垄较早，有助于抑制杂草生长。密植株数较多，可充分利用秋季日照长、光照充足、昼夜温差大等优越的自然条件，进一步发挥大豆的增产作用。

播种期以 5 月上旬播种为宜，7 月底至 8 月上旬开花。大豆开花最适温度为 25~28℃，相对湿度为 80% 左右，此时，正值灌区雨季来临，有利于大豆开花结荚。

田间管理上，要注意防治黏虫危害。

七、宁夏灌区鲜食菜用大豆优质高产栽培技术

中国是世界上最早食用菜用大豆的国家，种植历史已有千年以上。在日本，因毛豆常与枝秆一同销售，故称枝豆。菜用大豆指在 R6(粒鼓满期) 至 R7(初熟期) 生育期之间收获的大豆，中国称之为"毛豆"，具有较高的经济价值。速冻毛豆已成为中国东南沿海地区重要的出口农产品。菜用大豆不仅是区域特色明显的优势农作物，同时也是主要的出口创汇农产品之一，在蔬菜生产中占有十分重要的地位，以速冻或保鲜等方式出口的菜用大豆在国外市场具有明显的优势。随着人们生活水平的提高和保健意识的增强，城乡居民对鲜食毛豆的消费迅速上升，并已从南方逐步扩展到北方。

宁夏灌区光、热、水、土资源丰富，昼夜温差大，无霜期长，得天独厚的地理环境条件适宜鲜食菜用大豆的生产，如果充分利用独特的地理优势及气候条件资源生产反季节毛豆，供应国内外市场，价格会更高。宁夏灌区鲜食菜用大豆研究和生产示范处于起步阶段，经过多年引种试验及生产示范，通过露地栽培、覆膜栽培、化除、化控、肥水控制等集

成栽培技术,实现了宁夏灌区生态条件下鲜食菜用大豆优质、抗病、高产,为发展宁夏鲜食菜用大豆生产提供了技术支撑。

1. 播前准备

（1）选地　鲜食菜用大豆忌连作、重茬。适宜在土层深厚、肥力水平较高、透气性好、排灌方便,有机质含量高、盐碱较轻的壤土或砂壤土种植。

（2）施肥　结合播种前机械整地,以稳磷补钾为施肥原则,施45%氮磷钾复混肥 $40\,kg \cdot 666.7\,m^{-2}$ 或尿素 $10\,kg \cdot 666.7\,m^{-2}$、磷酸二铵 $15\,kg \cdot 666.7\,m^{-2}$,机械耙地深度 $12\,cm$ 左右为宜。

（3）露地或覆膜栽培　要求田面平整,土壤细碎,便于覆膜利于播种。覆膜栽培选用幅宽 $120\,cm$ 的黑色除草地膜,平畦覆膜栽培,地膜的两个边缘压入土中各 $10\,cm$,地膜覆盖 $100\,cm$,每 $2\,m$ 长压一条土腰带,防止大风吹起地膜,每幅地膜与地膜间距 $50\,cm$。

2. 品种选择

（1）精选种子　种子质量符合 GB 4404.2—2010 的要求。在选用优良品种的基础上,对种子进行精选。播种前应将病粒、虫蛀粒、小粒、霉粒、秕粒和破瓣粒拣出,剔除混杂的种子,种子净度97%以上,发芽率95%以上。

（2）品种选择　选用发芽力较强的大粒种是保证一次全苗、壮苗的关键。选择生长健壮、抗病、抗倒伏、品质优、口感佳、结荚均匀,成熟期一致、产量较高的品种。如:浙鲜5号、浙鲜9号、潇农秋艳、晋豆29、台湾毛豆3号等品种。

3. 菌剂拌种

播种前大豆用根瘤菌剂拌种,每 $10\,kg$ 大豆种子拌大豆根瘤菌剂 $150\,ml$,随拌随用,阴干即可播种。

4. 适期早播

根据土壤墒情,做到及时整地,足墒早播种,墒情较差的地块整地前 $7\,d$ 左右及时灌水补墒。播后及时覆土、镇压,做到覆土严密,镇压适度,无漏无重,抗旱保墒。

菜用大豆可春播也可夏播生产。春播时间一般为 4 月中下旬、夏播时间为 5 月上旬至 6 月中旬。播种过早会遭遇晚霜危害。

5. 合理密植

播种密度因品种、土壤肥力水平确定。建议采用 10 嘴滚筒精量播种机播种。100cm 幅宽的地膜上播种 3 行大豆，播种行距 35~40cm，播种穴居 20cm，每穴播种 2 粒种子，播种深度 4~5cm。一般保苗密度 1.0 万 ~1.3 万株·$666.7m^{-2}$。

6. 精细管理

（1）放苗　覆膜栽培当 2 片子叶露出土面时，即可放苗并用细土盖好破洞口，保墒保温，防止幼苗受冻。同时，注意防止喜鹊、鸽子等鸟类啄食出土的大豆子叶。

（2）补种　大豆出苗后及时检查出苗情况，发现有缺苗断垄的地块，应及时补种。

（3）中耕　大豆株高 10~15cm 为苗期除草的适宜时期。对覆膜栽培的地块要及时拔除大豆棵间杂草及地膜之间的杂草。对露地栽培的地块要及时中耕除草 2~3 次。

（4）灌水　大豆苗期（出苗后 30d 左右）一般不灌水。大豆开花、结荚期土壤干旱应及时灌水，减少花荚脱落，以免影响大豆产量和品质。

（5）追肥　大豆生长后期根据大豆长相长势酌情追肥或叶面喷施磷酸二氢钾等叶面肥。鼓粒期喷施 0.2% 磷酸二氢钾溶液 2~3 次，养根保叶，加速鼓粒，提高产量，适时采摘，增加效益。

7. 化学调控

大豆生长过旺的地块在大豆分枝期用 $150\,mg\cdot L^{-1}$ 浓度的烯效唑喷雾，大豆初花或盛花期用 $200\,mg\cdot L^{-1}$ 的 5% 烯效唑可湿性粉剂溶液喷雾处理，可以降低大豆株高、促进茎秆粗壮、增加单株粒数和百粒重，提高大豆的抗倒伏能力。

8. 精准施药

（1）防治害虫　大豆幼苗期注意防治地下害虫，如地老虎、蛴螬等。结合播前春季机械整地，施3%辛硫磷或毒死蜱或噻虫胺颗粒剂2~3kg·666.7m⁻²防治地下害虫。大豆开花、结荚期注意防治大豆蚜虫、红蜘蛛、食心虫、豆荚螟等危害，用4.5%氯氰菊酯、1%甲氨基阿维菌素苯甲酸盐、除虫脲、20%噻虫胺悬浮剂等农药防治。

（2）药剂除草　播后苗前及时用乙草胺或金都尔封闭杂草。覆膜栽培的地块在覆膜前用金都尔或用50%乙草胺100~130ml，兑水50kg·666.7m⁻²喷雾进行土壤封闭防治杂草。

（3）苗后化学除草　防治单子叶杂草主要有精喹禾灵、盖草能、精稳杀得等，防治双子叶杂草主要有克阔乐、氟磺胺 草醚等。在大豆3片复叶期内，用24%克阔乐30ml·666.7m⁻²加12.5%盖草能乳油30~35ml·666.7m⁻²，兑水40~50kg喷施，可同时防除单子叶和双子叶杂草。

9. 适时采收

田间豆荚鼓粒率达85%以上，荚色翠绿时即可采收。采收过早，豆粒瘦小，影响产量。采收过迟，豆粒坚硬，适口性差，品质降低，影响价格。建议采收时全株一次性收完，采收后立即杀青冷冻，以确保鲜食菜用大豆的品质与营养。

10. 示范效果

2013年以来，国家大豆产业技术体系银川综合试验站及时开展鲜食菜用大豆的引种、鉴定、种质创新利用及栽培技术等方面的研究。罗瑞萍等专家2014年引种了江苏、浙江、辽宁等地的菜用大豆品种。结果表明，从出苗至采摘鲜荚生育日期在100d以内的有4个品种，生育日期在100~122d的有6个品种，生育日期在122d以上的有2个品种。（见表3-9）。晋豆39鲜荚产量18 250.5kg·hm⁻²、龙海3号鲜荚产量15 750kg·hm⁻²、浙鲜9号鲜荚产量14 751kg·hm⁻²、苏早1号鲜荚产量13 750kg·hm⁻²、台湾292鲜荚产量13 500kg·hm⁻²。笔者认为，苏早1号、龙海3号、浙鲜4号、浙鲜5号、浙鲜9号、台湾292及晋豆39品种采摘鲜荚时期适宜，产量高，口感好，商品性、抗病性强，适宜在宁夏灌区种植采收鲜荚加工食用。其中苏早1号、台湾292、龙海3号、浙鲜 4 号可以作为早熟或中早熟品种种植，提早上市，浙鲜 9 号、晋豆 39 作为晚熟品种种植。宁夏大学农学院张银霞等专家从国内鲜食大豆主产区引进的鲜食大豆品种，在宁夏引黄灌区进行试种和综合性状分析，认为从东北引进的沈鲜 1 号和从南方引进的引豆 9701 可在宁夏引黄灌区示范推广。2015 年宁夏中卫市石磊等研究人员引进了台湾毛豆 3 号（即毛豆 75-3) 试种，春播出苗至采青日数 85 ~ 90d，产量高、稳定性好，清煮口感甜糯。

表 3-9　参试品种物候期观察结果

品　种	物候期					出苗 - 采收鲜荚 /d	出苗 - 收获 /d
	播种期	出苗期	开花期	鼓粒采收期	成熟收获期		
苏早 1 号	4 月 19 日	4 月 30 日	6 月 15 日	8 月 5 日	8 月 17 日	97	109
苏奎 1 号	4 月 19 日	4 月 30 日	6 月 17 日	9 月 14 日	9 月 18 日	137	141
龙海 3 号	4 月 19 日	5 月 1 日	6 月 23 日	8 月 12 日	8 月 25 日	103	116
龙海 12 号	4 月 19 日	5 月 1 日	6 月 23 日	8 月 20 日	8 月 25 日	111	126
晋豆 39 号	4 月 19 日	5 月 2 日	7 月 16 日	9 月 14 日	—	135	153
浙鲜 4 号	4 月 19 日	5 月 1 日	6 月 27 日	8 月 5 日	8 月 25 日	96	116
鲜绿 8 号	4 月 19 日	5 月 1 日	6 月 28 日	9 月 1 日	9 月 15 日	122	137
浙浙鲜 9 号	4 月 19 日	5 月 1 日	6 月 28 日	9 月 1 日	9 月 15 日	122	137
浙鲜绿 5 号	4 月 19 日	5 月 1 日	6 月 29 日	9 月 1 日	9 月 10 日	122	132
鲜绿（ck）	4 月 19 日	5 月 1 日	6 月 29 日	9 月 1 日	9 月 12 日	122	134
京鲜 208	4 月 19 日	5 月 1 日	6 月 23 日	8 月 5 日	8 月 30 日	96	122
台 292	4 月 19 日	5 月 1 日	6 月 15 日	8 月 5 日	8 月 17 日	96	108

八、宁夏大豆高产高效栽培技术

宁夏大豆资源丰富，栽培历史悠久，独特的自然和气候资源及生产模式为大豆高产、高效提供了优越的生产条件。宁夏大豆既有可以春播的大豆也有可以夏播的大豆，有单作大豆也有间套作大豆。宁夏大豆的高产高效栽培研究始于 20 世纪六七十年代，当时引黄灌区大豆产量只有 600~750 kg·hm^{-2}，80 年代后产量达到 1500 kg·hm^{-2} 左右。本世纪以来，宁夏大豆科技工作者通过多年的研究和生产实践，在宁夏雨养农业区域、扬黄灌区、引黄灌区采用大豆间作套种立体复合种植，取得了显著的经济效益，大豆单产在 2400~3750 kg·hm^{-2}，灌区高阶地及河滩地大豆平均产量在 1500 kg·hm^{-2} 以上，高产也可达到 2250~3000 kg·hm^{-2}。宁南扬黄新垦灌区及小流域灌溉农业区套种大豆平均产量为 1002 kg·hm^{-2}，复种大豆平均产量为 1249.5 kg·hm^{-2}。近年来，宁夏引黄灌区大豆单作产量 2250~3750 kg·hm^{-2}，间作套种的大豆产量也达到了 2250~3000 kg·hm^{-2}，高产可以达到 4500 kg·hm^{-2} 以上，夏播复种大豆平均产量达到 2250 kg·hm^{-2} 左右。大豆间作套种立体复合种植经济效益更为显著，增产增效的原因，主要得益于大豆新品种的更新，新技术的示范推广应用，高产高效立体复合新栽培方式的推广示范，"三新"技术促进了大豆生产的发展。研究与生产实践证明，合理的种植制度能够获得最大的收益。

1. 品种

大豆间作套种选择合理的品种搭配是高产高效栽培技术实施的关键措施之一。大豆品种应选择前期生长较慢且耐荫蔽、后期生长旺盛抗倒伏，株高 80 cm 左右，直立生长，节数多，节间短，分枝适中，荚多，叶片上举，叶片较厚，叶片大小适中的中晚熟品种为宜。小麦套种的大豆品种，如：宁豆 3 号、宁豆 4 号、宁豆 6 号、宁豆 7 号、晋豆 19，西瓜套种的大豆品种如：中黄 30、晋豆 19 等。高秆作物玉米选择紧凑型的品种，如：宁单 11 号、正大 12、中单 909、长城 706 等。

2. 播种期

（1）春大豆播种期　宁夏地处内陆，光热资源丰富，排灌方便。大豆既可以春播也可以夏播复种，只要选择适宜的大豆品种，播种期可以从 4 月下旬延长至 7 月上旬，播种期较长。宁夏灌区春播大豆适宜的播种期是 4 月下旬至 5 月上旬。2009—2010 年银川大豆综合试验站开展了 17 个品种的播种期试验，从 4 月 23 日开始播种，每 10 d 为一个播种期，共播 7 期。2 年的试验结果表明：随着播种期的延迟，不同大豆品种的产量、株高、主茎节数、单株粒数、百粒重等产量性状呈递减趋势，适期播种有利于大豆产量的提高，播种期对宁夏大豆产量影响明显。晚播生育日数比正常播种期缩短，后期单株荚数、粒数、百粒重均低于正常播种期，最后导致产量下降。宁夏灌区大豆生育期一般为 135 d 左右，早霜一般在 9 月末或 10 月初，因此大豆的播种期不宜偏晚，过早播种又会导致植株生长过旺，反而使生殖生长减弱，产量降低，选择适宜的品种与适期播种是提高大豆单产的一个重要技术环节。宁夏固原市农业科学研究所 2004 年大豆播种期试验研究表明，宁夏固原北部清水河流域大豆最佳播种期气温应稳定在 8.7 ℃以上，播种至出苗 ≥ 10 ℃活动积温 182.7 ℃，适宜播种期为 4 月 6~16 日。

（2）夏大豆播种期　"春争日，夏争时"。夏播复种大豆同其他复种作物一样，争取时间就是争取产量。宁夏夏播复种大豆 7 月 10 日前播种可以获得较高的产量和经济效益，7 月 15 日以前播种，安全成熟的把握性较大。宁夏春小麦收获后夏播复种大豆研究始于 1971 年，1973 年进行了复种试验和生产试种，春麦收获后夏播的大豆产量可达 1 125~1 500 kg·hm^{-2}，高产可达 1 882.5 kg·hm^{-2}。生产实践表明，复种大豆的丰产栽培应抢时早播，争取在 7 月 10 日前播种，产量才有保障。如果夏播大豆播种期延迟至 7 月 15 日之后播种，虽然仍有一定的收获，但是意义不大。据早期宁夏农业科研所夏播大豆播种期试验结果分析资料表明，从 6 月 27 日起至 7 月 27 日止，每隔 5 d 播种一次，从黑龙江省各地区引进的大多数春播大豆品种，在宁夏银南灌区基本上可用作夏收后复种的大豆品种，7 月 15 日之前播种安全成熟的可靠性较大，一般 10 月上旬成熟。7 月 12 日以后播种，大多数品种的百粒重显著下降。7 月 20 日以后播种则不能正常成熟。刘春芳等研究人员通过不同播种期对复种大豆产量及产量性状的影响研究结果表明，随着播种期的推迟，复种大豆产量依次递减，7月6日播种的产量最高。因此笔者认为，宁夏夏播复种大豆应尽可能早播种，一般应在7月10日前播种为宜，以获得较高的产量和经济效益。

3. 密度

（1）春播大豆密度 合理密植是协调群体与个体之间和个体的荚数、粒数、粒重的关系，是获得较高产量的重要技术措施之一。宁夏引黄灌区综合性状表现较合理的大豆种植密度为行距50cm，株距10cm。1982—1984年丁巧明等研究人员先后在玉泉营、黄羊滩、贺兰山农牧场以及宁夏农垦科研所，设置了五个点次的密度试验，研究结果表明，宁夏贺兰山东麓地区沙质淡灰钙土单作大豆适宜的群体结构，一般栽培条件下单作大豆适宜的行距为60cm，土壤肥力较高的田块适宜的保苗密度为2万~3万株·666.7 m^{-2}，保苗密度不少于2万株·666.7 m^{-2}；肥力较低的田块保苗密度为3.0万~3.5万株·666.7 m^{-2}；一般田块保苗密度以2.5万株·666.7 m^{-2}左右为宜。赵志刚等在宁夏灌区大豆种植的几种主要方式研究中表明，春大豆适宜播种行距50cm，每666.7 m^2保苗1.2万~1.3万株。何进尚等研究人员对不同栽培密度下大豆生长发育动态研究结果表明，宁夏引黄灌区大豆株高随密度的增大而增高；干物质积累量随密度增大而增加；单株叶、茎干重随密度的增大而降低；不同密度下叶面积指数不同，最大叶面积指数随着密度的增大而增大。宁夏引黄灌区，综合性状表现较合理的大豆种植密度为行距50cm，株距10cm，密度为1.3~1.5万株·666.7 m^{-2}。黄玉锋等研究人员对大豆中黄30栽培密度试验研究表明，密度为1.8万株·666.7 m^{-2}时大豆产量最高为321.4kg·666.7 m^{-2}；其后产量高低的密度依次为1.7万株、1.6万株、1.4万株、1.9万株、1.5万株。随着密度增加，产量逐渐增高，密度为1.8万株·666.7 m^{-2}时产量达到峰值，此后产量又逐渐降低。

（2）夏播复种大豆密度 夏播复种大豆主要是充分发挥夏播大豆"早密"高产栽培技术，充分利用地力与光热自然资源，发挥群体的生长优势，结合灌溉合理追施化肥，获得较为理想的大豆产量。依靠群体的生产潜力，是保证夏播复种大豆获得高产的重要技术措施之一。在保证密度的前提下，使植株分布均匀，为个体创造尽可能好的环境条件，发挥个体的生产潜力也是不可忽视的。引入宁夏进行夏播复种的大豆品种在原产地的生育期大多是 115~135 d 的品种，引入宁夏进行夏播复种生育天数大大缩短（缩短 30 d 左右）。宁夏早期从事大豆研究的科研人员对夏播复种大豆密度进行了试验研究，初步认为，在早播情况下 (7 月 5 日以前)，采用生长繁茂的合交系列大豆品种，保苗密度为 3.0 万 ~3.5 万株·666.7 m^{-2} 为宜，播种迟的 (7 月 10 日以后，7 月 15 日前)，采用早熟品种保苗密度应在 4.0 万 ~4.5 万株·666.7 m^{-2}，并改进种植方式，把行距缩小到 25 cm，株距增大到 7~9 cm，使植株分布均匀，为个体创造尽可能好的生态环境条件，发挥个体的生产潜力。

4. 追肥

大豆是需肥量较多的作物。据分析，大豆籽粒和茎秆中氮、磷、钾的含量，均比小麦高 1~2 倍。增施肥料，对争取大豆高产是十分必要的。据 1983—1984 年在农垦科研所、前进农场、玉泉营农场、贺兰山农牧场淡灰钙土地区，进行的大豆氮素化肥不同追肥期试验结果表明，将同样多的化肥在大豆分枝期与始花期各追施 1/2，能及时满足大豆对养分的需求，植株高度、地上部鲜重、干重、叶面积、根干重、每日干物质积累量高于分枝期，始花期一次追施和不追施 (ck) 的处理，单株荚数、株粒数、粒重也优于其他处理，产量最高，平均产量为 2985 kg·hm^{-2}，较分枝期、始花期及对照分别增产 8.3%、9.2%、14%。

复种条件下，大豆生长期较短，固氮自养能力较差，增施肥料显得尤为重要。（见表 3–10）

表 3-10　复种大豆的追肥效果

品种	处理	株高/cm	单株荚数/荚	单株粒数/粒	单株粒重/g	百粒重/g	产量/（kg·666.7 m^{-2}）	比未追肥增产/%
黑河101	未追肥	31.0	6.0	8.6	1.47	19.8	41.7	
	追肥	34.0	7.4	14.3	1.69	19.2	50.0	22
克霜	未追肥	28.0	6.0	11.0	1.34	15.1	27.0	
	追肥	33.6	7.7	12.7	1.77	15.8	37.2	37
合交69-219	未追肥	37.0	6.1	10.9	1.12	15.7	68.7	
	追肥	39.0	9.2	20.0	2.08	13.7	89.4	30
合交13号	未追肥	33.0	11.3	21.2	3.50	15.0	58.1	
	追肥	40.5	13.7	29.4	3.71	15.8	71.8	23

5. 大豆间作套种立体复合种植增产机理

提高了作物对光能的利用率。宁夏光、热水资源丰富，无霜期短。以小麦套种大豆为例，单种小麦只能利用 120 d 的生育期，单种大豆也只能利用 130~140 d，而银川平原历年无霜期平均在 150 d 左右。故单种小麦或大豆，都不能充分利用有限的生长期，只有套种才能利用麦豆之间的播种期不一，生长期长短不同，或熟期有先有后的有利条件，使生长期延长至 175 d。两种作物配合种植，小麦生育前期有 40 d 的单独生长期，大豆从开花、结荚到鼓粒成熟，约有 70 d 的单独生长期，此时正是决定产量的关键时期。麦豆共生期只有 65 d，在共生期间两种作物的生育特点（见表 3-11）。

表 3-11　麦豆共生期对应表

	10 月 5 日	5 月 30 日 -5 月 6 日	6 月 13 日 -10 月 7 日	12 月 7 日
小麦	拔节期	抽穗—开花	灌浆—蜡熟	收获
大豆	出苗期	分枝出现	开花	盛花

当小麦旺盛生长和产量形成的关键时期，大豆植株矮小，不仅对小麦无影响，还可形成一条通风透光的"走廊"，使农田的光照、温度、湿度得到改善，有利于麦豆的生长发育。小麦边行优势明显，当大豆开花期进入生殖生长阶段时，小麦即将收获，更有利于大豆产量的形成，因此，套种的田间条件，均比麦、豆清种优越。

充分利用了自然光热资源。据买自珍等研究人员测定，麦豆套种的生理辐射利用率达 74.27%，比单种小麦、大豆分别提高 15.24%、10.28%；年有效积温利用率、日照利用率、降水利用率分别比单种小麦提高 34.93%、18.16%、24.56%，比单种大豆提高 1.71%、9.06%（见表 3-12）。

表 3-12　麦豆套种与单种光、温、水资源利用比较

项目	生理辐射 /（kJ·cm^{-2}）	≥10℃有效积温 /℃	日照时数 /h	降水量 /mm
全年	258.7	—	2315.8	355.4
作物生长期	154.7	1155.5	1385.2	333.2
小麦单种占作物生长期百分比	59.03%	58.26%	61.69%	41.33%
大豆单种占作物生长期百分比	64.19%	91.48%	70.79%	65.91%
麦豆套种占作物生长期百分比	74.27%	93.19%	79.85%	65.91%

增加了田间 CO_2 浓度。宁夏农学院鲁佩璋教授进行了小麦大豆套种双高产研究，结果表明，用红外线气候分析仪，监测了大豆分枝期不同处理小麦、大豆行间 CO_2 浓度在 24h 内的变化，无论哪种处理的小麦、大豆田中，从清晨 7：00 以后均低于大气正常的 CO_2 浓度，直到 19：00后，才得以恢复。但宽行套种因带幅较宽，通风透光良好，CO_2 浓度较清种和窄行套种的有所提高。

改善了田间小气候。相关研究资料表明，对小麦单种和套种处理的行间，分别测定光照强度，单种小麦在植株 2/3 处的光照强度相当于自然光的 28.4%，套种小麦相当于自然光的 39.1%，单种小麦底部相当于自然光的 22%，套种小麦相当于自然光的 51.6%。6 月 27 日在大豆始花期以后，对不同处理的大豆也进行光照强度的测定，单种大豆底部光照相当于自然光照的 15%，而宽行套种大豆底部相当于自然光照的 20.6%。套种处理的温度，在共生期 5 月初观察，不同处理的地面温度，套种比清种大豆相差甚微，最高温度提高 1.1 ℃，最低温度提高 0.5~2.0 ℃。6 月 1 日和 8 日，对不同处理的小麦株间进行风速测定，单种小麦株间风速为 $0.12\,m \cdot s^{-1}$，窄行套种小麦株间风速为 $0.18\,m \cdot s^{-1}$，宽行套种小麦株间风速为 $0.17\,m \cdot s^{-1}$；6 月 27 日又对不同处理的大豆株间进行测定，清种大豆株间风速为 $0.21\,m \cdot s^{-1}$，窄行套种为 $0.3\,m \cdot s^{-1}$，宽行套种为 $0.37\,m \cdot s^{-1}$，可见套种比清种的环境条件优越。

提高了土地利用率。土地当量比是判断土地利用程度的可比性指标，麦豆套种不同带型的土地当量比都有所提高。2∶1 型土地当量比为 1.53，即土地利用率提高 53%（见表 3-13）。

表 3-13　麦豆套种不同带型及单种的土地当量比（LER）

项 目	套种带型			小麦单种	大豆单种
	1∶1	2∶1	3∶1		
LER	1.349	1.526	1.292	1.00	1.00
比单种增加 /%	34.9	52.6	29.2	—	—

不同种植方式对大豆生理指标产生了影响。一定的叶面积是获得作物高产的前提，以铁丰 18 号为例，分别在苗期、分枝期、始花期测定，大豆不同处理间的叶面积指数。分枝末期以后，宽行套种比窄行套种的

叶面积指数增加一倍以上，为制造和积累干物质奠定了良好的基础（见表 3-14）。

表 3-14　大豆不同处理间叶面积指数比较

处 理	苗期	分枝始期	分枝末期	始花期
清种	0.22	0.70	1.07	1.90
窄套	0.21	0.40	0.52	0.80
宽套	0.21	0.69	1.15	1.95

注：大豆品种：铁丰 18 号。

实现了土地用养结合和农田带状轮作。据研究资料表明，籽粒产量水平 1500 kg·hm^{-2} 的大豆根瘤固氮菌量为 56.25 kg，约相当于 262.5 kg 的标准氮肥。加之大豆生物产量的农田归还率较高，因而将其纳入套种的两熟制农田生态系统中，发挥其肥田效应，能够有效地实现土地的用养结合和农田的短中期带状轮作。

总之，大豆间作套种因扩大了营养面积，改善了通风透光条件，增加了 CO_2 浓度，充分发挥了边行优势的作用，改善了环境条件，增加了大豆根系养分的吸收范围，防止落花落荚，提高有效荚数，增加粒重，从而达到增加经济效益的目的。

第二节　大豆间套复种栽培技术

一、宁夏引黄灌区玉米间作大豆栽培关键技术

玉米间作大豆充分发挥了高秆作物玉米的边行优势，是一种在空间

上实现种植集约化的栽培方式，最大限度发挥了边际优势，充分利用了大豆和玉米的形态、生理差异互补的特性，有效利用了光能资源，提高了土壤养分和水分的利用率，从而提高了单位面积的产出效率。宁夏引黄灌区光热资源丰富，土壤肥沃，排灌方便，无霜期较长，农业自然资源配合较好，为发展玉米间作大豆栽培提供了极为有利的条件。

"十二五"以来，国家大豆产业技术体系银川综合试验站开展了玉米间作大豆品种筛选、化学调控、群体配置等系列试验研究，筛选出适宜玉米间作大豆栽培模式的大豆新品种（系）中黄30、宁黄248等，并连续多年多点在平罗、贺兰、永宁、中宁、中卫、青铜峡等市、县开展了试验示范，结果表明，玉米平均产量 12 795 kg·hm^{-2}，大豆平均产量 1500 kg·hm^{-2}，两作合计产量 14 295 kg·hm^{-2}；平均产值 26 475 元·hm^{-2}，比单种玉米增收 5310 元·hm^{-2}，比单种大豆增收 6675 元·hm^{-2}，增产增收增效示范效果显著。实践证明，该栽培模式是一种非均衡集约化种植技术，玉米和大豆间作实现了土地的用养结合和农田的带状轮作，机械化程度高，并可根据生产目的选择玉米和大豆的行比配置，最大限度的发挥玉米、大豆的增产增收效应。根据试验示范结果，在掌握玉米间作大豆的种植密度、行比配置、品种、化控、芽前除草等关键技术的同时，我们总结出了宁夏引黄灌区玉米间作大豆栽培技术，以期为实现该栽培模式化肥零增长下土壤养分的高效利用和实现高产高效提供指导。

1. 关键技术措施

（1）地块选择　玉米间作大豆的田块应选择土壤肥沃、盐碱轻、排灌方便、肥力水平较高的中高产农田。

（2）机械整地　10月份前茬收获后，结合机械深耕翻将有机肥料作基肥全层深施，同时期进行平田整地。11月初灌足、灌透冬水。2~3月份耱地 2~3 遍，耙糖保墒。

（3）施足基肥　氮肥作为底肥，结合整地先期施入，不作为种肥。磷肥主要作底肥和拔节期结合中耕施入。一般基施尿素 225 kg·hm^{-2}、磷酸二铵 150 kg·hm^{-2}。

（4）选择品种　大豆品种选择广适应、矮秆、耐遮阴、抗倒伏、生育期适宜的高产品种，如中黄 30、宁黄 248 等品种。玉米品种选用紧凑、耐密、抗病、优质、高产品种，如中高秆耐密品种先玉 335、郑单 958 等或大穗稀植品种沈单 16 号等。

（5）适期播种　播种前机械旋耕耙地，造好底墒，达到待播易播状态。当土壤表层 5~10cm 地温稳定在 10℃以上时播种。播种期为 4 月 15~25 日，用 2BMZJ-4 玉米大豆一体精量播种机择期播种。播种前大豆用根瘤菌剂拌种，每 10kg 大豆种子拌大豆根瘤菌剂 150ml，随拌随用，阴干即可播种。

（6）扩行距缩株距　采用玉米间作大豆 2∶2 行比间作配置，宽、窄行种植。

扩行距，窄行由目前生产上的 20~40cm 调整为 30cm，宽行由 60~80cm 调整为 160~170cm；玉米大豆间距 65~70cm；玉米间作大豆幅宽 190~200cm。

缩株距，玉米株距由目前生产上的 22~30cm 调整为 10~12cm；大豆播种株距 7~10cm。

（7）确保全苗　大豆、玉米适宜的播种深度应根据土壤质地、墒情和种子大小而定。播种深浅要合理，种子要紧贴湿土，一般播种深度 4~5cm 为宜。要求落粒均匀、深浅一致、覆土良好、镇压紧实，确保出苗整齐一致，一播全苗。

（8）合理密植　种植密度应根据地力水平和品种耐密性确定。一般玉米播种量 37.5~45.0kg·hm^{-2}，大穗稀植品种，如沈单 16 号等保苗密度 75 000~82 500 株·hm^{-2}；中高秆耐密品种，如先玉 335 等保苗密度 90 000~97 500 株·hm^{-2}。大豆播种量 45kg·hm^{-2}，保苗密度 150 000 株·hm^{-2}左右。

（9）田间管理　药剂除草。大豆、玉米同期播种后用乙草胺加适量百草枯及时进行播后芽前药剂封闭灭草。用 50% 的乙草胺 2 250~3 000ml·hm^{-2} 或 90% 的乙草胺 1 500~1 800ml·hm^{-2} 混 72% 的 2，

4–D丁酯750~1 050 ml·hm^{-2}，兑水225~300 L·hm^{-2}均匀喷雾。大豆、玉米出苗后的除草主要通过中耕完成。

中耕提温。大豆、玉米应早中耕。出苗后结合除草对大豆、玉米进行中耕2~3次。第一次中耕宜浅，以3~4 cm为宜，避免伤根压苗；第二次中耕，苗旁浅行间深，力争达到苗全、苗齐、苗壮。

查苗补种。玉米、大豆一次全苗是关键。原则上不间苗、不定苗、不补苗。大豆出苗后，及时查苗，发现由于虫、鸟危害以及播种质量造成缺苗断垄比较严重的地块应及早补种。

及时追肥。玉米苗期追施尿素225 kg·hm^{-2}，大喇叭口期追施尿素300 kg·hm^{-2}，磷酸二铵75 kg·hm^{-2}。大豆不单独进行施肥。

合理灌溉。大豆、玉米幼苗期不灌水。玉米拔节、抽雄、灌浆中期及时灌溉。

化控防倒。大豆初花期及分枝期喷施5%烯效唑可湿性粉剂100 mg·L^{-1}+大豆盛花期喷施150 mg·L^{-1}化控防倒。

防治虫害。大豆、玉米红蜘蛛及玉米螟等害虫采取兼防兼治。用20%三氯杀螨醇乳油、30%杀螨特乳油等稀释1 000倍液喷雾，或用73%的克螨特乳油1 500倍液稀释喷雾，或用溴氰菊酯乳油、阿维菌素乳油、达螨灵乳油等药剂防治。

（10）适时收获 大豆先于玉米成熟，大豆收获后（9月下旬），再收获玉米（9月底至10月初）。当大豆茎秆呈棕黄色，有90%以上叶片完全脱落、荚中籽粒与荚壁脱离、摇动时有响声，是大豆收获的最佳时期，用4LZ-1.0型大豆联合收割机收获大豆。当玉米苞叶变黄白色、籽粒胚部变硬时及时机械收获玉米。

2. 产量因素构成分析

2014年9月全国农业技术推广中心汤松研究员、四川农业大学雍太文博士、河南农业大学李保谦教授等组成10人专家组对贺兰县玉米间作大豆栽培模式示范田进行实地测产，结果显示，玉米有效穗数55 245穗·hm^{-2}，平均穗粒数574粒，千粒重370 g，平均产量

11 733 kg·hm^{-2}；大豆有效株数 97 380 株·hm^{-2}，平均株粒数 90 粒，百粒重 21 g，平均产量 1840.5 kg·hm^{-2}。

经对核心示范区测定，中宁县"玉米间作大豆百亩示范片区"，大豆有效株数 165 000 株·hm^{-2}，株粒数 52 粒，平均产量 1710 kg·hm^{-2}；玉米密度 73 695 株·hm^{-2}，穗粒数 571 粒，平均产量 13 470 kg。中卫市"玉米间作大豆百亩示范片区"，大豆有效株数 129 000 株·hm^{-2}，株粒数 56 粒，平均产量 1440 kg·hm^{-2}；玉米密度 71 415 株·hm^{-2}，穗粒数 619 粒，平均产量 14 145 kg·hm^{-2}。

二、宁夏引黄灌区西瓜套种大豆栽培技术

宁夏平原处于温带干旱地区，日照时间长，太阳辐射强，气温日差大，大部分地区昼夜温差一般可达 12~15 ℃，7 月最热，平均气温 24 ℃。年均日照时数 3 000 h 左右，无霜期 160~170 d。10 ℃以上活动积温约 3 300 ℃左右，热量资源丰富，有利于农作物的生长发育和营养物质的积累。2008 年国家大豆产业技术体系银川综合试验站从中国农科院作物科学研究所引进中黄 30（国审豆 2006015）大豆，在宁夏农垦暖泉农业公司进行西瓜套种大豆试验示范，通过 3 年的试验示范推广，种植面积迅速扩大，种植水平不断提高。根据调查，暖泉农业开发公司 2010 年西瓜套种大豆种植面积 194.7 hm^2，西瓜每 666.7 m^2 平均产量为 2 500 kg，大豆每 666.7 m^2 平均产量为 216 kg。产值分别达到 1750 元、842.4 元，两作产值合计 2592.4 元。西瓜套种大豆每 666.7 m^2 生产成本 672 元，纯收入 1920.4 元。平罗县周城 5 村西瓜套种大豆栽培模式，西瓜每 666.7 m^2 平均产量 7 500 kg，收入 6500 元；大豆每 666.7 m^2 平均产量 270 kg，收入 1150 元，合计产值 7650 元。西瓜套种大豆经济效益十分显著。

生产实践表明，西瓜生长到一定时期后种植作物大豆，使西瓜和大豆短期共生，西瓜采收后，大豆有充分的独立生长时间，不但可以主收

一茬西瓜，而且还可以多收一茬大豆，充分利用了当地的光、热资源，提高了肥料利用率和土地利用率，既增加了经济收入又培肥了地力，确实是一种理想的高效种植新模式。

西瓜套种大豆主要栽培技术要点：

1. 地块选择

西瓜套种大豆的地块应选择地势平坦，灌排方便，没有盐碱，土壤肥沃的砂壤土，前茬以小麦、玉米等作物为宜，不宜重茬和连作。

2. 整地、施肥、作垄

（1）整地　越冬前地块用深松农业机械深翻20~30cm，并灌足冬水。早春结合耙、耱、旋耕进行田面平整，保证田块平整松软无坷垃，然后按照西瓜栽培方式进行基施肥料、起垄、覆膜。

（2）施肥　4月5~6日结合耙地、耱地进行基施肥料。耙地前每666.7m²人工撒施磷酸二铵10kg、尿素10kg、三铵复合肥10kg。起垄后在垄上开沟每666.7m²基施磷酸二铵10kg、尿素10kg。

（3）作垄　用拖拉机悬挂起垄机械起垄，西瓜垄净宽150cm，垄沟净宽40cm，总带宽190cm，垄沟深20cm。机械起垄后人工进行平整修理，保证垄直、土碎无坷垃、垄的宽窄合乎覆膜要求。

3. 种子选择及处理

（1）品种　西瓜品种选用绿宝丰深，大豆品种选择中黄30。中黄30生育期124d，株高72cm，单株有效荚数47.8个，百粒重21g。该品种圆叶、紫花，灰色茸毛、有限结荚习性、种皮黄色，褐脐，籽粒圆形。

（2）种子消毒　西瓜采用温汤浸种或药剂消毒的方法进行处理。消毒后的种子经l~2d催芽后有80%的种子"露白"即可播种育苗。

4. 移栽及密度

西瓜采取拱棚育苗或工厂化育苗，在保证西瓜苗期不受晚霜冻害的前提下，应尽量早播种。西瓜3月中旬育苗，4月5~10日采用深坑式移栽穴播定植。西瓜垄宽150cm，每垄种2行，行距120cm，穴距60~80cm，定苗1000株·666.7m⁻²左右，移栽或播种后及时覆膜。5月

20日~6月5日西瓜灌水后等地表皮发白时大豆及时播种。大豆种植在西瓜垄地膜两侧的垄沟内，每个垄沟内种2行大豆，行距25~30cm，定苗密度1.1万~1.2万株·666.7m^{-2}。

5. 田间管理

（1）苗期以保全苗、培育壮苗为中心　西瓜以保墒、增温、保苗为管理重点。4月28日左右地膜打孔放风并进行田间除草。当西瓜真叶展开时定苗。4~6片真叶时适当浇水。大豆出苗后结合中耕除草做到早间苗、早定苗、缺苗断垄早补种。

（2）追肥　追肥以氮肥为主，磷肥和钾肥在起垄覆膜前作为基肥一次性施入，中后期不再追肥。西瓜喷施瓜王1号叶面肥3~4次。7月上旬西瓜采收后，大豆进入生殖生长阶段，此时应酌情追施化肥及时喷施叶面肥，争取花早、花多，防止花荚脱落。大豆开花结荚期叶面喷施磷酸二氢钾和硼、钼等微肥2~3次。

（3）灌水　西瓜大豆共生期间主要根据西瓜生理需求灌水，一般西瓜全生育期灌水4次。西瓜幼苗期需水较少，一般不浇水；膨果期必须浇足水；大豆花荚期和鼓粒期应及时浇水，以水攻花保荚，促进养分向籽粒转移，增加有效荚数，促进籽粒饱满，增加粒重。

（4）整枝　西瓜的整枝方法因肥力水平、长势长相、密度大小因地制宜。在整枝过程中适当压蔓，调节营养生长和生殖生长，利于坐果和果实的生长。

（5）坐果期的管理　理想的坐果部位是主蔓上的第2、3朵雌花。为保证第2、3朵雌花的坐果率可进行人工授粉。一般每株瓜的主蔓留3个侧蔓，每个侧蔓坐1个瓜。

（6）病虫害防治　西瓜主要病虫害有霜霉病、蚜虫。大豆主要虫害有红蜘蛛。防治方法，西瓜霜霉病发病初期，每4~5d喷72%克露可湿性粉剂600倍液，连续喷2~3次。用25%吡虫啉乳油1000倍液喷雾防治蚜虫。当大豆红蜘蛛卷叶株率10%时应立即用药防治，用73%灭螨净3000倍液，或40%二氯杀螨醇1000倍液喷雾，连喷2~3次。

146

6. 成熟与采收

（1）西瓜从开花到成熟需 30~40 d。一般在 6 月底 7 月初采收上市。

（2）大豆收获是实现丰产丰收的最后一个关键性措施。收获过早，由于籽粒尚未成熟，干物质积累没有完成，不仅会降低粒重，蛋白质、脂肪的含量，而且青粒、秕粒较多。收获过晚，易炸荚掉粒，造成浪费，遇阴雨会引起品质下降。9 月下旬至 10 月上旬当大豆叶片已大部脱落，茎荚变黄色或褐色，籽粒呈现品种固有色泽，籽粒与荚壳脱离，摇动植株有响声时应及时收获。人工收获大豆最好趁早晨露水未干时进行，预防豆荚炸裂减少损失。大豆割倒后，应运到晒场上晒干，然后脱粒。

三、小麦套种大豆寄生菟丝子栽培技术

菟丝子是平罗县地道中药材作物，种植模式一种是西瓜套种大豆寄生菟丝子，另一种是小麦套种大豆寄生菟丝子。2017 年全县共种植菟丝子面积 6 413.3 hm^2，其中，平罗县种植小麦套种大豆寄生菟丝子面积 6 000 hm^2。小麦平均产量 5 250 kg·hm^{-2}，价格 2.8 元·kg^{-1}，产值 1.47 万元·hm^{-2}；菟丝子平均产量 1 350 kg·hm^{-2}，价格 10 元·kg^{-1}，产值 1.35 万元·hm^{-2}；大豆平均产量 1 350 kg·hm^{-2}，价格 5 元·kg^{-1}，产值 6 750 元·hm^{-2}；三项合计产值 3.495 万元·hm^{-2}，效益非常可观。现将其栽培技术总结如下。

1. 选地整地与施基肥

选择盐碱轻、土壤肥沃、灌排方便、地势平坦的砂壤土。前茬以小麦、玉米等粮食作物为宜。上年秋季机械深翻，11 月初灌冬水，翌年 2 月耙耱 1~2 遍。施足基肥并整地，小麦播前结合施肥及早翻耕土地，施入腐熟有机肥 7 500·hm^{-2}、尿素 225 kg·hm^{-2}、磷酸二铵 150 kg·hm^{-2}、钾肥 75 kg·hm^{-2}。

2. 品种选择

小麦品种选用宁春 4 号或宁春 50 号；大豆选用适应性强的中晚熟

品种，如高丰 1 号（千斤豆）、中黄 30、承豆 6 号等；菟丝子品种选用当地产区的地方品种。选用的品种应符合《粮食作物种子质量标准禾谷类》（GB4404.1—2010）。

3. 种植规格

小麦用 12 行播种机播 10 行，播幅 110cm，小麦播幅之间预留 70cm 的大豆种植带，大豆种植 2 行，大豆行距 30cm，大豆距离小麦 20cm。种植 10 行小麦套种 3 行大豆，总带宽 210cm，小麦带宽 110cm，大豆带宽 100cm，大豆种植 3 行，大豆行距 30cm，大豆距离小麦 20cm。

4. 适期播种

小麦适宜播种期为 2 月底至 3 月初，播种量为 300kg・hm^{-2} 左右。大豆一般在 4 月 15~25 日播种，播种量 60~90kg・hm^{-2}，播种深度 3~5cm。大豆用滚动式可调播种器播种，穴距 10~13cm，每穴 2~3 粒种子，保苗 12 万 ~15 万株・hm^{-2}。菟丝子一般在 5 月底至 6 月初，大豆株高 20~25cm（小麦灌三水前）播种菟丝子，播种量 7.5~10.5kg・hm^{-2}。种子播前用 50℃温水浸泡 3~4h，捞出后用少量呋喃丹拌种，防止蝼蚁咬食。播种时在大豆苗旁顺行开沟，将菟丝子种子与细沙混拌均匀，然后均匀撒入沟内，播深 2~3cm，覆盖细肥土，用工具或脚踩实保墒或播种前从本田大豆带取土拌种，然后匀撒入豆带内，并用脚踩实保墒。播种后经常保持田间土壤湿润，土壤温度适宜时 7d 左右即可出苗，3~5d 后就开始缠绕在大豆茎上，地下部分逐渐死亡。

5. 田间管理

（1）保全苗壮苗　小麦出苗前遇降雨及时破除板结，小麦分蘖期结合中耕进行早追肥。大豆缺苗断垄严重时，及时补种，并及时进行中耕。菟丝子缺苗断垄时，灌水前 1d 或灌水后进行人工辅助补种或补苗，方法是随意割一截菟丝子茎蔓缠绕在大豆上寄生即可。

（2）追肥　小麦应早追肥，一般追施尿素 150kg・hm^{-2}、磷酸二铵 150kg・hm^{-2}，结合灌第一水追施尿素 150kg・hm^{-2}，结合灌第二水根据小麦长势酌情追肥；小麦收获后结合灌水大豆追施尿素 $75\,kg\cdot hm^{-2}$，7 月至 8 月每月喷施磷酸二氢钾和尿素水溶液 1 次（结合治虫喷施）。追肥应符合 NY/T496 肥料合理使用准则。

（3）灌水　小麦全生育期灌水 3~4 次，小麦收后大豆灌水 2~3 次。菟丝子苗期遇干旱天气要及时浇水抗旱保苗，雨季要注意排水防涝，降低田间湿度，防止病害发生。

6. 病虫草害防治

大豆根腐病发病初期用 70% 甲基托布津可湿性粉剂 500 倍液灌根防治。白粉虱、斑潜蝇、瓜蚜用 10% 一遍净 3 000 倍液，或 3% 啶虫脒 1 500 倍液，或 1.8% 阿维菌素乳油 3 000~4 000 倍液等喷雾防治，连防 2~3 次。

防治豆荚螟用 2.5% 溴氰菊酯乳剂或 10% 吡虫啉 2 500 倍液喷雾。当发现豆株叶片上出现黄白斑大豆红蜘蛛危害症状时及时进行防治，可用 30% 杀螨特乳油 1 000 倍液或 73% 克螨特乳油 1 500 倍液喷雾防治。6 月上中旬及时防治蚜虫。当田间蚜量达到 1 500~3 000 头 /100 株时开始防治，可用 50% 灭蚜净 1 500~2 000 倍液，或 50% 抗蚜威可湿性粉剂 225~450 ml·hm^{-2} 喷雾防治。

防治小麦田间杂草，当小麦灌第一水前用 72% 的 2,4-D 丁酯 750 ml·hm^{-2} 兑水 450 kg·hm^{-2} 喷雾防治。菟丝子幼苗出土后，田间双子叶杂草人工拔除，不能喷洒农药除草。小麦收获后，将缠绕在大豆茎上过多的菟丝子摘除及断丝，避免大豆生长后期倒伏，影响菟丝子产量。小麦收割后在小麦行喷除草剂，防除田间杂草。

7. 适时收获

小麦成熟后及时用履带式小型收割机收获。9 月下旬大豆与菟丝子同时收获，小面积收获可人工拔起后集中晾晒脱粒，大面积收获可使用稻麦收割机，并用专业设备将大豆与菟丝子籽粒分离，贮藏销售。

四、小麦套种大豆间作油葵高产栽培技术

小麦套种大豆间作油葵，不但可以缓解粮油争地的矛盾，而且也是一种用养结合的生态套种模式；不但能提高光、热、水、气、土等资源利用率，而且是提高农田产出集经济、生态效益为一体的有效途径。其优点：一是大豆是良好的固氮作物，能提高土壤肥力，促进农田生态系统良性循环；二是方法简单，便于操作，适应性强，生产成本低，效益显著，广大农民容易接受。同心扬黄灌区位于宁夏中部干旱带，土壤类型为低盐普通灰钙土，质地多为中、轻壤土，耕层有机质含量1%左右，适宜推广种植小麦套种大豆间作油葵栽培模式，对于调整种植业结构，改革耕作制度，挖掘农田增产潜力，提高农业产值，增加农民收入具有非常重要的意义。

1. 经济效益

小麦套大豆间作油葵是近几年农技人员和广大农民群众在种植业结构调整过程中不断试验、示范总结出的一项低投入、高产出、高效益的立体复合种植技术。目前，同心县扬黄灌区发展面积 1 000 hm^2，2008 年小麦平均产量 412.5 kg·666.7 m^{-2}，大豆平均产量 232.3 kg·666.7 m^{-2}，油葵平均产量 200 kg·666.7 m^{-2}。按当地市场价格（春小麦 2.4 元·kg^{-1}；大豆 4.5 元·kg^{-1}；油葵 3.2 元·kg^{-1}）计算，平均产值 2 675 元·666.7 m^{-2}，扣除投入 480 元·666.7 m^{-2}（包括水费、肥料、种子、农药等），纯收入 2 195 元·666.7 m^{-2}。比单种小麦增值 1 115 元·666.7 m^{-2}（单种小麦每 666.7 m^2 纯收入 1 080 元），增幅在 1 倍以上。

2. 栽培技术要点

（1）整地　前茬作物收获后及时进行平田整地，打埂围畦，在适耕期内进行深耕灭茬，耕深 20~25 cm，11 月上旬灌足灌好冬水，冬灌后及时耙糖保墒，早春顶凌耙糖 1~2 次，并进行镇压保墒，做到田平土碎，上虚下实，田间无梗茬杂物。

（2）配方施肥　3种作物套种，需肥量大，根据产量配方施肥，要求施足底肥。基肥力求多施农家肥，增施磷肥，提倡氮磷钾搭配。秋季结合秋耕深翻，基施农家肥 6 000 kg·666.7 m^{-2}、碳铵 50 kg·666.7 m^{-2}、普磷 40 kg·666.7 m^{-2}。播种时，小麦施种肥磷酸二铵 10 kg·666.7 m^{-2}、大豆施种肥磷酸二铵 5 kg·666.7 m^{-2}。也可将种肥于播前整地时一次性施入。后期需追肥，小麦追施尿素 15 kg·666.7 m^{-2}，大豆追施尿素 5 kg·666.7 m^{-2}、磷酸二铵 5 kg·666.7 m^{-2}、油葵追施尿素 15 kg·666.7 m^{-2}、硫酸钾 20 kg·666.7 m^{-2}。

（3）良种选用　小麦品种选择早熟、抗倒、直立、丰产的宁春 4 号优良品种；大豆选用中晚熟、茎秆直立、不易裂荚落粒、丰产性好、高产、抗病虫的晋豆 4 号、8033 混、铁丰 8 号、宁豆 4 号等优良品种；油葵品种选择适应宁夏引黄灌区种植的美国 G101、法国 FA15、得葵 203。

（4）播种规格　小麦采用 12 行播种机播种，总带宽 210 cm，其中小麦净带宽 120 cm，种 12 行小麦（双行靠），宽行 12 cm，窄行 8 cm；大豆带宽 90 cm，种 3 行，行距 30 cm，穴距 25 cm，边行大豆距小麦 15 cm；油葵种植 2 行，种在 2 行大豆中间，行距 15 cm，穴距 25 cm。小麦 3 月上旬适期早播，并预留大豆带。大豆播种期可适当推迟到 4 月 10 日左右，即小麦苗出齐出全后开始播种，力争小麦灌头水后能保证大豆全苗。小麦播种量 18~20 kg·666.7 m^{-2}，保苗密度 35 万株·666.7 m^{-2}；大豆播种量 10 kg·666.7 m^{-2}，播 2 500 穴左右，保苗密度 7 000~8 000 株·666.7 m^{-2}。油葵播种等小麦大豆灌水后 4 月中下旬开始足墒点播，播深 3~5 cm，播种行距 15 cm，穴距 25 cm 保苗密度 3 500 株·666.7 m^{-2}左右。

（5）田间管理与收获　小麦、大豆的管理与收获。小麦播后至出苗前如遇雨应及时破除板结。小麦套种大豆间作油葵，一般需要灌 6 次水。苗期围绕小麦松土、除草同时进行，确保有足够的苗数。大豆幼苗出齐后于 4 月下旬及时灌水，结合灌水追尿素 15 kg·666.7 m^{-2}，促小麦早生快发，为高产打好基础。小麦孕穗期 5 月上中旬灌 2 水，结

合灌水追施尿素 $5\,kg \cdot 666.7\,m^{-2}$。小麦收割前一周灌好麦黄水。小麦蚜虫防治用用 10% 吡虫啉可湿性粉剂 $30\,g \cdot 666.7\,m^{-2}$ 或 3% 啶虫脒水剂 $50\,ml \cdot 666.7\,m^{-2}$ 喷雾防治。小麦条锈病、白粉病防治用采用 12.5% 禾果利可湿性粉剂 $30\,g \cdot 666.7\,m^{-2}$ 或 25% 百里通可湿性粉剂 $70\,g \cdot 666.7\,m^{-2}$ 喷雾防治。黏虫发生时采用 90% 敌百虫 800~1 000 倍液喷雾防治。小麦成熟后及时收割。小麦收获后应及时灌水，追施尿素 $5\,kg \cdot 666.7\,m^{-2}$、磷酸二铵 $5\,kg \cdot 666.7\,m^{-2}$。8 月中旬灌水，促进大豆增花保荚。大豆红蜘蛛危害始期用 1.8% 阿维菌素 2 000~3 000 倍液、绿集 2 000~3 000 倍液或哒螨灵 1 500~2 000 倍液喷雾防治。喷药时要求喷在叶背面，要均匀周到。大豆的收获适期应掌握在叶片脱尽叶柄大部分脱落、豆荚变褐色、荚粒摇动有响声时及时进行。

油葵的管理与收获及时查苗补苗。油葵播种后 10 d 左右即可出苗，在缺苗地段，待油葵长出 1 对真叶时进行带土坐水移栽补苗，移栽时间以下午或阴天为好。早锄深锄，适时培土。油葵长出 1 对真叶时进行除草松土，2 对真叶时进行深锄、细锄，苗高 50 cm 时结合深锄培土 10 cm 左右，有利于防止倒伏。适时浇水，合理施肥。油葵全生育期灌水 3~4 次。前两水随小麦大豆一起灌，油葵现蕾期结合灌水追施尿素 $10\,kg \cdot 666.7\,m^{-2}$、硫酸钾 20 kg 左右。辅助授粉。油葵开花期间，利用粉扑或花盘互相拼擦进行人工辅助授粉，每隔 3~4 d 进行 1 次，选择晴天上午 9：00~11：00，下午 16：00~18：00 为宜，阴雨天不可进行。防治虫鼠鸟害。播种前采用辛硫磷拌毒土撒入土壤防治地老虎、金龟甲等地下害虫，鼠害可用毒饵诱杀防治，鸟害以人工驱散为主。收获。油葵大部分叶片干枯凋落，上部茎秆和花盘背部变黄，舌状花冠脱落，籽粒变硬呈本色时收获。

五、小麦套种玉米间种大豆寄生菟丝子高效栽培技术

小麦套种玉米间种大豆寄生菟丝子四种四收是一项调整种植业结

构，增加复种指数，提高土地利用率，增加农民收入的高效种植模式。1999—2000 年在中宁县大战场乡五窑村 4 队示范，一般生产小麦 360 kg·666.7 m⁻²、玉米 520 kg·666.7 m⁻²、大豆 50 kg·666.7 m⁻²、菟丝子 60 kg·666.7 m⁻²，产值 1 700 元左右，经济效益显著高于小麦套种玉米。

1. 整地与施肥

精细整地。播种前打碾，镇压提墒，使土壤形成上虚下实，疏松绵软，无坷垃的良好播床。

重施底肥。根据宁夏小麦"胎里富"的特点和玉米高产喜肥以及大豆菟丝子共生期养分消耗量大的生长特点，遵循重施底肥，巧施追肥，氮、磷配合，小麦前重后轻（沙土应勤施少施），玉米、大豆前控后促的施肥原则，基施农家肥 4 500~5 000 kg·666.7 m⁻²、尿素 15 kg·666.7 m⁻² 或碳铵 40~50 kg·666.7 m⁻²、普磷 25~30 kg·666.7 m⁻²、钾肥 7~8 kg·666.7 m⁻²。

2. 适时早播，提高播种质量

（1）土壤处理　用 50% 辛硫磷乳油 500 ml·666.7 m⁻² 拌细土 30~500 kg，拌匀后结合耙地施入土壤，防止蛴螬等地下害虫危害。

（2）品种　春小麦品种选用宁春 4 号，玉米品种选用掖单 19 号，大豆选用中晚熟品种宁豆 1 号或晚熟品种洪引 1 号。

（3）种子处理　小麦种子用"全消拌种剂"及粉锈宁拌种，预防小麦全蚀病、白粉病、锈病等。玉米用包衣种子。

（4）确定合理的带比　采用 350 cm 带型宽幅套种，用 12 行播种机播 2 幅小麦，共 24 行，占地 260 cm，玉米带 90 cm，种植 3 行玉米。小麦行距 9 cm，每 6 行留 27 cm 通风行，3 个 27 cm 的通风行种植 3 行大豆，大豆行内点种菟丝子。

（5）适期早播　小麦在 3 月 5 日前地表解冻 10 cm 时开始播种。玉米、大豆在月平均气温稳定在 10℃（4 月 12~15 日）时播种。菟丝子在大豆子叶顶起土包出现缝隙时将种子点播在缝隙内。

（6）合理密植　小麦套种玉米间种大豆，小麦播种量

21~23 kg·666.7 m^{-2}、玉米播种量 1.5~2 kg·666.7 m^{-2}，保苗密度 3 000 株·666.7 m^{-2}、大豆播种量 6~7 kg·666.7 m^{-2}。

3. 加强田间管理

（1）小麦、玉米播后出苗前遇降雨应及时破除板结，以保全苗。

（2）小麦灌头水前及时人工除草，玉米 4~6 叶时及时进行间苗、定苗。

（3）小麦三叶一心时结合灌头水，追施尿素 10 kg·666.7 m^{-2}、碳铵 30 kg·666.7 m^{-2}，灌第二水时给小麦带再追施尿素 5 kg·666.7 m^{-2}。小麦灌水后，待地皮显白时及时给玉米带松土，以疏松土壤，增强根际土壤通透性，促使玉米根系发育，蹲好苗、蹲壮苗。

（4）玉米拔节期结合灌水追施尿素 10 kg·666.7 m^{-2}、碳铵 25 kg·666.7 m^{-2}。玉米在雌穗分化前（6 月 25 日~7 月 4 日），结合灌水，追施尿素 15 kg·666.7 m^{-2}，相隔约 10 d（7 月 16 日左右），玉米大喇叭口期结合灌水追施尿素 5~10 kg·666.7 m^{-2}。这个时期正是玉米迅速生长，雌穗形成的时期，这次追肥为玉米果穗的发育形成及籽粒灌浆创造了良好的营养条件。

（5）菟丝子出苗后产生吸盘时，结合灌水大豆追施尿素 5~7.5 kg·666.7 m^{-2}，促使大豆生长发育，为菟丝子提供足够的养分。小麦收获后结合灌水给大豆再追肥 2~3 次，防止大豆因缺肥早衰。

（6）小麦苗期用 40% 氧化乐果乳油 50 m·666.7 m^{-2} 兑水 50 kg，于 4 月上旬喷雾防治灰飞虱，预防小麦丛矮病。5 月中旬用三唑酮防治锈病。6 月上旬及时防治麦蚜。玉米螟防治，玉米心叶期，用 50% 辛硫磷乳油或 50%1605 乳油 70~100 g·666.7 m^{-2} 兑水 5 kg 拌土 1 kg 或细沙 4~5 kg，每株 2 g 灌心；穗期将 2% 杀螟松粉装入粗布袋中，当幼虫为害雌穗花丝时，向穗顶、苞叶撒施，杀死二代幼虫，或用 50% 敌敌畏 600~800 倍液喷果穗 2 次。6 月中旬用 40% 氧化乐果或快杀灵防治大豆蚜虫，6 月下旬每隔 7~10 d 用杀虫剂、杀螨剂交替使用，防治大豆红蜘蛛。

（7）小麦收获前，及时将寄生在大豆上生长过旺、缠绕严重的菟丝子藤丝挑断，防止大豆被缠死。菟丝子出现缺苗断垄时，人工辅助补苗，随意割一截菟丝子茎蔓缠绕在大豆上寄生，可补苗，但必须在灌水前一天或者灌水后立即进行。菟丝子开花时（7月）用铁耙将菟丝子茎蔓拉断，每拉断1个头就会开1朵花，结1个蒴果，可增加产量。

4. 适时收获

小麦蜡熟期及时抢收。玉米坚持完熟期收获。建议采用玉米籽粒出现"黑层"作为成熟收获的标志。"黑层"即玉米成熟时，籽粒胚芽顶部与果穗轴连接处出现的黑色斑，它标志着穗轴中的养分已不能输送给籽粒了，这时才是收获的适期。

菟丝子一般在9月份随大豆成熟时收获。收获时间以10：00时前为宜。收获后，待晒干后再打碾，否则，由于菟丝子种皮薄，湿压会将种皮挤破。

六、西瓜套种大豆寄生菟丝子栽培技术

宁夏石嘴山市平罗县河东地区日照时间长、太阳辐射强、昼夜温差大，年均日照时数 3 000 h 左右，无霜期 160~170 d，≥ 10℃以上活动积温 3 300℃左右，热量资源丰富。菟丝子是平罗县道地中药材作物，其种植模式有2种：一种是小麦套种大豆寄生菟丝子，另一种是西瓜套种大豆寄生菟丝子。2015年全县种植菟丝子面积 1 666.67 hm^2，在平罗县河东沙漠地区种植西瓜套种大豆寄生菟丝子面积达 400 hm^2。西瓜平均产量 6×10^4 kg·hm^{-2}，市场价格 1 元·kg^{-1}，产值 6×10^4 元·hm^{-2}；大豆平均产量 1350 kg·hm^{-2}，市场价格 5 元·kg^{-1}，产值 6750 元·hm^{-2}；菟丝子平均产量 1 350 kg·hm^{-2}，市场价格 20 元·kg^{-1}，产值 2.7×10^4 元·hm^{-2}。3 项合计产值 9.375×10^4 元·hm^{-2}，效益非常可观。

主要栽培技术：

1. 地块选择

所选地块需具备地势平坦、灌排方便、土壤肥沃、砂壤土、盐碱轻等特点。前茬以小麦、玉米等粮食作物为宜，不与瓜类、豆类作物连作

重茬。

2. 整地、施肥与起垄

整地。越冬前地块用机械深翻 20~30cm，并灌足冬水。早春旋耕，耙耱整平。

施肥。西瓜和大豆共生期长，需肥量大，必须施足基肥。结合秋深翻基施农家肥 7.5 万 kg·hm^{-2}，起垄前，基施磷酸二铵 150kg·hm^{-2}，尿素 150kg·hm^{-2}，复合肥 150kg·hm^{-2}。西瓜起垄后，在垄中间开沟基施磷酸二铵 150kg·hm^{-2} 尿素 100kg·hm^{-2}。

起垄。人工或机械起垄，总带宽 180cm，垄面宽 140cm，垄高 25cm，垄面采用 180cm 幅宽的地膜进行覆盖，在垄面种 2 行西瓜；垄沟宽 40cm，在沟内种大豆 2 行。

3. 品种选择

西瓜品种选用"沙漠 1 号""绿宝 3308""改良金城""黑美人"等鲜食外销品种；大豆品种选择"中黄 30 号""承豆 6 号""铁丰 35"等品种。

4 种子处理

温汤浸种。将晒过的西瓜种子放在 55℃ 的水中快速搅动 15min，然后再浸泡 12h。

药剂浸种。西瓜种子可用 40% 甲醛（福尔马林）200 倍液浸种 45min，或用 50% 多菌灵 500 倍液浸种 2h 或 75% 百菌清 600 倍液浸种 2h。

5. 播种

西瓜在谷雨（4 月 21 日）前后，当 0~10cm 土壤温度达到 15℃ 时播种；大豆在 5 月 20 日前后播种；菟丝子在大豆播种后出苗前播种，一般在 6 月 10 日前后结合西瓜灌水播种或雨后播种容易出苗。

6. 种植密度

西瓜。采用先穴播后覆膜方式播种，垄宽 140cm，每垄 2 行，种植行距 110cm，株距 60~80cm，1.3 万 ~1.8 万穴·hm^{-2}。

大豆。垄沟内种植 2 行大豆，种植行距 25 cm，播种量 120 kg·hm^{-2}，保苗 4.4 万株·hm^{-2}。

菟丝子。播种量 7.5~9 kg·hm^{-2}。

7. 田间管理

（1）查补苗　以保全苗、培育壮苗为中心。西瓜以保墒、增温、保苗为重点，5 月上旬，将地膜打眼放风并进行田间除草，当西瓜真叶展开时定苗。大豆出苗后结合中耕除草尽早补苗、补芽或补种，并及时间苗、定苗。

（2）追肥　西瓜追肥以氮肥为主，磷肥和钾肥在起垄前作为基肥一次性施足，中后期不再追施。大豆开花前施肥和灌水以主攻西瓜为主。大豆开花结荚期为争取花早、花多，防止花荚脱落，封垄前及时除草，看苗酌情进行肥水管理。弱苗分枝期或初花期适当追肥，壮苗不追肥，防止徒长，一般追施尿素 150~225 kg·hm^{-2}。大豆开花结荚期叶面喷施磷酸二氢钾和硼、钼等微肥 2~3 次。

（3）灌水　西瓜幼苗期需水较少，一般不灌水；团棵期灌催蔓水，小水缓灌，浸润土壤；膨果期结合灌水，撒施膨瓜肥，缓慢灌水浸透土壤为止。大豆花荚期和鼓粒期及时灌水，攻花保荚，促进养分向籽粒转移，增加有效荚数，促进籽粒饱满，增加粒重。

（4）整枝　西瓜采用双蔓整枝，西瓜 5 片真叶时，进行打头。5 片真叶的叶腋各长出 1 条子蔓，选留第二片和第四片真叶的子蔓，其余的子蔓全部打掉。西瓜生长过程中采用压蔓方式，调节营养生长和生殖生长，利于坐瓜和果实的生长。

8. 病虫害防治

（1）西瓜蔓枯病　用 70% 甲基硫菌灵 1 000 倍液或 75% 百菌清 600 倍液，或 70% 代森锰锌 500 倍液，或 50% 扑海因 100 倍液或 50% 硫悬浮剂 300 倍液在生长前期喷洒 2~3 次防治。

（2）西瓜枯萎病　采用 80% 菌霸 500 倍液或 50% 甲基托布津托 500 倍液灌根防治。

（3）西瓜白粉病　发病初期用15%庄园乐200倍液、6%乐必耕1000倍液及40%杜邦福星8000倍液喷雾防治，每10d喷施1次，连喷2~3次。

（4）西瓜细菌角斑病　用77%可杀得400倍液或农用链霉素2000倍液喷雾防治。

（5）西瓜霜霉病　用75%百菌清可湿性粉剂600倍液或70%代森锰锌可湿性粉剂600~800倍液或25%瑞毒素可湿性粉剂800~1000倍液喷雾防治。

（7）大豆根腐病　发病初期用70%甲基托布津可湿性粉剂500倍液灌根防治。

（8）豆荚螟　用2.5%溴氰菊酯乳剂或10%吡虫啉2500倍液喷雾防治。

（9）白粉虱、斑潜蝇及瓜蚜　用1.8%阿维菌素乳油3000~4000倍液，或3%啶虫脒1500倍液，或10%一遍净3000倍液等喷雾防治，连喷2~3次。

（10）红蜘蛛　用齐墩螨素乳剂800倍液喷雾防治。

9. 适时收获

（1）西瓜收获　6月底7月上旬，根据市场行情、销售地点确定是否采收。当西瓜果面花纹清晰、具有光泽，脐部、蒂部略有收缩，果柄茸毛变少，坐瓜节位的卷须枯焦一半以上，果实用手指弹声音沉稳、稍浑浊时可采收上市。

（2）大豆收获　10月上旬，当大部分大豆叶片脱落，茎和荚全部变黄，籽粒开始复原与荚皮脱离，呈现品种固有色泽时为大豆适宜收获期，应及时收获。

（3）菟丝子收获　当菟丝子的硕果有50%以上变深褐色，30%以上变黄，10%~20%由绿变黄时为收获适期，一般在9月20日前后。小面积收获可人工拔起后集中晾晒脱粒；大面积收获可使用稻麦收割机，但要降低割茬，调慢脱粒滚筒转速，调小风速，以免漏割、打烂豆粒、鼓风机吹走菟丝子蒴果造成损失。

七、胡麻套种大豆高产高效种植模式研究

宁夏南部山区固原北部清水河中游地区，光能资源丰富，一年种植小麦或胡麻一茬作物光温资源有余，种两茬光温不足。近年来，杜守宇等研究人员进行了胡麻套种玉米或套种马铃薯试验，买自珍等研究人员进行了小麦套种大豆试验，研究结果表明，大力发展立体复合种植，增产效益十分显著。为此，我们研究了适宜于该生态区气候条件的胡麻套种大豆不同带比试验，以寻求胡麻与大豆最佳套种模式，为宁南山区发展高产、优质、高效农业探索出一条新途径。

1. 试验区的概况

试验地选在宁南山区固原北部清水河中游地区的头营镇农科村，川水地，地势平坦，土壤为黑垆土，土壤肥力中等，具有库灌、井灌条件。该区光能资源丰富，年日照百分率57%，年平均气温7.5~8.0℃，≥10℃活动积温2 500~3 100℃，全年热辐射量在534.1~565.0 kJ·cm^{-2}，年均降水量380~450 mm，无霜期150~160 d。前茬作物为春小麦。播前测定0~20 cm土壤养分，土壤有机质1.16%、全氮0.087%、全磷0.079%、全钾2.10%、水解氮88.9 mg·kg^{-1}、速效磷206 mg·kg^{-1}。

2. 材料与方法

试验设5项种植模式：A为1∶1带型，B为2∶1带型，C为3∶1带型，D为胡麻单种，E为大豆单种。3种立体复合种植模式种植规格：A、B、C胡麻带宽均为90 cm，种7行，每小区胡麻种3带；大豆带宽分别为90 cm种2行，带宽45 cm种1行，带宽30 cm种1行，每个小区种大豆2带。A、B、C处理小区面积分别为27 m^2（6.0 m×4.5 m）、21.6 m^2（6.0 m×3.6 m）、19.8 m^2（6.0 m×3.3 m），D胡麻单种小区面积16.2 m^2（6.0 m×2.7 m），种21行；E大豆单种小区面积16.2 m^2（6.0 m×2.7 m），种6行。试验采用随机排列，3次重复。作物成熟期分小区收获种子（立

体复合种每小区两边的作物各 1/2 宽度单收不计产量，以减除边际效应的影响），其余两播幅单收，按实际收获面积折算产量。干物质用烘干法测定，80℃烘至恒重称重。叶面积采用网格纸绘图法测定。

供试品种。胡麻为宁亚 10 号，大豆为黑龙 32 号。胡麻 3 月 31 日抢墒播种，每 666.7 m² 播种有效粒数 65 万粒。大豆 4 月 6 日抢墒播种，每 666.7 m² 播种有效粒数 4 万粒。大豆 5 月 29 日间苗，每 666.7 m² 留苗 2 万株。田间管理同大田。

3. 效益分析

（1）产量结果分析　由表 3-20 可知，胡麻大豆套种不同带型胡麻处理中以 2：1 带型产量最高为 2 202.0 kg·hm⁻²，1：1 带型产量最低为 1 615.5 kg·hm⁻²，2：1 带型处理比 1：1 带型增产 36.31%；大豆处理中以 2：1 带型产量最高为 1 015.5 kg·hm⁻²，3：1 带型产量最低 465.0 kg·hm⁻²；折合混合产量 2：1 带型 3 202.5 kg·hm⁻²，居第一位，比 1：1 型和 2：1 型分别增产 21.72% 和 26.41%；比胡麻单种增产 36.95%，比大豆单种增产 96.59%。不同带型产量结果经方差分析处理间产量差异均达显著水平。

作物套种系统结构单元的生产优势是指各单元作物对整体混合产量的贡献率，其计算公式：$A=ni/N$，ni 为各单元作物的产量，N 为整体混合产量。不同幅宽作物优势度差异明显，胡麻对混合产量的贡献率明显高于大豆。套种中胡麻不同幅宽生产优势度为 0.614 0~0.836 9，中幅处理优势度为 0.836 9，明显高于宽幅和窄幅；大豆优势度为 0.176 7~0.385 9，其与幅宽间的变化关系呈显著正相关，生产优势度随着幅宽变窄而降低（见表 3-15）。

表 3-15　胡麻大豆套种不同带型产量结果及差异显著性测验

处理	胡麻产量/(kg·hm^{-2})	差异显著性 5%	1%	处理	大豆产量/(kg·hm^{-2})	差异显著性 5%	1%	处理	混合产量/(kg·hm^{-2})	差异显著性 5%	1%	增产/% 单种胡麻	大豆产量
单种胡麻	2 338.5	a	A	大豆单种	1 629.0	a	A	2∶1	3 202.5	a	A	36.95	96.59
2∶1	2 202.0	ab	A	1∶1	1 015.5	b	B	1∶1	2 631.0	b	B	12.51	61.51
3∶1	2 068.5	a	A	2∶1	1 000.5	b	B	3∶1	2 533.5	b	B	8.33	55.52
1∶1	1 615.5	c	B	3∶1	465.0	c	C	胡麻单种	2 338.5	c	B		
								大豆单种	1 629.0	d	C		

（2）经济效益分析　胡麻大豆不同带型套种经济效益列于表 3-21，纯收入以 2∶1 带型处理最高 7 276.08 元·hm^{-2}，1∶1 带型 5 315.91 元·hm^{-2}次之，3∶1 带型 4 555.92 元·hm^{-2} 最低。其中 2∶1 带型较胡麻单种纯收入提高 32.31%，经济产投比为 3.84∶1，产投比提高 0.68∶1，较大豆单种提高 303.21%，经济产投比提高 1.89∶1，经济效益十分显著。（见表 3-16）

表 3-16 胡麻套种大豆经济效益比较

处理		产量 /（kg·hm⁻²）				总收入	总成本	纯收入	产投比
		胡麻		大豆					
		籽粒	秸秆	籽粒	秸秆	/（元·hm⁻²）			
胡麻大豆套种	2：1	2 202	3 040.5	1 000.5	1 531.5	9 840.18	2 564.1	7 276.08	3.84：1
	1：1	1 615.5	2 368.5	1 015.5	1 551	7 889.76	2 573.85	5 315.91	3.07：1
	3：1	2 068.5	3 102	465	853	7 115.52	2 559.6	4 555.92	2.78：1
单种胡麻		2 338.5	3 508.5	—	—	8 044.56	2 545.35	5 499.21	3.16：1
单种大豆		—	—	1 629	2 238	3 705.6	1 901.1	1 804.5	1.95：1

注：胡麻籽粒 3.2 元·kg⁻¹，大豆籽粒 2.0 元·kg⁻¹，胡麻秸秆 0.16 元·kg⁻¹，大豆秸秆 0.2 元·kg⁻¹，尿素、磷酸二铵国家标价。

（3）生态效益分析 胡麻套种大豆能够充分利用生态资源。在作物生长期内（见表 3-17），套种田生理辐射、有效积温、日照、降水利用率分别达作物生长期 71.94%、93.12%、72.29% 和 65.91%，比胡麻单种依次提高 24.48%、35.29%、17.32% 和 53.24%，比大豆单种依次提高 5.33%、1.79% 和 2.12%。

表 3-17 胡麻、大豆套种与单种光、温、水资源利用比较

项目	太阳辐射 /（kJ·cm⁻²）		≥ 10℃ 有效积温 /℃	降水量 /mm	日照时数 /h	降水利用率 /%
	总辐射	生理辐射				
全年	517.45	283.82	—	355.40	2 315.80	—
作物生长期	309.45	154.70	1 155.50	333.20	1 385.20	—
胡麻大豆套种总量	222.53	111.29	1 076.00	219.60	1 070.60	—

续表

项目	太阳辐射 /（kJ·cm^{-2}）		≥ 10℃有效积温/℃	降水量/mm	日照时数 /h	降水利用率/%
	总辐射	生理辐射				
胡麻大豆套种总量	（43.00）	（43.02）	—	—	（46.23）	（61.79）
	[71.91]	[71.94]	[93.12]	—	[72.29]	[65.91]
胡麻单种总量	178.78	89.39	795.30	143.30	85.36	
	（34.54）	（34.55）	—	—	（36.86）	（40.32）
	[241.87]	[241.91]	[68.83]	—	[61.62]	[43.01]
大豆单种总量	211.27	99.31	1 057.50	219.60	980.60	
	（40.83）	（38.39）	—	—	（42.34）	（61.79）
	[68.27]	[64.19]	[91.48]	—	[70.79]	[65.91]

注：圆括号中数据为相关指标占全年的百分比，单位为 %；方括号中数据为相关指标占作物生长期的百分比，单位为 %。

改善了田间通风和 CO_2 供给状况，调节温、湿度，有利于发挥边行优势。胡麻是光补偿点较高的阳性植物，又是 CO_2 补偿点较高的 C_3 植物。胡麻大豆套种改变了作物田间群体结构，使作物复合群体内温度、湿度、光照强度得到了改善，有利于作物生长（见表 3-23）。据测定，不同套种带型套种胡麻田距株高 20 cm 处透光率比单种胡麻高7.8%~7.9%；10：00 时温度高 1.8~2.5℃，16：00 时温度低 1.2~1.5℃；湿度降低 2.1%~4.0%；风速高 0.12~0.38 m·s^{-1}。田间生态条件的改善，特别是光照强度和 CO_2 浓度的提高，改善了两作物的生理机能和生长发育状况，使呈带状种植的胡麻形成生育优势，且愈靠边行优势愈明显，充分发挥边行优势的增产作用。据测定，胡麻套种大豆种植模式胡麻带边行与单种胡麻相比，边行明显优于单种。开花期单株干重 1.3 g，比单种增加 0.89 g，单株叶面积 51.4 cm²，比单种增加 24.39 cm²，叶面积系数（LAI）为 4.76，比单种增加 2.72，株高增加 5.1 cm，工艺长度增加 4.1 cm，有效结果数增加 2.9 个，果粒数增加 0.4 粒，千粒重高 1.4 g，单株产量高 0.38 g。

提高了光能利用率和投能效益。能量计算按王立祥编著的《农业生产与农业生态系统》计算，胡麻套种大豆由于两种作物的株型差异明显，一高一矮，胡麻株型紧凑，大豆分枝中等，使套种田的胡麻带边行形成通风透光的"走廊"，农田群体构型呈多向双层立体结构，从而增大了作物群体的受光面积，不但能吸收直射光，还能吸收散射光，增强了透光率，从而提高了光能利用率。同时单位面积上的光合叶面积增加和光合作用时间延长，使套种田的能量产投比均高于单种田。（见表 3-18）其中 2：1 型套种田光能利用率为 0.56%，比单种胡麻提高 7.69%，比单种大豆提高 93.10%，能量产投比为 4.37：1。

表 3-18　胡麻大豆立体复合种植与单种能量转化效率

项目		生物学产量 / (kg · hm⁻²)		产出能 / (×10⁴kJ · hm⁻²)			合计投入能 / (×10⁴kJ · hm⁻²)	光能利用率 /%	产投比
		籽粒	秸秆	籽粒	秸秆	合计			
大豆套种	1：1	2 631.0	3 919.5	4 681.67	5 743.5	10 425.1	2 811.6	0.47	3.70：1
	2：1	3 202.5	4 572.0	5 696.56	6 698.9	12 395.4	2 836.6	0.56	4.37：1
	3：1	2 533.5	3 955.5	4 507.9	5 796.2	10 329.3	2 851.5	0.46	3.61：1
胡麻单作		2 338.5	3 508.5	4 160.8	5 141.0	9 302.2	2 732.2	0.52	3.40：1
大豆单作		1 629.0	2 238.0	2 898.5	3 279.5	6 178.0	3 049.9	0.29	2.02：1

注：农作物秸秆：14 650 J/kg，籽粒 17 790 J/kg，氮 9 210 J/kg，磷 13 350 J/kg，油渣 33 490 J/kg。

提高土地资源利用率，有利于发挥土地生产力。土地当量比是判断套种是否优于单种土地利用程度的可比性指标。胡麻套种大豆不同带型土地利用程度不同，经计算 2：1 带型土地当量比 1.592，即每 666.7 m²

套种田的产量可达到单种 1061.86 m² 的产量，土地利用率提高 59.2%。

发挥豆茬优势，实现了土地用养结合的农田带状轮作。作物收获后，测定 0~20 cm 耕层土壤含氮量，胡麻大豆套种田土壤含有机质 10.3 g·kg⁻¹，全量氮 0.68 g·kg⁻¹，碱解氮 22.6 mg·kg⁻¹，比胡麻单种土壤有机质增加 0.3 g·kg⁻¹，全量氮增加 0.01 g·kg⁻¹，碱解氮增加 1.3 mg·kg⁻¹。结果表明，胡麻套种大豆，由于大豆根瘤菌能固定空气中的氮素，一般可固氮 52.5~150 kg·hm⁻²，使土壤中含氮量提高，同时，大豆收获时叶大量脱落，归还于土壤，培肥地力，实现了土地用养结合。

减少了土壤蒸发和水土流失。胡麻套种大豆后 90 cm 带型由单种胡麻种 6 行变为种 7 行，行距由 15 cm 变为 12.5 cm，这样不仅增加了地面覆盖度，而且延长了田间隐蔽期，因而能减少土壤蒸发和水土流失，具有保水、保土作用。

4. 小结

试验研究结果表明，胡麻套种大豆能够充分利用光、热、水资源，具有保土、保水作用，防止水土流失；胡麻大豆带状轮作，用养结合，培肥土壤，提高了土地利用率，实现了经济、生态、社会效益。

胡麻套种大豆试验研究套种带型以 2∶1 型为好，即胡麻带宽 90 cm，种 7 行，大豆带宽 45 cm，种 1 行。2∶1 型产量为 3 202.5 kg·hm⁻²，比胡麻单种增产 36.95%，比大豆单种增产 96.59%；光能利用率比单种胡麻提高 7.69%，比单种大豆提高 93.1%，能量产投比为 4.37∶1；纯收入 7 276.08 元·hm⁻²，较胡麻单种提高 32.31%，较大豆单种提高 303.21%，经济产投比为 3.84∶1；土地利用率提高了 59.2%；为增加农民经济收入开创了一条新途径。

八、制种菠菜套种大豆高产栽培技术

大豆是重要的经济作物和高蛋白粮饲兼用作物，在国家粮食安全中占有重要地位。宁夏引黄灌区光热资源丰富，土壤肥沃，排灌方便，无霜期长，农业自然资源配置较好，优越的自然条件为制种菠菜套种大豆提供了有利条件。

制种菠菜套种大豆是一种生态友好型的种植模式，不但采收了菠菜种子，还可以收获一季大豆，有效提高了土地利用率、土壤养分和水分利用率，丰富了土壤微生物的多样性，提高了单位面积的产出效率。但是，生产上存在种植技术不规范，播量大、株距小、密度大，大豆生长后期易倒伏等问题，从而使得制种菠菜套种大豆栽培模式中，大豆的协调增产功能未能充分有效发挥。为了提高制种菠菜套种大豆的经济效益，促进农民增产增收，国家大豆产业技术体系银川综合试验站开展了制种菠菜套种大豆试验研究，总结了制种菠菜套种大豆高产栽培集成技术，增加了制种菠菜套种大豆的综合经济效益。

1 栽培技术关键

（1）整地施肥　2月下旬至3月初结合春耕耙耱整地进行基施肥，一般基施尿素 $10\,kg\cdot666.7\,m^{-2}$，施磷酸二铵 $25\,kg\cdot666.7\,m^{-2}$，氯化钾 $10\,kg\cdot666.7\,m^{-2}$，施肥后及时耙耱整地。

（2）品种选择　制种菠菜选择抗病、高产、抗逆性强、商品性好的品种，如：日本春秋大叶菠菜、沈阳大叶菠菜和尖叶菠菜等；大豆品种选择广适应、抗倒伏、生育期适中的优质高产品种，如：宁黄248、中黄30、承豆6号等春大豆品种。

（3）种子处理　大豆播种前用根瘤菌剂拌种，每 $10\,kg$ 大豆种子拌大豆根瘤菌剂 $150\,ml$，随拌随用，种子阴干即可播种。

（4）适期播种　菠菜用机械在3月10~20日择期播种，播深3~4cm，播种量 $1.0~1.5\,kg\cdot666.7\,m^{-2}$；大豆于4月25日~5月10日用手推顶箱滑道式播种机择期精量播种，播深3~4cm，播种量 $3~4\,kg\cdot666.7\,m^{-2}$；菠菜匀行种植，行距50~60cm，行内套种1行大豆，大豆距离菠菜25~30cm；或菠菜宽窄行种植，窄行距30cm，宽行距60~70cm，宽行内套种2行大豆，大豆行距30cm，大豆距离菠菜20cm；大豆株（穴）距13cm左右。

（5）田间管理

田间管理以菠菜为主。

镇压保墒。菠菜播种后对土壤墒情差的田块要及时镇压保墒。

间苗、定苗。4月下旬及时中耕除草，破除土壤板结；当菠菜有4~5片叶时及时间苗，间隔7~8 d进行第二次间苗、定苗；结合间、定苗及时拔除病株、弱株和杂株，根据株型大小，确定留苗密度。

灌水追肥。菠菜全生育期一般灌水2次，当菠菜长有6~8片真叶时灌第一水，结合灌水追施尿素10~15 kg·666.7 m^{-2}，长势弱的田块第一次追肥后15 d左右再追施尿10~15 kg·666.7 m^{-2}。

拔杂去雄。5月中下旬菠菜雄花初花期集中拔除部分绝对雄株、病株、弱株以及一部分营养雄株和抽薹过早的雌株，预留雄株数量不宜过大；选叶簇密集、叶肉肥厚、抗寒、品质好以及农艺性状符合制种品种特征特性的植株留种采籽。

化控防倒。大豆初花期及分枝期喷施100 mg·L^{-1} + 大豆盛花期喷施150 mg·L^{-1} 5%烯效唑可湿性粉剂化控防倒。

防治病虫害。防治金针虫、地老虎等地下害虫宜选用毒死蜱或辛硫磷颗粒剂等农药；防治菠菜白粉病选用15%的粉锈宁可湿性粉剂1000倍液，或40%多硫胶悬剂800倍液喷雾；防治蚜虫选用40%的毒死蜱乳油600倍液，或50%避蚜雾可湿性粉剂2000倍液喷雾；防治大豆红蜘蛛选用克螨特等农药喷雾；防治大豆食心虫选用菊酯类农药喷雾。

（6）适时收获　菠菜一般6月中下旬趁早晨露水未干时收获，堆放3~5 d进行后熟，晒到六成干时碾压脱粒，晒干后清选即可销售；9月下旬大豆成熟后及时收获。

2. 生产示范效果

据生产调查研究分析，制种菠菜套种大豆复合种植比单种菠菜多收大豆260 kg·666.7 m^{-2}，增收1014元·666.7 m^{-2}（大豆按市场价3.9元·kg^{-1}计算），菠菜籽平均产量165 kg·666.7 m^{-2}，增产增收增效示范效果显著。2015年石嘴山市惠农区制种菠菜套种大豆500亩，制种菠菜

采收种子平均产量 $160\,kg\cdot666.7\,m^{-2}$，大豆平均产量 $265\,kg\cdot666.7\,m^{-2}$。2016 年平罗县制种菠菜套种大豆 $800\times666.7\,m^2$，制种菠菜采收种子平均 $165\,kg\cdot666.7\,m^{-2}$，大豆平均产量 $255\,kg\cdot666.7\,m^{-2}$。

九、宁南山区小麦套种大豆栽培技术

小麦套种大豆是近几年宁夏同心县农技人员和广大农民群众在种植业结构调整中不断试验、示范总结出的一项低投入、高产出、高效益的立体复合性种植技术，也是一种用地和养地相结合的生态型套种模式，它能充分利用光、热、水、气、肥等自然资源，是提高农田产出及经济、生态效益的有效途径。2005 年在同心县扬黄灌区推广应用该模式的示范结果表明，小麦平均产量为 $5\,484\,kg\cdot hm^{-2}$、大豆产量为 $3\,634.5\,kg\cdot hm^{-2}$，总产值（按当地市场价格春小麦 1.76 元 $\cdot\,kg^{-1}$、大豆 2.8 元 $\cdot\,kg^{-1}$ 计算）达到 19\,828 元 $\cdot\,hm^{-2}$，扣除投入（包括灌水、肥料、种子等）$4\,500$ 元 $\cdot\,hm^{-2}$，纯收入达 15\,328 元 $\cdot\,hm^{-2}$，较当地单种小麦纯收入 $7\,290$ 元 $\cdot\,hm^{-2}$ 增加 $8\,038$ 元 $\cdot\,hm^{-2}$，经济效益十分显著。2006 年该示范区小麦套种大豆的面积已发展到 $2\,333.3\,hm^2$。现将其栽培技术要点介绍如下。

1. 整地、施肥

前茬作物收获后及时整地，打埂围畦，并在适耕期内深耕灭茬，耕深 $20\sim25\,cm$。11 月上旬灌足灌透冬水，冬灌后发现地面有裂缝时耱地保墒，早春顶凌耙耱 $1\sim2$ 次，并进行镇压，做到地平土碎、上虚下实、田间无梗茬杂物。基肥力求多施农家肥，增施磷肥，提倡氮磷搭配，秋季结合深翻基施优质农家肥 7.5 万 $kg\cdot hm^{-2}$、碳酸氢铵 $750\,kg\cdot hm^{-2}$、普通过磷酸钙 $450\,kg\cdot hm^{-2}$。播种时磷酸二铵作种肥，小麦种植带施 $150\,kg\cdot hm^{-2}$、大豆种植带施 $45\sim75\,kg\cdot hm^{-2}$，也可将种肥于播种前整地时一次性用木耧或播种机施入。

2.选用良种

小麦选择早熟、抗倒伏、丰产的优良品种宁春4号、宁春14号，大豆选用中、晚熟、茎秆直立、不易裂荚落粒、丰产性好的高产抗病虫优良品种晋豆4号、8033混、铁丰8号、宁豆4号等。

3.适时播种

中部扬黄灌区小麦应于3月上旬适期早播，并预留大豆带；大豆可适当推迟到4月10日前后播种，即小麦苗齐、苗全后开始播种大豆，力争小麦灌头水时大豆能全苗。小麦采用12行穴播机播种，总带宽180cm，其中小麦带净宽120cm种12行，大豆采用2行穴播机播种，播种带宽60cm种2行，穴距30cm。小麦播种量270~300kg·hm^{-2}，大豆播种量150kg·hm^{-2}，保苗密度10.5万~12.0万株·hm^{-2}。

4.田间管理

（1）松土、除草 小麦播种后到出苗前遇雨要及时破除板结松土，苗期发现杂草要及时清除，培育壮苗。小麦收获后以大豆管理为中心，促进大豆生长发育，此时因水肥条件较好，田间容易滋生杂草，应随时人工清除大草。

（2）肥水管理 小麦套种大豆一般需要灌水5~6次。4月下旬大豆幼苗出齐后及时灌头水，结合灌水追施尿素150kg·hm^{-2}，促使小麦生长发育，为高产打好基础；5月上中旬小麦孕穗期灌第二水，结合灌水追施尿素75kg·hm^{-2}；6月中旬灌第3水；小麦收割前7d灌第4水；7月中旬结合灌水追施磷酸二铵75kg·hm^{-2}；8月中旬灌第6水，促进大豆增花保荚。

5.病虫害防治

小麦病害主要是黑穗病，用50%多菌灵可湿性粉剂，或70%甲基托布津可湿性粉剂，以小麦播种量的0.1%~0.3%拌种堆闷24h后播种。小麦的其他病害主要有锈病、白粉病，当小麦条锈病普遍率（病叶率）达2%左右时，采用12.5%禾果利可湿性粉剂450g·hm^{-2}兑水750kg喷雾防治。小麦白粉病，抽穗前病叶率达20%，抽穗后上部三片叶病叶率达 10% 时，可采用 12.5% 禾果利可湿性粉剂 450g·hm^{-2} 或 25% 百里通可湿性粉剂 1050g·hm^{-2} 兑水 750kg 喷雾防治。

小麦的害虫主要有蚜虫、黏虫，若蚜虫在拔节期百株蚜量达 5 头、孕穗期百株蚜量达 50 头、抽穗期百株蚜量达 250 头时，可分别用 10% 吡虫啉可湿性粉剂 450g·hm^{-2}，或 3% 啶虫脒水剂 750ml·hm^{-2} 兑水 750kg 喷雾防治；黏虫发生时可用 90% 敌百虫乳油 800~1000 倍液喷雾防治。

大豆的害虫主要是红蜘蛛，危害始期可用 1.8% 阿维菌素乳油 2000~3000 倍液，或 20% 哒螨灵可湿性粉剂 1500~2000 倍液喷雾防治，要求药液均匀喷在叶片背面，每隔 7d 喷 1 次，连喷 2~3 次。

6. 适时收获

7月上中旬小麦蜡熟后期应及时收割，防止落粒；大豆收获应掌握在叶片大部分脱落，豆荚变为褐色，荚粒摇动有响声时及时进行。

十、干旱风沙井灌区地膜西瓜套种胡萝卜和大豆试验

干旱风沙井灌区水资源缺乏，农业的根本出路在于节水。盐池县城郊乡四墩子行政村从"七五"以来的定位观测资料表明，地下水静水位由开采前期的 29m 下降至现在的 42m。在该示范区采用了低压输水管道灌溉和调整作物种植结构的立体复合栽培技术。其中，下王庄自然村农民 1996 年秋自己投资开发荒漠草原，配套机井 3 眼，耕翻后按规划设计全部采用低压输水管道灌溉（平均节水节电 30%~45%，使输水损失由土渠的 57% 降低到 3% 左右。渠道占地面积由传统灌溉方式的 15% 降低到 5%，单井扩灌面积提高 50%），1997 年和 1998 年春分别平整成小畦，种植地膜西瓜套种胡萝卜和大豆。

1. 自然概况

盐池县中北部地区的城郊乡四墩子行政村，属黄土高原向鄂尔多斯台地的过渡带。海拔 1380~1600m，年平均气温 7.7℃，≥0℃的年活动积温 3430.3℃，≥10℃的年活动积温 2944.9℃，年平均降水量

289.4 mm，年蒸发量 2 131.8 mm，年日照时数 2 867.9 h，无霜期 162 d。地貌为缓坡丘陵。地带性土壤为灰钙土和风沙土，质地砂壤和粉沙，有机质含量 0.5%~1.0%，pH7.5~8.5，地下水埋深在 10~40 m 之间。

2. 研究内容和方法

（1）选地与整地　试验地选在四墩子行政村王庄自然村，农民 1996 年秋自己投资开发的荒漠草地 15.6 hm²，新打井 3 眼，采用低压管道输水灌溉，土壤为没有盐碱的风沙土，平成小畦，使小畦中间高约 10 cm 成为垄形且尽量水平。畦宽（不包括畦埂占地约 20 cm）180 cm，长 20 m。

（2）品种选择　西瓜：1997 年春选用新疆昌吉五家渠西甜瓜研制中心培育的 P2（金花宝）杂交一代种子；1998 年春选用由西北农业大学育成、合肥丰乐种业股份有限公司生产的高产、优质、抗病、耐重茬的杂交一代种子。胡萝卜：选用农户自己留种采收的胡萝卜种子。大豆：选用农户自己每年收获的黑乌豆种子。

（3）播种

①西瓜种子处理。将西瓜种子放入 55℃ 左右温水中浸泡，开始不断搅拌，当水温降至室温时为止，并浸种 12 h。将种子表面黏液搓洗掉后置于 30℃ 恒温条件下催芽 2~3 d，当种胚刚吐白或伸长到 4.5 mm 左右时便可播种，且最好在晴天上午播种。早春气温下降或天阴时一般不宜催芽播种，以防烂种不出苗。

②播种时间、方法和密度。西瓜。播前将整好的畦提前灌水，于 4 月 25 日到 5 月初播西瓜种子，方法是按行株距 40 cm × 150 cm~50 cm × 150 cm，畦内按行（中间一行播空）挖穴播种，穴的直径为 10 cm，深 8 cm，穴内要求土壤细碎，在穴内播 2 粒西瓜种子，并稍加镇压盖土。然后将 180 cm 宽地膜在畦两边靠畦埂开沟，同时埋入沟内 5~10 cm，覆盖好地膜。

黑乌豆。西瓜种子播完后即可在畦埂上按株行距 10 cm × 15 cm 插空穴播两行黑乌豆，每穴 5 粒。

胡萝卜。西瓜窝穴点播法：5 月下旬至 6 月上旬，在给西瓜穴施基肥磷酸二铵 225 kg·hm^{-2} 时，围好瓜苗（即除瓜穴中杂草用土压穴坑使西瓜苗到膜外露地生长）后即可在穴内播胡萝卜种子，每穴 10 粒左右，并浅覆土。

地膜破洞点播法：6 月中下旬，即在西瓜伸蔓期或开花结瓜时或果实膨大时，在地膜上破洞，待灌水后土壤湿润，以株行距 20 cm × 20 cm，在所破洞内点播胡萝卜种子（7 月上中旬，在地膜上以株行距 40 cm × 60 cm 破洞可点播大白菜种子等，这时西瓜不灌水，下雨后在破洞内点播或在地膜上灌水后在所破洞内点播），每穴 10 粒左右，并稍覆土。

（4）田间管理　补苗。西瓜种子霉烂或虫害等造成缺苗时，及时采取浸种催芽措施补种、补苗，土壤湿度不足时，先在穴内浇水后补苗。瓜苗近膜时，开"十"字小孔透气，当能正常生长时，让瓜苗全部挪出露地生长。当瓜苗长到 6 片真叶时，每穴保留 1 株健壮的幼苗，此时可进行追肥，最晚在伸蔓开始时，距瓜苗根际处 20~30 cm 用瓜铲开深 20 cm 左右的沟施入肥料（也可用追肥枪施），磷酸二铵 225 kg·hm^{-2} 和尿素 120 kg·hm^{-2} 混合施入后及时进行灌水。西瓜苗期一般不灌水，若土壤过于干旱时可小水浇灌一次。一般在伸蔓期内灌第一次水，开花结瓜时灌第二水，果实膨大时灌第三次水，以后土壤不干旱则不宜灌水。灌水时切忌水淹瓜蔓和瓜根颈部位，不可淹瓜畦。采用双蔓整枝或不整枝，瓜蔓每隔 35 cm 左右压土块，使其均匀分布在地膜上，若影响通风透光则需整枝。当西瓜坐瓜后，长到约 0.5 kg 就不压蔓了。

黑乌豆生长期间要中耕，第一次在幼苗长出真叶后，深度宜浅，以免伤根；第二次在 4~5 片真叶时进行深中耕，促进根系发育；第三次在株高 15~20 cm 时进行，以疏松土壤，消灭杂草；胡萝卜出苗后约 4 cm 高时人工用手除去杂草，并拔掉过密和有病的幼苗，第二次在苗高 7 cm 时进行除草，每穴定苗 3 株，苗距尽量远一些。

病虫害防治西瓜主要是防治地老虎、蚜虫、枯萎病、炭疽病等。在播种西瓜前可用 75% 辛硫磷 1500 倍液先滴洒穴坑后用土覆盖再播西瓜种子，以便防治地下害虫。用1500倍氧化乐果或1000倍的避蚜雾喷洒防治蚜虫。用1000倍的瓜枯宁或50%可湿性甲基托布津或50%代森铵800倍液或50%可湿性多菌灵500倍液喷洒防治西瓜枯萎病及炭疽病。发现西瓜叶片上有病虫时应及时摘除病虫叶片并深埋，每隔7d喷洒1次，连续2~3次，同时可加0.3%的磷酸二氢钾等进行叶面追肥。发现西瓜叶蔓有枯萎迹象时，应在晴天中午在瓜根附近挖穴露出根颈灌药，暴晒2天后埋土围好。喷洒药剂时间一般在10：00前和16：00后。防治西瓜蚜虫时对黑乌豆也可喷洒药剂防治虫害。

（5）采摘收获。西瓜成熟前10d，于晴天中午把毛巾浸入配好的200 mg·kg^{-1}乙烯利液中擦洗西瓜并翻动可促使西瓜提早成熟7d左右。采收的成熟度由销售市场决定，若长途运输以八成熟的瓜为宜，采收时应将果柄保留在西瓜上，采收前不能浇水，采收时间应选择晴天的清晨或傍晚。最早成熟的西瓜上市在7月下旬至8月上旬，8月下旬至9月上旬全部清园，将各户记载销售的产量、价格进行统计；拉去瓜秧后，及时给胡萝卜灌水，同时追施尿素225 kg·hm^{-2}，天转凉可增加灌水次数，10月下旬收获胡萝卜，将各户记载的产量、价格进行统计；黑乌豆在叶片脱落，豆荚干燥，植株摇动时发出轻微的响声及时收获，再将各户产量和售价进行统计。

3. 结果及分析

（1）投资费用 我们将各户的投资费用统计后列于见表3–19。

表3–19 投资费用

项目	数量/hm^2	投资/（元·hm^{-2}）	金额/元
机井配套上电	3眼	35 000.0	105 000.0
铺设低压管道	15.6	2 498.0	38 968.8
种子	15.6	510.0	7 956.0
地膜	15.6	1 500.0	23 400.0
化肥	15.6	1 215.0	18 954.0

项目	数量 /hm²	投资 /（元·hm⁻²）	金额 /元
农药	15.6	225.0	3 510.0
电费	15.6	295.0	4 609.8
合计	—	—	202 398.6

从表 3-19 可看出，在 1996 年开发的 15.6 hm² 土地上打 3 眼机井配套上电和铺设低压管道合计投资 143 968.8 元，种植费用为 58 429.8 元，总共投资费用为 202 398.6 元。

（2）产量　我们将各户收获的西瓜、胡萝卜、黑乌豆产量统计后列于表 3-20。

表 3-20　地膜西瓜套种胡萝卜和大豆产量

单位：kg·hm⁻²

年份	西瓜	胡萝卜	黑乌豆
1997	49 500	6 075	600
1998	49 800	112 500	675

（3）产值　1997 年与 1998 年，我们统计的西瓜、胡萝卜和黑乌豆的平均单价为 0.4 元·kg⁻¹ 与 0.2 元·kg⁻¹、0.2 元·kg⁻¹ 与 0.12 元·kg⁻¹ 和 2.4 元·kg⁻¹ 与 2.1 元·kg⁻¹。（见表 3-21）

表 3-21　地膜西瓜套种胡萝卜和大豆产值

年份	西瓜 /元·hm⁻²	胡萝卜 /元·hm⁻²	黑乌豆 /元·hm⁻²	合计 /元·hm⁻²	15.6 hm² 总产值 /元
1997	19 800.0	1 215.0	1 440.0	22 455.0	350 298.0
1998	9 960.0	13 500.0	1 417.5	24 877.5	388 089.0

　　1997 年和 1998 年从 15.6 hm^2 土地上获得总产值分别为 350 298.0 元和 388 089.0 元，见表 3-21。

　　根据表 3-19 和表 3-21 可计算出 1997 年种植的地膜西瓜套种胡萝卜和大豆，当年就收回了开发 15.6 hm^2 土地的全部投资和种植费用，纯收入 147 899.4 元，即 9 480.73 元·hm^{-2}；1998 年也就是第二年连茬种植的是高产、优质、抗病、耐重茬的"西农 8 号"西瓜（新开发地种植西瓜只能连茬 1 年），价格大跌，在 15.6 hm^2 土地上除种植费用外，纯收入为 329 659.2 元，即 21 132 元·hm^{-2}。

4. 结语

　　干旱风沙井灌区在新开发土地上采用低压管道输水灌溉，进行种植地膜西瓜套种胡萝卜和大豆，经济效益显著，当年就可收回打井配套的电路和铺设低压管道的全部投资，低压管道使用年限一般在 20 年以上，利用低压管道输水减少渠道渗漏，节水节电 30%~45%，第二年每公顷纯收入就达 21 132 元。在干旱风沙井灌区值得推广地膜西瓜套种胡萝卜和大豆技术。

十一、蓖麻高床覆膜栽培套种大豆技术

　　蓖麻株型高大，属稀植栽培作物，其产品作为重要的化工原料，可广泛应用于化工、医药、精密仪器等领域，蓖麻油和其深加工产品癸二酸我国每年都有大量的出口。多年来，由于蓖麻产量徘徊在 1 875 kg·hm^{-2} 左右，受市场价格变化的影响，单种蓖麻效益低下，难以被农民接受。2000 年我们对传统种植方式进行改进，采用蓖麻高床覆膜栽培套种大豆技术，充分发挥地膜覆盖提温、保墒、灭草、提高产量的作用，利用大豆植株紧凑、耐阴的特性，使二者结合取得了良好的增产增收效果。与传统单作蓖麻相比，采用蓖麻高床覆膜栽培套种大豆技术，提高了土地的利用率，有效地抑制了沟间杂草的蔓延，显著增加了蓖麻

种植者的收入。

1. 种植模式

蓖麻和大豆套种共生期长，采用带状立体种植给大豆创造了更大的空间，有利于大豆的生长发育。该模式总带距 200 cm，床圃底宽 150 cm，高度 25~30 cm，蓖麻喜温，在覆膜的床圃两侧种植 2 行，行距 90 cm。床圃沟宽 50 cm，沟内种植 1 行大豆。

2. 播种前的准备工作

（1）施足基肥，精细整地　4 月中旬，当土壤解冻大于 15 cm 时进行整地。首先施足基肥，磷酸二铵 300 kg·hm^{-2}，尿素 150 kg·hm^{-2}，均匀撒开后耙地，将基肥掺混入土壤中，农家肥充足的地方可提前秋施农家肥，对促进壮苗有良好的效果。

（2）做床、覆膜　土地耙好后即可机器做床，像起西瓜垄一样，垄沟与垄沟之间的间距 200 cm，床圃高 25~30 cm。床圃做好后，土壤墒情好的应及时覆膜，土壤墒情差的需灌水蓄墒后覆膜。地膜选用幅度 120 cm，厚度 0.007 mm 的微膜。

（3）选用良种、浸种催芽　蓖麻种子选用晋蓖 1 号、晋蓖 2 号品种。晋蓖 1 号、晋蓖 2 号蓖麻含油量高，在生产示范中表现良好，可作为主栽品种在宁夏大面积推广种植；大豆种子选用宁豆 4 号。宁豆 4 号属北方春大豆中晚熟品种，株型收敛，直立生长，耐阴、抗倒，适合套种。蓖麻种子种皮硬且脆，种子吸水缓慢，干播发芽迟缓，出苗慢，应在播种前用 40~60℃温水浸种 24 h 后捞出，用湿麻袋覆盖催芽，现播现用。

3. 播种

蓖麻在麻圃两侧各种植 1 行，行距 90 cm，人工打孔，2 行错位穴播。穴距 50~60 cm，每穴播 2~3 粒，播种量 11.25~15.00 kg·hm^{-2}。蓖麻苗期怕霜冻，遵循霜前播种霜后出苗的原则，一般在 4 月下旬播种。洼地早一些，高地适当晚一些，播后用松散的湿土覆盖种子，轻压一下。大豆沟间露地种植一行，可人工穴播，穴距 40 cm，每穴 10~12 粒，也可畜力耧播，米间落粒 25~30 粒，播种期一般在 4 月 20~25 日，播种量

$30\,\mathrm{kg}\cdot\mathrm{hm}^{-2}$。

4. 田间管理

（1）适时定苗 蓖麻长出 2 片真叶时疏苗，3~4 片真叶时定苗，每穴留 1 株，基本苗数同单作蓖麻一致。

（2）科学施肥、灌水 蓖麻主茎果穗开花前和第一分枝果穗开花前是施肥的关键时期，分别追施尿素 $11.25\,\mathrm{kg}\cdot\mathrm{hm}^{-2}$ 和 $75\,\mathrm{kg}\cdot\mathrm{hm}^{-2}$，在离根基部 10cm 处穴施。深度 10cm，施后灌水，可促进穗大、穗密、粒多、粒重，增加产量。蓖麻后期灌水视土壤墒情而定，以保证植株不受旱为原则。

（3）精细整枝 蓖麻整枝是一项关键的技术措施，科学整枝可上促下，防止徒长，减少植株养分消耗，提早果穗成熟。整枝采用不留主穗型整枝法，也叫"三炷香"整枝法，就是在主茎顶端苞叶内开始形成微小的花序时把顶端打掉，选留 3~4 个上部分枝的强芽成穗，主茎中、下部和分枝上其余腋芽全部打掉。一般整枝 2~3 次，最后一次整枝在霜冻前 55d（8 月 5 日前后）结束，摘除所有分枝上的生长点，打去新生无效分枝。

（4）及时除草，防治虫害 蓖麻床圃有膜覆盖，出苗后注意检查将膜压土封严，利用膜内高温杀死杂草；大豆露地种植，出苗后人工锄地一次，既消除沟间杂草，又能起到中耕作用。大豆苗期过后便可抑制杂草。蓖麻虫害主要是苗期地老虎的危害，为确保全苗，注意观察，若发现及时用50%辛硫磷拌毒土或1605配水灌根防治,大豆主要为红蜘蛛,可用三氯杀螨醇或敌杀死等内吸剂型的农药防治。

（5）适时收获 蓖麻植株各部分种子成熟不一致，要及时分批采摘；当果穗 50% 以上蒴果呈褐色，刺毛变硬，缝隙凹陷或有裂纹时即可整枝采收，摊晒后用脱壳机脱壳。大豆当田间有 90% 植株成熟时一次性收获。

5. 两种种植模式蓖麻的经济性状分析

通过对传统单作蓖麻与高床覆膜栽培套种大豆模式蓖麻的经济性状的田间调查和考种结果分析，由表 3–22 可以看出，在有效分枝数相同的前提下，高床覆膜栽培套种大豆模式的蓖麻果穗长、有效果穗数、每穗蒴果数、百粒重均优于传统单作蓖麻，分别多1.8cm、1.1个、7.5个、0.5g，从而导致了高床覆膜栽培套种大豆模式的蓖麻公顷产量高出传统单作蓖麻1140kg，增产63.87%。

表3–22　传统单作蓖麻与蓖麻高床覆膜套种大豆模式的蓖麻经济性状对比

种植模式	有效分枝 /个	有效果穗 /个	果穗长度 /cm	每穗蒴果 /个	百粒重 /g	产量 /（kg·hm^{-2}）
传统单作蓖麻	4.0	4.1	16.4	24.5	35.0	1785.0
蓖麻高床覆膜栽培套种大豆	4.0	5.2	18.2	32.0	35.5	2925.0

6. 经济效益分析

蓖麻高床覆膜栽培套种大豆模式，大豆产量2265kg·hm^{-2}，按目前市场价格2元·kg^{-1}计算，折合产值4530元·hm^{-2}；蓖麻产量2925kg·hm^{-2}，按3元·kg^{-1}计算，折合产值8775元·hm^{-2}；两作套种合计产值为13305元·hm^{-2}，扣除成本（种子、农药、化肥、土地承包费、水费等直接生产成本费）6495元·hm^{-2}，净收入6810元·hm^{-2}。传统单作蓖麻产量1785kg·hm^{-2}，折合产值5355元·hm^{-2}，扣除成本5055元·hm^{-2}，净收入300元·hm^{-2}。相比之下，在土地面积相同，蓖麻基本苗数一致的情况下，采用蓖麻高床覆膜栽培套种大豆技术比传统单作蓖麻的净收入高出6510元·hm^{-2}，增收21.7倍，经济效益极其显著。

十二、豌豆大豆菟丝子间套种栽培技术

经过多年的发展，平罗县大豆套种栽培技术模式已多种多样，笔者对近几年来部分农民采用的豌豆、大豆、菟丝子间套种模式进行总结和探索，主要栽培技术简介如下。

1. 种植模式

豌豆带宽 72 cm，种 5 行，行距 18 cm；大豆带宽 55 cm，种 2 行，大豆距豌豆 15 cm，大豆行距 25 cm。

豌豆品种采用甜豌豆（绿豌豆），机械播种，播种量 187.5 kg·hm^{-2}，保苗密度 90 万株·hm^{-2}。大豆品种采用宁豆 1 号、宁豆 2 号，播种量 112.5 kg·hm^{-2}，保苗密度 54 万株·hm^{-2}。菟丝子播种量 7.5 kg·hm^{-2}。

2. 栽培技术

（1）合理轮作，精细整地 种植豌豆最好的前茬是玉米，其次是小麦、马铃薯、米谷。忌连作或迎茬，豌豆重茬或迎茬易引起叶萎缩、生长慢、感病死亡，造成减产。前茬收获后及时耕翻并清理残根败叶及地膜。菟丝子对土壤无特殊要求，适宜种植大豆的土壤均可种植菟丝子。

（2）合理施肥 秋季基施农家肥 45 000 kg·hm^{-2}、过磷酸钙 600 kg·hm^{-2}、尿素 150 kg·hm^{-2}。豌豆种肥用磷酸二铵 75 kg·hm^{-2}。豌豆、大豆、菟丝子不同生育期可适时适量追肥。

（3）选用良种，精选种子 豌豆选择有订单产品的蔬菜制种品种绿豌豆。播前对种子进行精选晒种，提高种子的发芽率。大豆选择喜肥水、茎秆粗壮、主茎发达、繁茂性强的品种，如宁豆 1 号、宁豆 2 号。

（4）适时播种 豌豆一般在 3 月 10 日播种，大豆在 4 月 12 日播种，菟丝子在大豆播种后出苗前播种，目的是让菟丝子迟些出苗，使大豆在幼苗期不被寄生，以利大豆形成健壮的群体。播种时将菟丝子种子用 2~3 kg 干细土拌匀撒播在大豆地内，用扫帚刷土盖种，5 月 18 日前后结合灌 2 水播种或雨后播种容易出苗。

（5）适时灌水 豌豆现蕾期（大约 5 月 2 日）第一次灌小水并追施速效氮肥；豌豆茎部出现荚果时（大约 5 月 20 日）进行第二次灌水，水量较大；豌豆结荚期保持土壤湿润促进荚果发育，6 月 5 日前后灌第三水。

（6）加强田间管理 豌豆苗期人工除草 2 次，提高土壤温度，促进根系发育。防除禾本科杂草，可在杂草三叶期用农药盖草能、禾草克兑水喷雾，切不可使用乙草胺、拉索等对菟丝子有影响的药剂。豌豆播种后至出苗前在田边地角投放鼠药防治鼠害。

防治黑绒金龟甲用 50% 的 1605 乳油 800~1 000 倍液喷雾防治。

防治蚜虫用 10% 的吡虫啉可湿性粉剂 1 000~1 500 倍，或 50% 抗蚜威乳油 2 000~3 000 倍喷雾防治。

防治白粉虱用 25% 阿克泰水分散粒剂 7 500 倍，或 10% 的吡虫啉可湿性粉剂 2 000 倍液防治。

防治美洲斑潜蝇，在卵期和幼虫孵化初期，用 10% 的灭蝇胺悬浮剂 2 000~2 500 倍液喷雾防治，或用 2.4% 爱福丁 3 000 倍液防治，或 40% 绿菜宝乳油 800~1 000 倍液喷雾防治。

防治豆荚螟用 2.5% 溴氰菊酯乳剂 2 500 倍液喷雾或 10% 吡虫啉乳剂 2 500 倍液喷雾防治。

防治红蜘蛛用齐墩螨素乳剂 30~50 ml·666.7 m^{-2} 喷雾防治。

防治根腐病，播种前每 666.7 m^2 施入 70% 的甲基托布津可湿性粉剂或 75% 的百菌清可湿性粉剂 1.5~2.0 kg 对土壤消毒，也可兼防其他病害。发病初期，用 70% 甲基托布津可湿性粉剂或 50% 多菌灵可湿性粉剂 500 倍液灌根，每株用药 200 ml，安全间隔期 30 d。

若局部菟丝子密度过大，可适当人工拔除一部分菟丝子，在保证寄主大豆健康生长的同时也要保证菟丝子产量不受影响。

（7）适时收获　豌豆植株中部和下部的豆荚变黄、籽粒变硬呈现品种固有的色泽时，开始收获，一般在 6 月 20 日。收获时要做到收割拉运相互配套，谨防就地堆放时间过长，造成落粒或种子发芽霉烂。当菟丝子的蒴果有 50% 以上变深褐色，30% 以上变黄，10%~20% 绿转黄时收获为宜，损失较少。小面积收获可人工拔起后集中脱粒；大面积收获可使用麦稻收割机，但要降低割茬，调慢脱粒滚筒转速，调小风速，以免漏割、打烂豆粒、鼓风机吹走蒴果造成损失。

（8）翌年耕作　种植菟丝子的地块，若下茬不再种植菟丝子，旱作地区应种植玉米、高粱等禾本科作物，如果种植蔬菜、豆类等，可以用乙草胺、拉索在播种后出苗前处理表土，杀灭菟丝子种苗。

3. 效益分析

豌豆、大豆、菟丝子间套种，豌豆产量 2 775 kg·hm^{-2}，按订单价格 4.6 元·kg^{-1} 计算，折产值 12 765 元·hm^{-2}；大豆产量 1 250 kg·hm^{-2}，按订单价格 4.0 元·kg^{-1} 计算，折产值 5 000 元·hm^{-2}；菟丝子产量 1 725 kg·hm^{-2}，按订单价格 10.5 元·kg^{-1}，折产值 181 12.5 元·hm^{-2}。三种合计产值为 35 877.5 元·hm^{-2}，扣除成本（种子、化肥、农药） 3 116.25 元·hm^{-2}，净产值 32 761.25 元·hm^{-2}，投入产出比 1：11.5。

通过豌豆、大豆、菟丝子间套种栽培，可以增加宁夏种植业结构调整的途径和项目，能够改善人们的膳食结构，能够减轻生产季节的灌水矛盾，能够为副食品加工业、医药业提供原料，使农民增加收入。

十三、宁夏灌区夏播复种大豆生产技术

夏播复种大豆主要是充分发挥夏播大豆"早密"高产栽培技术，充分利用地力与光热资源，发挥群体的生长优势，结合灌溉、合理追肥，获得较理想的大豆产量。在早熟春小麦或冬小麦收获后复种大豆，大豆产量在 100~180 kg·666.7 m^{-2}，高产可以达到 200 kg·666.7 m^{-2} 以上。

宁夏引黄灌区能够在 10 月 10 日前完全成熟的夏大豆品种，都是能够在初霜期以前成熟的品种，故应因地制宜引种扩种、发展夏播复种大豆。

1. 选择品种

宁夏灌区夏播复种大豆应选择适宜该地区气候条件种植的早熟高产品种。如：垦丰 7 号、垦丰 8 号、垦农 18、垦豆 25 以及合丰、黑河、东农系列等品种。这些品种具有植株粗壮、生长繁茂、抗倒伏、结荚密、有较强的生长势和生长量、粒大、无褐斑等优良综合农艺性状。

2. 抢时早播

早播、合理密植是夏播复种大豆增产的关键技术措施。试验结果表明，夏播复种大豆 7 月 10 日前播种的大豆产量较高，平均产量可达

169 kg·666.7 m^{-2}。从品种的生育期分析，在霜前安全成熟，一般夏播复种大豆生育日数85 d为宜。夏播复种大豆7月10日左右为最佳播种期，播种行距25~30 cm，播种量7~8 kg·666.7 m^{-2}，保苗密度为3.0万~3.5万株·666.7 m^{-2}。

3. 群体结构

夏播复种大豆很少有分枝，生育期短，株高较春播大豆矮，叶片少，叶面积小。充分利用地力与光热资源，促进大豆植株个体生长发育形成一个理想的群体结构，发挥群体的生长优势，对提高大豆产量非常重要。夏播复种大豆的留苗密度应在3.0万~3.5万株·666.7 m^{-2}。

4. 合理施肥与及时灌水

合理追施化肥是夏播复种大豆高产的基础。夏播复种大豆有效生育天数85 d左右，生育期短，各生育阶段生长发育比较快。夏播复种大豆营养生长期短，播种至出苗时间5 d左右；出苗后20~30 d开花，此时进入大豆营养生长和生殖生长并进阶段，这个阶段需肥水集中，时间短，对产量影响较大。因此，必须保证有足够的养分和水分，才能获得较为理想的大豆产量。夏播复种的大豆苗期追施尿素10 kg·666.7 m^{-2}左右，最高不能超过15 kg·666.7 m^{-2}，增产效果显著；大豆花荚期、鼓粒期及时灌水，进行叶面追肥，增产效果明显。大豆平均产量可达150~200 kg·666.7 m^{-2}，高产可达200 kg·666.7 m^{-2}以上。

5. 加强田间管理

夏播复种大豆出苗后，应及时进行田间肥水管理，人工中耕除草，松土增温，促进壮苗早发。及时防治大豆蚜虫、食心虫，是保证夏播复种大豆优质高产稳产的基础。

十四、麦后复种大豆分期播种试验小结

灵武麦后复种大豆种植面积逐年扩大，为了找出麦后复种大豆适宜播种期，分析其气象指标，在灵武农场气象班的大力协助下，进行了分

期播种试验，技术总结如下。

1. 方法

播种期。播种分 6 期，分别是 7 月 11 日、7 月 16 日、7 月 21 日、7 月 23 日、7 月 25 日、7 月 30 日。品种为黑河 3 号。基施硫酸铵 45kg·666.7m^{-2}、过磷酸钙 15kg·666.7m^{-2}。

2. 试验结果

不同播种期试验产量结果见表 3–23。

表 3–23 不同播种期测产对照表

序次	1	2	3	4	5	6
播种期	7 月 11 日	7 月 16 日	7 月 21 日	7 月 23 日	7 月 25 日	7 月 30 日
测产产量/(kg·666.7m^{-2})	97.8	91.6	67.4	47.0	67.8	32.4
百分率/%	100	94	69	48	69	33

由表 3-23 分析可知，第一播期产量较高，第二播期与第一播期大豆产量相差不多，第三期以后产量降低，均在 70% 以下，末期播种的产量仅为第一期播种产量的 1/3。在当年高温霜迟（10 月 4 日下霜）的情况下，7 月 16 日及以前播种的均可正常成熟，7 月 16 日以后播种的，结荚减少，百粒重降低，成熟度不好。（见表 3–24）

表 3–24 不同播种期的结荚数和百粒重

序次	1	2	3	4	5	6
播种期	7 月 11 日	7 月 16 日	7 月 21 日	7 月 23 日	7 月 25 日	7 月 30 日
单株结荚/个	7.5	8.1	6.1	4.4	6.8	4.5
单株粒重/g	2.4	2.3	1.7	1.2	1.7	0.8
百粒重/g	14.6	13.4	13.6	13.7	13.0	8.5

3.结果分析

据今年观测，黑河 3 号大豆生长期 77 d，从播种到出苗仅 5 d，至开花 28 d，至结荚 36 d。结荚至成熟需要 40~41 d。从分期播种指标看，播种至出苗需要活动积温 122℃，至开花需要活动积温 670℃左右，至结荚需要活动积温 850℃左右，日平均气温低于 20℃，结荚数显著减少，整个生长期需积温 1650℃。因此，如果从播种至霜来之前，积温在 1650℃以上，则可以正常成熟，否则，成熟度不理想。（见表 3-25）

表 3-25　不同播种期至霜前（10 月 3 日）的积温（1975 年）

播种期	7月11日	7月16日	7月21日	7月23日	7月25日	7月30日
积温/℃	1 778.2	1 651.9	1 530.8	1 485.1	1 435.2	1 317.7

从表 3-30 可以看出，在 1975 年的情况下，播种期第三、四、五、六期至霜前积温均不到 1650℃，所以减产。

播种期分析。初霜来后，大豆一般停止生长。我们以麦后复种大豆生长期积温 1650℃为指标，将各年初霜前 1 日至积温达到 1650℃的日期统计。（见表 3-26）

表 3-26　灵武灌区历年初霜日及初霜前一日至积温达 1650℃日期

年份	1952	1953	1954	1955	1956	1957	1958	1959	1960	1961	1962	1963
初霜日	9月25日	10月1日	9月27日	10月3日	10月2日	9月25日	9月28日	9月11日	9月14日	12月10日	9月28日	9月24日
积温达1650℃日期	7月9日	7月12日	7月1日	9月22日	10月7日	7月7日	7月12日	7月5日	7月2日	7月19日	7月13日	7月10日

表 3-27 灵武灌区历年初霜日及初霜前一日至积温达 1650℃日期

年份	1964	1965	1966	1967	1968	1969	1970	1971	1972	1973	1974	1975	平均
初霜日	9月21日	12月10日	9月28日	10月1日	9月28日	10月1日	9月29日	9月26日	9月3日	10月7日	9月15日	10月4日	9月27日
积温达到1650℃日期	7月3日	7月16日	7月10日	7月10日	7月6日	7月10日	7月10日	7月11日	7月5日	7月15日	7月1日	7月17日	7月10日

　　表 3-27 统计结果显示，灵武灌区平均初霜日为 9 月 27 日，初霜前一天至积温达到 1650℃的平均日期为 7 月 10 日，最早 7 月 1 日（1974 年），最迟 7 月 22 日（1955 年）。从 7 月 10 日至 9 月 27 日，间隔 79 d，相当于大豆生长期，7 月 10 日播种的历史保障率达 63%，即 24 年中有 15 年，在 7 月 10 日及之前播种的麦后复种大豆可以完全能够成熟。7 月 10 日以后播种，有 9 年积温不够。为此，应根据高温、低温年来确定麦后复种大豆的播种期见表 3-28。

表 3-28 大豆高温、低温年播种分析表

年份	低温年		高温年	
	特殊	一般	一般	特殊
初霜日	9月3日~9月21日	9月24日~10月2日	9月28日~10月7日	10月4日~10月13日
最迟播种	7月1日~5日	7月6日~15日	7月11日~15日	7月15日~22日

　　由表 3-28 可知，灵武灌区麦后复种大豆最迟播种期分 4 种情况。

　　特殊低温年：积温低，初霜在 9 月 22 日以前，需要在 7 月 1~5 日播种。

　　一般低温年：积温略高，初霜在 9 月 24 日~10 月 2 日，可在 7 月 6~10 日播种。

一般高温年：积温较高，初霜在 9 月 28 日~10 月 7 日，最迟可于 7 月 11~15 日播种。

特殊高温年：积温很高，初霜在 10 月 4~13 日，麦后复种大豆最迟可于 7 月 15~22 日播种。

通过以上分析，1~2 年的分期播种试验，并不能确定一个固定的播种期，只有通过分期播种，找出一个大概的积温指标，再根据当年气候情况，特别是积温高低和初霜迟早，来确定当年的播种期。

4. 讨论

通过初步试验分析，麦后复种大豆由于生长期较长（77 d）需要的积温较高（1 650℃），比糜子生长期长 15~20 d，积温高 300℃。因此，可以在大麦或早熟小麦收获后复种大豆，一般时间应在 7 月 10 日之前播种，遇到高温年份，可于 7 月 15 日前播种，超过 7 月 15 日，历史保障率仅 17%，对产量影响较大。

近两年，小油菜开始大面积种植，小油菜一般 6 月 15~25 日收获，这时复种大豆将是一种较为理想的熟制。如国营灵武农二队面积 $16.5 \times 666.7\,m^2$ 小油菜，复种大豆平均产量 $50.5\,kg \cdot 666.7\,m^{-2}$。6 月 18 日复种的大豆生长茂盛，荚多粒饱，单株结荚平均达 14 个，百粒重 16.2 g，单收单打面积 $3.2 \times 666.7\,m^2$，大豆平均产量 $78.8\,kg \cdot 666.7\,m^{-2}$。

大豆是短日照作物，喜欢蓝光，可与高粱、玉米等作物进行套种，即可提前播种，又可以充分利用光能。大豆产量的高低，不仅与播种有关，还与土壤肥力、水肥管理措施等有关。

十五、冬小麦后复种大豆栽培技术

冬小麦后复种的作物种类较多，通过近几年在中卫市和青铜峡市的试验、示范，笔者认为，冬小麦后复种大豆是一种既安全又能获得较高效益的种植模式。冬小麦后复种大豆一般冬小麦产量在 $600~650\,kg \cdot 666.7\,m^{-2}$ 之间，每 1 kg 以 1.9 元计，收入 1 140~1 235 元；

复种大豆产量 150~180 kg·666.7 m^{-2}，每 1 kg 以 4 元计，收入 600~720 元，两项合计收入 1 740~1 955 元，扣除成本 552 元（不含人工费），纯收入 1 188~1 403 元，较冬小麦套种玉米增收 67.9~276.9 元。

栽培技术简介如下：

1. 灌水蓄墒

6 月中旬冬小麦收获前灌好麦黄水，为麦收后复种大豆蓄水保墒。

2. 选地整地

选择土壤比较肥沃、保水性好、通气性强的土地种植大豆。6 月底 7 月初冬小麦收获后，立即犁田（或旋田）整地。

3. 施足底肥

采用有机肥或有机复合肥做基肥，结合整地基施农家肥 2 000 kg·666.7 m^{-2}、祥云复合肥 40 kg·666.7 m^{-2} 或过磷酸钙 40 kg·666.7 m^{-2}、尿素 10 kg·666.7 m^{-2}，并用敌克松 350 g 加辛硫磷 500 g 拌毒土堆闷 24 h，撒入田中防治地下害虫。

4. 品种选择

选用生育期 85~90 d 的大豆品种，如禾丰 51、垦丰 6 号等早熟、高产、独秆型品种。

5. 选种

选用籽粒大小均匀、饱满、无霉变、无草籽、无土块及其他杂质的种子，保证发芽迅速，出苗整齐。播前一般采用风选、筛选、机选和人工选粒等方法选种。

6. 播种

6 月底 7 月初抢墒播种，最好在整地后 1~2 d 内播种。播深 4~5 cm，将种子播在湿土上。播种量 6.0~7.5 kg·666.7 m^{-2}。采用人工拉线播种，播后覆土踩实，也可采用机械播种。播种规格为行距 30~40 cm，株距 3~5 cm，保苗密度为 4 万~5 万株·666.7 m^{-2}。

7. 田间管理

（1）间定苗 大豆出苗后进行查苗、补苗，及时定苗，达到苗全、苗齐、苗匀、苗壮。

（2）除草松土　结合间定苗进行中耕除草2~3次，封垄前再进行除草松土1次。

（3）追肥灌水　苗期灌足头水。大豆分枝期和开花结荚期对水分比较敏感，若遇干旱要及时灌水，尤其在开花结荚期注重保花、增花、增荚。弱苗初花期可追施尿素5kg·666.7m^{-2}，壮苗不追肥以防止徒长；鼓粒成熟期及时灌水，此期缺水会使秕荚、秕粒增多，百粒重下降。

（4）防治病虫害　用尼索朗1 500倍加百菌清700倍液防治红蜘蛛和霜霉病；用50%多菌灵可湿性粉剂800倍液或百菌清700倍液防治细菌性斑点病；大豆食心虫可用高效氯氰菊酯100ml兑水30kg喷雾防治。

8. 适时收获

大豆一般在黄熟末期（9月底）收获。人工收获应在落叶达90%时，选择晴天早晨植株湿润时进行，避免炸荚；机械联合收割应在叶片全部落净、豆粒归圆时进行。收割时割茬要低，高度以不留底荚为准，一般为5~6cm。人工收获后，选择水泥场地晾晒3~4d，完成籽粒后熟，然后进行人工或机械脱粒，要求达到无碎粒及其他杂质。脱粒后进行自然晾干，降低籽粒水分含量。大豆籽粒水分含量不宜超过13.5%，贮藏环境温度20℃左右，通气性良好，湿度适宜都有利于大豆贮存。

十六、麦后复种大豆栽培技术

为了适应农业生产新形势，1971年开始研究在银北地区无霜期短，肥料不足的条件下，如何提高复种指数，改一年一熟为一年两熟，提高粮食单产的问题。由于小麦高产品种的推广，间种大豆因田间荫蔽，死苗较多，加之黄藤子（菟丝子）危害严重，大豆产量很低。根据国民经济发展和人民生活的需要，实行用地和养地相结合，着重探讨麦后复种大豆栽培技术，1972年引进了少量的东北大豆进行复种观察，1973年又进行了复种试验，复种大豆面积57.78×666.7m^2，大豆产量 50~88 kg·666.7 m^{-2}，平均产量 70 kg，最高产量 103 kg。其中麦后复种面积 4.13×666.7 m^2，大豆平均产量 64 kg·666.7 m^{-2}，间作大豆面积 177.3×666.7 m^2，大豆产量 12.5~44 kg·666.7 m^{-2}，平均产量 31 kg，复种比间作增产 128%。

主要栽培技术：

两年的复种试验表明，只要抓住抢时早播、合理密植、增施肥料等关键技术措施，复种大豆产量达到 75~100 kg·666.7 m^{-2} 是有把握的，争取达到 125 kg 以上也是有可能的。

（1）抢时早播 "春争日，夏争时"。在无霜期短的银北地区，复种大豆同其他复种作物一样，争取时间就是争取产量。早播种，温度和光照等条件有利于大豆的正常生长发育。（见表 3-29）

表 3-29　复种大豆不同播种期的生育天数

播种期	出苗期	播种－出苗 / d	开花期	出苗－开花 / d	成熟期	开花－成熟 / d	生育天数 / d
6 月 30 日	7 月 8 日	8	7 月 31 日	23	9 月 21 日	52	83
7 月 10 日	7 月 18 日	8	8 月 10 日	23	9 月 26 日	47	78

注：大豆品种为黑河 54 号。

播种期推迟 10 d，生育期就缩短 5 d。但从播种到开花的天数并未缩短，只是缩短了从开花到成熟的时间，也就是说，营养生长期并没缩短，只是生殖生长期缩短了。这样，早播的生殖生长期较长，有利于结实器官的形成和发育，从而提高了产量（见表3-30）。

表 3-30 复种大豆不同播种期产量构成因素大豆品种：黑河 54 号

| 类别 | 播种期 | 单株荚数 | | | 单株粒数/粒 | 完熟粒率/% | 单株粒重/g | 百粒重/g | 产量/（50 kg·666.7 m⁻²） |
		总荚数/荚	有效荚数/荚	秕荚数/荚					
大田生产	7 月 4 日	10.12	9.72	0.40	20.40	95.3	2.88	14.40	85.9
	7 月 14 日	9.22	8.88	0.34	18.20	75.0	2.62	11.40	63.8
小区域试验	6 月 30 日	13.17	12.58	0.59	24.67	100.0	3.23	14.70	87.0
	7 月 10 日	12.73	13.12	0.60	24.80	100.0	3.21	13.70	43.7

根据试验结果，1973 年把 7 月 10 日作为复种大豆的临界播种期。1974年除了播种期试验中设有 7 月 15 日播种的处理外，大田种植中因生产队浇水等延误，有 3.97 × 666.7 m2 播种日期迟至 7 月 14 日。大豆品种采用早熟的黑河 3 号、黑河 54 号等品种，虽完熟粒率较低（75%），但仍能成熟，大豆产量 50 kg·666.7 m-2 以上，比间作大豆产量 42.5 kg 仍然增产。两年的实践表明，复种大豆的丰产栽培，仍然是抢时早种，争取在 7 月 10 日之前播种，产量有保障。7 月 15 日之前播种，仍然有一定的收获。

（2）合理密植　合理密植是协调群体与个体之间的荚数、粒数、粒重的关系，获得较高产量的重要措施之一。上年的试验和大田生产均表明，大豆密度为 2 万 ~7 万株·666.7 m⁻²，密度大，产量高。（见表 3-31）

表 3-31 不同密度性状比较

类别	面积 / 666.7 m²	品种	密度 / （万株·666.7 m⁻²）	单株有效荚数 / 个	单株粒数 / 粒	总荚数 / （荚·666.7 m⁻²）	总粒数 / （粒·666.7 m⁻²）	产量 / （kg·666.7 m⁻²）
大田生产	1.76	黑河101	1.2	13.5	33.4	16.2	40.1	48.3
	2.10	黑河54	3.5	9.7	20.4	34.0	71.4	85.9
	0.96	黑河54	6.6	8.9	18.0	58.7	118.8	93.8
小区试验	0.015	兆交5801-26	1.0	15.1	38.1	14.5	36.5	53.4
	0.015	兆交5801-26	1.5	12.2	28.1	17.7	40.7	72.4
	0.015	兆交5801-26	2.2	10.7	25.8	23.2	55.9	85.7
	0.015	兆交5801-26	2.8	10.2	24.7	28.3	65.0	97.3

随着密度的增大，个体产量性状受到一定的影响，单株有效荚数和粒数随密度增加而递减，但群体的生产潜力得到了发挥。每 666.7 m² 的株数越多，总有效荚数和粒数也就越多，产量就越高。而籽粒的完熟率也有随着密度增加相应提高的趋势。籽粒的百粒重不因密度加大而出现较大的变动。（见表 3-32）

表 3-32 不同密度的成熟度

品种	密度 / （万株·666.7 m⁻²）	完熟粒率 /%	百粒重 /g
黑河54	1.15	86.6	16.2
	1.50	94.6	15.5
	2.21	100.0	15.0
	2.67	100.0	14.8

引进的大豆品种在原产地生育期是 115~135 d，引入宁夏复种后，生育天数缩短（缩短 30 d 左右）。其原因是：宁夏日照较东北短，大豆是短日照作物，日照缩短能促其加快发育，提早成熟。特别是 8 月初转入生殖生长阶段后，日照时数日趋缩短，所以随着播种期推迟，开花至成熟天数缩短。复种条件下，气温逐渐下降，影响了个体生长发育，因此，不能完全依靠个体来提高产量，这样受日照和气温的限制较大，而以多（密度大、总荚数多、总粒数多）胜少（单株荚少、粒少），依靠群体的生产潜力，是保证复种大豆获得高产的重要措施。大田生产中，最高密度达到 6.6 万株·666.7 m^{-2}，产量较高。初步认为，早播情况下（7 月 5 日以前），采用生长繁茂的合交系列的品种，大豆密度以 4.0 万 ~4.5 万株·666.7 m^{-2} 为宜。播种迟的（7 月 10 日以后）采用早熟品种，大豆密度应在 5 万 ~6 万株·666.7 m^{-2}。改进种植方式，缩小行距，增大株距，使植株分布均匀，为个体创造尽可能好的环境条件，发挥个体的生产潜力也是不可忽视的。

（3）增施肥料　大豆是需肥量较多的作物。增施肥料，对争取大豆高产，是十分必要的。尤其是在复种条件下，大豆生长期较短，固氮自养能力较差，增施肥料显得更为重要。生产实践证明，基施坑土（掺拌羊粪）10 车·666.7 m^{-2} 的基础上，进行追肥和不追肥的对比试验，结果表明，追施尿素 5 kg·666.7 m^{-2} 的大豆田比不追施尿素的能增产22%~37%。

十七、引黄灌区麦后复种大豆

1972 年小麦复种大豆引种试验获得成功，1973 年进行了生产示范鉴定，1974 年大面积示范，1975 年在引黄灌区推广种植面积 $6 \times 10^4 \times 666.7$ m^2，占大豆播种面积的 20% 以上。其中以吴忠县发展较快，1975 年小麦复种大豆面积 $4 100 \times 666.7$ m^2，占该县大豆播种面积的 80% 以上。一般大豆单产可达 75~100 kg·666.7 m^{-2}，比小麦套种大豆单产增产 20~40 kg。麦豆两茬合计产量超过 500 kg·666.7 m^{-2}。试验示范的成功推广，为引黄灌区改一年一熟为一年两熟，提高大豆产量，满足社会供应需要，找到了一条新途径。

1. 试验结果

（1）鉴定出适合麦后复种的大豆品种　主要有黑河 3 号、黑河 54 号、合交 69-219、合交 11 号、67-25、北交 5801-26 等品种，已大面积推广的有黑河 3 号、黑河 54 号等。

（2）适宜的播种量　播种量为 10.0~17.5 kg·666.7 m^{-2}，种植行距为 25 cm。

（3）临界播种期　永宁、青铜峡、灵武、吴忠等县 7 月 20 日，银川、贺兰、平罗、石嘴山、陶乐为 7 月 15 日，中卫、中宁两县可介于两者之间。

（4）密度　一般实收株数 3 万~4 万株·666.7 m^{-2}，大豆产量可达 50~125 kg·666.7 m^{-2}。

2. 生产示范

1974 年在引黄灌区各县、市、国营农场作多点示范试验，面积为 2 000×666.7 m^2。7 月初至 7 月 21 日复种大豆，大豆单产最高为 115 kg·666.7 m^{-2}，一般产量在 75 kg 以上，比套种增产效果显著。麦豆两茬作物每 666.7 m^2 产量在 400~500 kg，超 500 kg 的也有数例。中卫县农业试验站麦后复种大豆面积 76×666.7 m^2，大豆平均产量 120 kg·666.7 m^{-2}，比小麦套种大豆产量 75 kg·666.7 m^{-2}，增收大豆 50 kg，前茬小麦平均产量 444.15 kg·666.7 m^{-2}，两季合计产量 564 kg·666.7 m^{-2}。灵武县崇兴公社台子九队麦后复种黑河 54 号大豆产量 115 kg·666.7 m^{-2}，前茬小麦产量 478.5 kg·666.7 m^{-2}，两作合计产量 594 kg。平罗县许家桥大队复种大豆面积 57.78×666.7 m^2，大豆平均产量为 74 kg·666.7 m^{-2}，比小麦套种大豆面积 177.3×666.7 m^2，大豆平均产量 31 kg·666.7 m^{-2}，增产 39.2 kg，其中，复种大豆产量 93.8 kg·666.7 m^{-2}，前茬为科春 14 号小麦，平均产量 344.6 kg·666.7 m^{-2}，两作合计产量 438.4 kg·666.7 m^{-2}。

3. 小结

（1）小麦、大豆都能充分发挥生产潜力，争取两熟高产。

（2）适宜于机械播种，翻茬灭草；基本不受菟丝子（黄藤子）的危害；省工、省时。

（3）复种大豆株型直立，便于中耕除草，有利于提高大豆单产；减轻了下年田间杂草，是一种好茬口。

十八、宁南山区北川大麦后复种大豆试验

本文针对固原北川的自然条件和生产条件，在1991年、1992年两年研究的基础上，就大麦后复种大豆的适宜品种和栽培技术进行了探讨。

1. 自然条件概况

固原北川指分布于清水河谷的彭堡、头营、杨郎、黄铎堡、三营、黑城、七营7个乡镇。灌溉面积 $1.44 \times 10^4\,hm^2$，土壤主要为淡黑垆土。因长期引用矿化度高的库水灌溉，使土壤次生盐渍化面积达 $16.4 \times 10^4 \times 666.7\,m^2$。土壤有机质含量为1.1073%、水解氮43 mg/kg、速效磷25 mg/kg，部分地段全盐含量为0.3225%（三营赵寺5队），由南至北库水的矿化度由 $0.90\,g \cdot L^{-1}$（沈河）提高到 $4.52\,g \cdot L^{-1}$（寺口子）。固原北川属半干旱温润区。据1957—1990年资料统计，年平均气温7.4℃，最高气温在7月，为20.7℃，平均气温稳定通过10℃的界线为4月23日至9月28日，持续158 d，稳定通过5℃的界线为4月6日至10月23日，持续200 d。年降水量405 mm，其中4~6月降水量占25%，7~9月降水量占61.8%。光能利用率为0.29%，年蒸发量为1753.2 mm，是年平均降水量的4倍。复种指数仅为100.2%。

2. 大麦后复种大豆的效益

（1）经济效益　复种比单种大麦净增收 $89\,元 \cdot 666.7\,m^{-2}$，增收38.7%，比单种大豆净增收 $189.8\,元 \cdot 666.7\,m^{-2}$。复种的土地当量值LER=1.21，复种比单种大麦增产21%，土壤利用系数提高0.21。因此，

大麦后复种大豆是一项经济效益较高的种植方式。（见表3-33）

表3-33 不同种植方式的经济效益

处理		产量 /（kg ·666.7 m^{-2}）		总收入	总投入	纯收入	投产比
		籽粒	秸秆	/（元 · 666.7 m^{-2}）			
单种	大麦	347.4	521.1	325.08	93.05	230.03	1：3.47
	大豆	126.6	250.7	250.32	121.1	129.22	1：3.01
复种	大麦	338.3	466.2	477.67	158.65	319.02	1：3.01
	大豆	83.3	194.4				

注：大麦价格0.72元·kg^{-1}，大豆价格1.7元·kg^{-1}，秸秆价格0.14元·kg^{-1}。

（2）生态效益 固原北川地区土壤次生盐渍化日益严重。春季土壤积盐现象非常明显。大麦以其耐盐性强、抗逆、耐瘠薄、分蘖力强、封垄早的特性，抑制了杂草生长和春季土壤返盐。据资料介绍，与休闲相比，大豆收获后期土壤氮素含量相对增加了3.84%，大豆近根区土壤有机质净增加0.46%。大豆根茬和落叶等残留物666.7 m^{2}平均给土壤增加氮素4.22 kg、有机质52.4 kg，相当于每666.7 m^{2}施优质农家肥1000 kg。此外，复种通过增加地表覆盖度而减少了蒸发量。据测定，大豆收获后土壤水稳性团粒总量比播前相对增加了17%（迟凤琴等，1991），起到了蓄水保墒的作用，同时减少了因蒸发造成的土壤返盐。因此，大麦后复种大豆在轮作中具有不可替代的作用。

社会效益 目前固原县大豆种植面积非常小，几乎是空白。因此，大麦后复种大豆的推广，对改善山区群众的饮食结构，带动畜牧业、加工业和商业的发展，具有重要的现实意义。

3. **适宜品种**

（1）大麦品种 早熟大麦品种引种鉴定和生产示范表明，甘木二条最早成熟、千粒重高，平均产量338.3 kg·666.7 m^{-2}，比对照品种蒙

克尔早熟 5 d，增产 5.36%，是供复种的优质高产啤酒大麦品种。9llY-1
生育期仅次于甘木二条，平均产量 361.7 kg·666.7 m^{-2}，比蒙克尔增产
12.64%，也是供复种的优良大麦品种。

（2）大豆品种　1991 年在当地早熟大麦品种蒙克尔后复种豆科作
物试验表明，在严重秋旱，降水量仅为历年同期 39.3% 的条件下复种，
大豆品种黑河 3 号表现耐旱性强，落黄好，7 月 8 日播种，9 月 23 日成
熟，并获得 38.8 kg 产量。1992 年在啤酒大麦品种甘木二条后复种大豆
试验表明，在秋季气温偏低，雨养条件下，参加品种比较试验的 14 个
大豆品种，其产量及生育期经方差分析达极显著差异。参试品种生育期
81~91 d，至 10 月 8 日全部成熟，产量为 35.2~83.3 kg·666.7 m^{-2}。其中
龙辐 86-623、合交 84-1081 生育期 88~90 d，植株较高，生长繁茂，耐
后期早霜低温，具有较高的产量（表 3-34），东农 41、栽 001 生育期短，
是适合复种的早熟品种；黑农 00464 生育期 86 d，植株较矮，结荚多，
株粒数高，产量 69.1 kg·666.7 m^{-2}，是适合大麦后复种的优良品种。

4. 关键栽培技术

品种。9llY-l、甘木二条是供复种的优良大麦品种，龙辐 86-623、
栽 001、东农 41、黑农 00464 是供复种的优良大豆品种。

合理密植。为避免不良环境影响出苗率，可适当加大播种量。甘木
二条以播 40 万粒·666.7 m^{-2} 有效种子为宜，大豆品种以播种 4 万 ~5 万
粒·666.7 m^{-2} 有效种子为宜。

适期播种。大麦早播种，3 月中旬播种为宜。

复种大豆应注意：在大麦收获前两天，无透雨的情况下，及时井灌
l 次"跑马水"，要求灌到灌匀；应在大麦收获后结合耕地施入底肥，
并做到整地精细，抢时播种；秋季降水多，天气忽雨忽晴易造成板结，
尤其是次生盐渍土将形成盐结皮，因此大豆出苗前后要及时中耕松土，
以保全苗，促壮苗。

表 3-34　复种大豆生育期与产量性状

品种	播种	成熟	播种-出苗/d	出苗-开花/d	开花-成熟/d	生育天数/d	收获株数/(万·666.7m⁻²)	株高/cm	单株荚数/荚	单株粒数/粒	百粒重/g	产量/(kg·666.7m⁻²)	产量位次
栽001	7月8日	9月27日	8	37	44	81	1.6	31.6	11.3	20.6	14.5	54.0	9
黑龙35	7月8日	10月7日	8	40	51	91	2.03	25.2	7.0	17.8	15.3	61.2	6
黑农00464	7月8日	10月2日	8	38	48	86	1.86	25.1	12.4	23	14.1	69.1	4
龙辐85-623	7月8日	10月6日	8	39	51	90	2.22	33.2	9.6	20.6	15.9	83.3	1
龙辐81-9825	7月8日	10月5日	8	41	49	90	1.36	26.2	6.1	15.3	15.3	35.2	14
哈83-33331	7月8日	10月7日	8	41	50	91	1.35	32.8	13.7	30.7	14.6	72.0	3
哈85-6439	7月8日	10月7日	8	40	51	91	1.24	28.9	11.8	25.6	13.4	50.0	11
合交86-8	7月8日	10月6日	8	40	50	90	2.0	27.7	9.9	21.9	12.8	62.3	5
合交84-1081	7月8日	10月4日	8	40	48	88	2.07	38.0	12.3	28.2	12.2	76.6	2
合丰25	7月8日	10月5日	8	40	49	89	1.56	28.2	9.8	23.3	14.9	55.7	3
合丰26/ck	7月8日	10月3日	8	38	49	87	1.8	29.4	8.2	19.2	13.0	57.5	7
东农41	7月8日	9月27日	8	36	45	81	1.97	30.9	8.0	14.1	13.9	47.2	12
东农81-732-1	7月8日	10月3日	8	40	48	88	1.8	28.1	9.0	18.3	14.6	51.8	10
黑河3号	7月8日	10月4日	8	36	52	88	1.74	27.4	8.6	16.5	14.2	43.3	13

5. 结语

大麦后复种大豆是适合固原北川生态、生产条件下的一种优化模式。实践证明，只要选用适宜的优良品种，掌握关键栽培技术，大麦后复种大豆必将产生很大的经济效益、生态效益和社会效益。

十九、全膜双垄沟播玉米间作大豆技术要点

（1）整地施肥　前茬作物收获后及时整地，并在适耕期内深耕灭茬，耕深 20~25 cm，做到地平土碎，上虚下实，田间无根茬、杂草等物。基肥力求多施农家肥，提倡基施玉米专用配方肥，结合整地施优质农家肥 6.75 万 ~7.50 万 kg·hm^{-2}，用基施型有效成分 36（22-14-0）配方肥 600 kg·hm^{-2} 基施，基追通用型有效成分 35（26-9-0）配方肥 300 kg·hm^{-2} 追施。

（2）覆膜

①人工覆膜。秋季覆膜选用厚度 0.01 mm、宽度 120 cm，早春覆膜选用厚度 0.008 mm、宽度 120 cm 的白色耐老化膜。沿边线开 5 cm 深的浅沟，地膜展开后，靠边线的一边在浅沟内，用土压实，另一边在大垄中间，沿地膜每隔 1 m 左右，用铁锹从膜边下取土原地固定，并每隔 2~3 m 横压土腰带。覆完第一幅膜后，将第二幅膜的一边与第一幅膜在大垄中间相接，膜与膜不重叠，从下一大垄垄侧取土压实，依次类推铺完全田，形成大垄 70 cm、小垄 40 cm、垄高 15~20 cm 的带状沟垄模式。覆膜时要将地膜拉展铺平，从垄面取土后，应随即整平。

②机械覆膜。地膜选用与人工覆膜相同，机械推荐使用施肥、起垄、覆膜联合作业机，用拖拉机牵引一次性完成起垄、施肥、覆膜作业。其覆膜质量好、进度快、节省地膜，但必须按操作规程进行，并要有专人检查质量和压土腰带。

（3）覆膜时间

①秋季覆膜。前茬作物收获后，及时深耕耙耱，清理根茬，在 10

月中下旬起垄覆膜。此时覆膜能够有效阻止秋、冬、春季水分的蒸发，最大限度地保蓄土壤水分，但是地膜在田间保留时间长，要加强冬季管理，秸秆富余的地区可用秸秆覆盖护膜。

②早春顶凌覆膜。早春3月上中旬土壤消冻15cm时，起垄覆膜。此时覆膜可有效阻止春季水分的蒸发，提高地温，保墒增温效果好。可利用春节刚过，劳力充足的农闲时间进行起垄覆膜。

③播种期覆膜。在玉米、大豆播种期抢墒覆膜。特别要注意无论什么时候覆膜，采用什么方式覆膜都不提倡垄沟内覆土，秋覆膜或早春覆膜防止大风揭膜可适当在垄沟内撒少量土，或用铁锹在沟内每隔1m堆一锹土，使膜与垄沟底紧贴，播种期覆膜不允许在垄沟内覆土。

（4）选用良种　玉米宜选用密植、高产、抗倒伏的优良杂交种先玉335、五谷704、长城706等，大豆选用熟期较长，多分枝、茎秆直立、耐阴性强、不易裂荚落粒、丰产性好的高产抗病虫优良品种晋豆19、中黄30、中黄13等。

（5）适时播种　播种玉米或玉米放苗时踩踏大垄大豆播种带，影响大豆出苗，采用先播玉米后播大豆，玉米于4月中旬适期播种，待玉米出苗后及时放苗，玉米放苗及时播种大豆，大豆播种期可适当推迟到4月底前后。

（6）合理密植　玉米播种在2个垄沟中，大行距70cm，小行距40cm，株距33cm，播种6.06万株·hm^{-2}；大豆播种在玉米大行距中间，即大垄中间，穴距10~15cm，每穴定苗2株，播种12万~18万株·hm^{-2}。

（7）加强田间管理　玉米和大豆幼苗时，田间水肥及光热条件好，田间大垄上容易滋生杂草，应随时拔除；在玉米追肥时，大豆正在生长旺盛时期，茎秆容易碰断，应走在大垄边缘，防止踩踏大豆。加强病虫害监测，采取有效防控措施，减轻病虫危害。

（8）适时收获　9月下旬至10月上旬，当大豆叶片已大部脱落，茎荚变黄色或褐色，籽粒呈现品种固有色泽，籽粒与荚壳脱离，应及时收获，为防止收获玉米时踩踏大豆，应先收获大豆再收获玉米。

二十、马铃薯高垄地膜覆盖间作大豆栽培技术

为了探讨在固原自然条件下培养地力及提高马铃薯产量的新方法，1983 年我们在上黄村进行了马铃薯高垄地膜覆盖和间作大豆试验，为大面积推广提供科学依据。

1. 试验处理

本试验以高垄栽培为基础，设高垄播后覆膜（盖白色地膜，现蕾期揭膜）和高垄不覆膜两种处理，平作为对照。垄高 50 cm，宽 100 cm，沟宽 100 cm，垄上挖穴点种马铃薯，沟内套种大豆，马铃薯及大豆种植比例 1∶1。每垄种植 3 行，小区面积 $0.1 \times 666.7 \, \text{m}^2$，重复 3 次；试验面积共 $1.2 \times 666.7 \, \text{m}^2$。

试验地分别设在上黄村的河谷和塬地上。前茬为麦茬，伏耕 1 次，秋耕 2 次，每 $666.7 \, \text{m}^2$ 施农家肥 3000 kg、三料磷肥 6 kg、尿素 4 kg，施肥、起垄、播种、覆膜于 4 月 20 日同时进行。马铃薯品种采用沙杂 15 号，大豆为当地品种。5 月 17 日马铃薯顶土出苗时，在覆膜区苗眼处进行十字开口并用细土封住开口周围以免跑墒。同时将沟内大豆松土除草 1 次。对照马铃薯出苗期松土除草 1 次，现蕾前培土 1 次。

2. 试验结果

（1）产量　高垄栽培及高垄覆膜栽培的马铃薯均较平作对照增产，尤以高垄覆膜栽培增产效果显著。全覆盖的增产 62.5%，高垄不覆膜的仅增产 16%。如果将沟内大豆产量计入马铃薯的总产中（按 1 kg 大豆折 3 kg 马铃薯计）则增产率分别为 66.3% 和 19.9%。（见表 3–35）

表 3-35 不同处理对产量的影响

处理	株高 /cm	薯块数 /株	产量 /（kg·666.7m^{-2}）		马铃薯增产 /%	马铃薯+ 大豆 /%
			马铃薯	大豆		
全覆膜	89.0	6.0	3 033.45	43.4	62.5	66.3
半覆膜	83.0	5.4	2 833.5	—	51.8	55.7
不覆膜	76.0	4.5	2 166.8	—	16.0	19.9
单作	64.0	4.3	1 866.75	—	0.0	0.0

（2）经济效益　根据起垄投工、投肥和地膜购置等成本投入计算（表 3-36），高垄覆盖地膜的处理其纯收入为 199.72 元。如果按提早上市可提高价格计算，则经济收入会更高。

表 3-36 覆膜对产值的影响

处理	产量 /（kg·666.7m^{-2}）	平均单价 /（元·kg^{-1}）	各投工值 /（元·666.7m^{-2}）	净产值 /（元·666.7m^{-2}）
马铃薯	3 033.45	0.08	40.0	199.72
黄豆	14.5	0.48	9.9	

3. 产量因素分析

（1）不同处理对土壤温度的影响　地膜覆盖后，能够有效地起到提高土壤温度，保持土壤水分的作用。据资料显示，5 月 21 日测定 5~10cm 地温日间变化，8：00 比对照提高 4.1℃，11：00 高 7.8℃，20：00 高 7.3℃。显著地起到了保温作用，增加了马铃薯生育期的积温。（见表 3-37）

表3-37　不同处理对地温的影响

单位：℃

深度/cm	覆膜			高垄			ck		
	8：00	11：00	20：00	8：00	11：00	20：00	8：00	11：00	20：00
0~5	17.5	34.2	27.9	14.2	23.7	20.1	13.0	22.7	19.2
5~10	17.8	28.2	26.0	14.3	21.0	19.6	13.7	20.4	18.7
10~15	18.3	25.8	25.0	14.7	19.4	18.9	14.5	17.9	18.4
15~20	19.2	21.6	24.2	15.3	18.3	18.5	15.0	16.9	17.3

（2）高垄覆膜对土壤水分的影响　地膜覆盖后，水分受到地膜的阻挡，不能向外散失，同时上温较高，土壤深层水分不断向上运转而保留在土壤表面，使表层土壤含水量增加，在干旱多风的春季这种作用更为显著。

覆膜后减轻了雨水对地面的直接冲击，土壤不易板结和龟裂，仍能保持团粒结构，并避免了土壤侵蚀和肥料养分的流失。覆盖地膜还减少了中耕除草及松土的作业程序。

（3）高垄覆膜对马铃薯生育期的影响　由于温度的升高和温度的增加，使好气性的微生物活动旺盛，促进了土壤中有机肥和腐殖质的分解，增强了硝化作用，使养分容易被作物吸收利用，因而马铃薯生根发芽早，根系发达，茎叶繁茂，光合生产率高，成熟早，上市早。据观察覆膜处理比平作对照早出苗7~8d，早开花10d，早成熟15d左右。（见表3-38）

从表3-38还可以看出高垄不覆膜的也可以比平作对照提早出苗2~3d，提早开花5d，提早成熟5d，可见高垄本身也有促进马铃薯生长发育的作用。

表 3-38　不同处理对马铃薯生育期短影响

处理	出苗期	开花期	成熟期
全覆膜	5 月 17 日	6 月 20 日	9 月 15 日
半覆膜	5 月 17 日	6 月 20 日	9 月 15 日
不覆膜	5 月 22 日	6 月 25 日	9 月 25 日
平作	5 月 25 日	6 月 30 日	10 月 1 日

4. 小结

通过两年马铃薯高垄覆膜及大豆间作试验，可以看出这种栽培技术方法简单，成本低，经济效益高。

（1）采用高垄覆膜栽培可比对照平作产量提高了 66.3%，增加纯收入 199.72 元·666.7 m^{-2}。

（2）高垄覆膜栽培增产的原因主要是由于土壤温度高，含水量增加，促进了养分的转化吸收，有利于马铃薯的生长发育。覆膜后可提早出苗 8d，早开花 10d，早成熟 15d 左右。

（3）间作大豆是一种额外的收入，不仅不影响马铃薯生长，还可起到增产和养地的作用。

高垄覆膜栽培应注意出苗期及时在苗眼处开口，否则就会烫死幼苗。地膜开口，都要及时封口，否则即影响保温、保墒、杂草丛生，降低覆膜的效果。在覆膜前一定要精细整地，肥料一次施足，多施含钾的优质农家肥，否则会出现缺肥现象。覆膜后进行田间作业时，要防止人畜在薄膜上踩踏，以免破损薄膜和踏实土壤，破坏土壤结构。在整地作垄时一定要按照薄膜的宽度确定播种带宽，将垄台两边薄膜用土压严压实，便于田间管理。

二十一、饲草大豆青贮玉米复合种植技术

饲草大豆是半野生牧草型大豆品种，具有生长旺盛、鲜草量高、营养含量高、适应性广、枝叶繁茂、茎秆木质化程度低、易蔓生和饲喂动物后易消化等特点。充分利用饲草大豆营养体旺盛和高蛋白等优势，在有限的土地空间内，将饲草大豆与青贮玉米复合种植，二作混合收获达到提升混合青贮饲料产量和品质的目的。

栽培技术要点

（1）地块选择　饲草大豆青贮玉米复合种植的田块应选择土壤肥沃、盐碱轻、排灌方便、肥力水平较高的中高产农田。

（2）机械整地　10月份前茬收获后，结合机械深耕翻将有机肥料作基肥全层深施，同时期进行平田整地。11月初灌足、灌透冬水。2~3月份耱地2~3遍，耙糖保墒。

（3）施足基肥　氮肥作为底肥，结合整地先期施入，不作为种肥。磷肥主要作底肥和拔节期结合中耕施入。一般基施尿素 $225\,kg\cdot hm^{-2}$、磷酸二铵 $150\,kg\cdot hm^{-2}$。

（4）选择品种　大豆品种选择耐遮阴、青贮生育期适宜、蔓生性强的品种，如晋豆21等。玉米品种选用紧凑、耐密、抗病、优质、青贮产量高、品质优的品种，如正大12、郑单958等。

（5）适期播种　播种前机械旋耕耙地，造好底墒，达到待播易播状态。当土壤表层5~10cm地温稳定在10℃以上时播种。播种期为4月15~25日，玉豆同期播种，播种前大豆用根瘤菌剂拌种，每10kg大豆种子拌大豆根瘤菌剂150ml，随拌随用，阴干即可播种。

（6）种植规格　饲草豆青贮玉米同行混播：播种行距60cm，株距20cm，玉豆均双粒播种。饲草豆青贮玉米2：2行比宽窄行种植：玉豆宽行行距150cm，窄行行距30cm，玉豆间行距60cm，2行大豆间行距30cm，玉豆株距均为13~14cm。玉米留单苗，大豆留双苗。

（7）确保全苗 大豆、玉米适宜的播种深度应根据土壤质地、墒情和种子大小而定。播深要合理，种子要紧贴湿土，一般播深4~5cm为宜。要求落粒均匀、深浅一致、覆土良好、镇压紧实，确保出苗整齐一致，一播全苗。

（8）合理密植 一般玉米播种量37.5~45kg·hm^{-2}，保苗密度75000~82500株·hm^{-2}，大豆播种量45kg·hm^{-2}，保苗密度150000~180000株·hm^{-2}左右。

（9）田间管理

①药剂除草。大豆、玉米同期播种后用乙草胺加适量百草枯及时进行播后芽前药剂封闭除草。用50%的乙草胺2250~3000ml·hm^{-2}或90%的乙草胺1500~1800ml·hm^{-2}混72%的2，4-D丁酯750~1050ml·hm^{-2}，兑水225~300L·hm^{-2}均匀喷雾。大豆、玉米出苗后的除草主要通过中耕完成。

②中耕提温。大豆、玉米应早中耕。出苗后结合除草对大豆、玉米进行中耕2~3次。第一次中耕宜浅，以3~4cm为宜，避免伤根压苗；第二次中耕，苗旁浅行间深，力争达到苗全、苗齐、苗壮。

③查苗补种。玉米、大豆一次全苗是关键。原则上不间苗、不定苗、不补苗。大豆出苗后，及时查苗，发现由于虫、鸟为害以及播种质量造成缺苗断垄比较严重的地块应及早补种。

④及时追肥。玉米苗期追施尿素225kg·hm^{-2}，大喇叭口期追施尿素300kg·hm^{-2}，磷酸二铵75kg·hm^{-2}。大豆不单独进行施肥。

⑤合理灌溉。大豆、玉米幼苗期不灌水。玉米拔节、抽雄、灌浆中期及时灌溉。

⑥防治虫害。大豆、玉米红蜘蛛及玉米螟等害虫采取兼防兼治。用20%三氯杀螨醇乳油、30%杀螨特乳油等稀释1000倍液喷雾，或用73%的克螨特乳油1500倍液稀释喷雾，或用溴氰菊酯乳油、阿维菌素乳油、达螨灵乳油等药剂防治。

（10）适时收获 青贮玉米蜡熟期，将饲草大豆与青贮玉米同期混合收获青贮。

第四章　大豆栽培模式的效益评价

一、小麦复种大豆效益分析

宁夏盐池县年均降水量 300 mm，年均气温 7.2~8.8℃，≥ 0℃活动积温 3 200~3 700℃，≥ 10℃活动积温 2 700℃~3 300℃，属于一季有余两季不足地区；小麦除所需的 ≥ 0℃的活动积温 1 600~1 800℃和 120~127 d 全生育期外，大约还有 1 900℃积温和 70 d 的作物生长期没有充分利用。为此，在保护性耕作理论的指导下，借鉴其他兄弟县（区）市的经验与做法，2013 年开始在盐池县草原实验站井灌地开展小麦复种大豆效益及配套技术的试验研究，旨在实现农机与农艺融合，为井灌区"三高"农业的发展探索一条新途径。

1. 工艺路线

前茬作物留高茬→深松→灌冬水→地表处理→春播小麦→田间管理→机收留高茬→免耕播种大豆→田间管理→收获→深松越冬。

2. 效益分析

（1）生态效益　提高光热资源利用率。2014 年 4 月 20 日至 10 月 21 日的测定分析，小麦复种大豆较单种小麦可延长作物生育期 70 d，其太阳总辐射、生理辐射、日照、积温、降水利用率分别达到 98.5%、99.87%、100%、90.3% 和 92.3%，较单种小麦依次提高 25.73%、25.97%、24.26%、33.26%、37.9%。

改善了田间通风和 CO_2 供给状况，有利于调节田间温、湿度，改善小气候。小麦行距由 13 cm 调整为 40 cm，增加了透光率与田间风速，增强了田间作物的气体交换，改善了田间 CO_2 的更新和供给状况，调节了温、湿度。据测定，田间 13 cm 行距接受的生理辐射为 0.58×10^4 kJ·cm^{-2}，调整 40 cm 行距后接受的生理辐射为 0.73×10^4 kJ·cm^{-2}，气温降低 0.7~2.3℃，空气相对湿度降低 2.1%~6.5%，从而小麦生育后期常见的由高温（气温 ≥ 30℃）、低湿（空气相对湿度 ≤ 30%）并辅以低风速（≤ 风速 3 级）而形成的"干热风"危害程度降低。

提高辅助能转化效率，有利于充分利用太阳能。小麦复种大豆的光能利用率为 1.33%、辅助能投入量为 $2\,053.5 \times 10^4$ kJ·hm^{-2}，生物能产出量为 $10\,380 \times 10^4$ kJ·hm^{-2}，其光能利用率较单种提高 0.07%，能量产投比提高 33.1%。

减少了田间扬尘量。据测定，15 cm 高茬覆盖比 5 cm 低茬的对照田减少田间扬尘量 65.6%，明显减少了空气扬尘；同时由于小麦收获后立即免耕播种大豆，增加了地表植被覆盖，进一步减少了土壤风蚀，保护了耕地。

提高了土地利用率，有利于发挥土地生产力。小麦复种大豆，小麦收获了单种小麦 89.8% 的种植效益，大豆又收获了单种小麦 36.3% 的种植效益，使得复种单位面积效益是单种的 1.261 倍，土地利用率提高 26.1%。

发挥大豆的茬口优势，实现了土地用养结合。据杜守宇等研究，$1\,500$ kg·hm^{-2} 籽粒水平的豆类根瘤固氮量为 56.25 kg，相当于 17.5 kg 标准氮肥。加之叶、花的凋落可发挥其肥田效应和茬口效益，能够有效实现土地的用养结合和短中期轮作倒茬。

经济效益。2 年多的小麦复种大豆与单种小麦的对比试验结果表明，麦豆混合产量较单种产量提高 555 kg·hm^{-2}，复种总收入达 21 810 元·hm^{-2}，经济产品纯收入 15 300 元·hm^{-2}，经济产投比达 3.35∶1，分别较单种提高 26.2%、18.0%、2.8%，可以看出小麦复种大豆经济效益明显。

（2）社会效益　小麦复种大豆，提高了土地的时空利用率，充分发挥了土地生产力。在单位土地面积上，不仅提高了生物产量（混合干物质高于单种），而且增加了农产品种类，使农业生态系统内的生产力提高、物种数增加，从而在一定程度上缓解了粮油争地的矛盾。

农机与农艺融合，农机化新机具的应用，既有利于促进小麦从传统套种型向新型复种型方面的变革，也有利于促进农机化综合水平的提高，从而为土地流转与规模化经营创造条件。

小麦复种大豆是保护性耕作理论在盐池县农作物耕作的具体实践，也是农艺技术的一次大胆尝试，且具有良好的发展前景。小麦复种后茬作物，行距如何确定不能一概而论，应根据具体情况具体确定。

二、麦豆套种方式及效益评价

1990—1992年在固原清水河流域进行不同类型的麦豆套种带比试验，研究麦豆套种产量及经济效益，并从中选出适合当地麦豆套种的最佳比例，为大面积种植提供科学依据。

试验地设在固原县头营镇农科村，地势平坦，土壤为浅黑垆土，前茬为春小麦。小麦与大豆带比设5个处理。即，（1）1∶1，小麦、大豆带宽均为90 cm，小麦种7行，大豆种2行；（2）2∶1，小麦带宽90 cm种7行，大豆带宽45 cm种1行；（3）3∶1，小麦带宽90 cm种7行，大豆带宽30 cm种1行；（4）大豆单种，每小区种6行，行距45 cm；（5）小麦单种，每小区种21行。随机区组排列，重复3次，小区面积处理分别为27.0 m²、21.6 m²、19.8 m²、16.2 m²，每小区种植小麦3幅。收获时除去1个播幅，其余两个播幅单收、单脱、单计产量。小麦为墨六，生育期110 d，大豆为黑龙32，生育期149 d，结荚集中，抗倒性较好，适于套种。栽培管理同一般大田。其试验结果如下。

1. 增产效果

小麦产量套种的均低于单种。其中处理3∶1的产量最高，仅比小麦单种减产 1.86%；处理 2∶1 的产量次之，比小麦减产 5.53%；处理 1∶1 的产量最低，比小麦减产 33.39%；处理 1∶1、2∶1、3∶1 和小麦单种差异显著。（见表 4-1）

表 4-1　麦豆不同带型产量比较

单位：kg·666.7 m⁻²

处理	小麦产量	差异显著性		比小麦单种产量增加	处理	大豆产量	差异显著性		比大豆单种产量增加	处理	混合产量	差异显著性		比小麦单种产量增加
		5%	1%				5%	1%				5%	1%	
（5）	316.5	a	A		（4）	108.6	a	A		（2）	365.8	a	A	49.3
（3）	310.6	a	A	−5.9	（1）	75.9	b	B	−32.7	（3）	344.4	a	A	27.9
（2）	299.0	a	A	−17.5	（2）	66.8	c	B	−41.8	（5）	316.5	b	A	
（1）	210.8	b	A	−105.7	（3）	33.8	d	C	−74.8	（1）	286.7	b	A	−29.8
										（4）	108.6	c	B	−207.9

大豆产量套种的均极显著的低于单种。处理 1∶1 和处理 2∶1 的差异显著，处理 1∶1 和处理 2∶1 与处理 3∶1 的差异极显著。（见表 4-2）

表 4-2　麦豆不同带型经济效益分析

单位：kg·666.7 m⁻²、元·666.7 m⁻²

套种方式	产量				总产值	总投入	纯收入	比小麦单种±	比大豆单种±	经济投产比
	小麦		大豆							
	籽粒	秸秆	籽粒	秸秆						
（1）	210.8	271.3	75.0	114.1	332.44	78.95	253.49	38.08	137.25	1∶4.2
（2）	299.0	421.4	66.8	100.1	401.56	79.6	321.96	106.55	205.72	1∶5.0
（3）	310.6	429.2	33.8	58.4	353.78	80.18	273.6	58.19	157.36	1∶4.4
（4）	—	—	108.6	149.2	192.74	76.5	116.24	−99.17	—	1∶2.5
（5）	316.5	436.1	—	—	296.81	81.4	215.41	—	99.17	1∶3.7

注：小麦籽粒 0.08 元·kg⁻¹、秸秆 0.10 元·kg⁻¹，大豆籽粒 1.50 元·kg⁻¹、秸秆 0.20 元·kg⁻¹，尿素、磷酸二铵按国家平价计。

大豆带宽45cm种1行较90cm种2行的增产33.33%，同种1行，带宽30cm较带宽45cm的减产33.20%。

麦豆混合产量以处理2∶1比较高，比小麦单种增产15.57%；其次是处理3∶1比小麦单种增产5.52%；处理2∶1和处理3∶1差异不显著。处理1∶1产量最低，比小麦单种减产9.41%；处理1∶1和小麦单种的差异不显著，其他差异显著和极显著。

2. 经济效益分析

麦豆不同带比套种的总产值、投入水平、纯收入均不相同。（见表4-2）套种的每666.7m²纯收入均高于单种。处理2∶1纯收益比较高，比单种小麦高49.47%，比单种大豆高176.9%，经济投产比最高；其次是处理3∶1纯收入每666.7m²比单种小麦和大豆分别提高27.01%、135.38%；再次是处理1∶1纯收入比单种小麦和大豆分别提高17.68%和118.07%。

三、马铃薯套种大豆效益评价

固原市原州区位于黄土高原西北部，年均日平均气温6~7℃，≥10℃活动积温2300℃，年均降水量450mm，无霜期135d，日照时数2800h，日照百分率为60%，年太阳总辐射量543.92 kJ·cm⁻²。日照充足，光能资源丰富，光能潜力大，年降雨季节分配不均，但雨热基本同季，种植的作物一年一熟，光热源丰足有余，种植两季则光热不足。为了增加单位空间光、热资源的利用，依据马铃薯和大豆的生物学特性及全膜覆盖的生态环境条件，构建马铃薯与大豆间种复合群体，并研究出成熟的配套栽培技术。该技术可提高对单位空间光、热、水、土资源的利用，并适用干旱频繁的气候条件，实现旱年以薯补豆，稳产保收，丰水年薯豆双增产，提高了土地生产力。

1. 全膜覆盖双垄沟播马铃薯套种大豆种植模式构建依据

全膜覆盖双垄沟播马铃薯种植于两垄沟内，大垄相距70cm，种植空间较大，将播种期基本相同的大豆，播入大垄中间种植，形成复合群体后，矮秆的马铃薯可利用近地面的太阳辐射光能，相对高秆的大豆则有效地利用空间光能，进而提高种植系统光热资源的利用率；马铃薯对土壤氮素吸收较多，吸收量最大的元素是钾，而大豆则对磷素敏感。为提高土地利用率，在同一田块种植两种作物进行套种，可均衡吸收土壤中的氮、磷、钾等养分。宁南山区是半干旱和阴湿区，马铃薯是抗旱作物，更是高产作物，大豆则是典型的豆科高产作物，套种模式在丰水年份发挥了大豆的增产优势，同时也促进了马铃薯增产，可实现双丰收；干旱年份，大豆虽受灾减产，但占比例较大的马铃薯因耐旱仍有相当的产量，达到以薯补豆，即马铃薯套种大豆将作物的丰产性和抗灾性有机地结合起来。相对单种消耗土壤肥力，套种农田如果没有相应的培肥措施作保障，将对农田形成掠夺式经营，而将大豆纳入复合的套种体系后，则可发挥和利用其根瘤固氮和落物（叶、花、根）回田的习性，使土壤得以培肥，养分得以补偿。

2. 马铃薯套种大豆的效益评价

为鉴定和研究全膜覆盖双垄沟播马铃薯套种大豆的效益，以晋薯7号等马铃薯和KF6等大豆品种研究为对象，全膜覆盖条件下种植。主栽马铃薯种植于两垄沟内侧，株距25~30cm，密度5.7万~6.0万株·hm^{-2}，套作大豆种植于大垄上，每垄种植2行，播种行与垄边距20cm，株距20cm，行距30cm，密度18万株·hm^{-2}。

马铃薯套种大豆土壤水分生产率（WUE）。据试验研究，马铃薯套种大豆（折合主粮）水分生产率最高，为15.45kg/（mm·hm^2），单种马铃薯为13.05kg/（mm·hm^2），单种大豆为6.3kg/（mm·hm^2），套种较单种马铃薯提高2.40kg/（mm·hm^2），较单种大豆提高9.15kg/（mm·hm^2），水分生产率分别提高18.4%、145.2%。

马铃薯套种大豆光、热效应。据调查研究，马铃薯采用宽窄行种植并在宽行内种大豆KF6形成间种复合生态系统后，虽然物种增多，密度增加，但相对于作物的单种田，不仅对薯带的光束状况未见明显削弱，并且明显增强了豆带的透光性，同时套作田间活动层相对湿度一般比单种田高。与套种田相比，单种田其密度稀疏，空白地与大气接触面积大，其蒸发量比套种田大。

充分利用土壤，提高土地利用率。全膜覆盖双垄沟播 110cm 为一个种植带，马铃薯套种大豆种植系统的土地利用率可用土地当量比反映。

土地当量比 = 套种 A 产量 / 单种 A 产量 + 套种 B 产量 / 单种 B 产量（均系籽粒产量）。经计算，在全膜覆盖下马铃薯套种大豆的土地当量比为 1.36，说明实施马铃薯与大豆套种，使土地利用率提高 36%，全膜覆盖大行闲置空间得以充分利用，大大提高了土地利用率，同时能更大限度利用土壤养分和水分。

发挥大豆茬口优势，实现土地用养结合和农田带状轮作。据研究，籽粒产量水平 1500kg·hm^{-2} 的大豆根瘤固氮菌量为 56.25kg，约相当于 262.5kg 的标准氮肥。加之大豆生物产量的农田归还率较高，因而将其纳入套种的两熟制农田生态系统中，发挥其肥田效应，能够有效地实现土地的用养结合和农田的短中期地带状轮作。

马铃薯套作大豆的生产力效应。作物生育效应。在全膜覆盖双垄沟播条件下，相对于马铃薯单种群体，大垄中间种植大豆构成的群体中马铃薯生长的地上、地下部分缩小，这是由于和大豆植株产生争水、争肥、争光引起，但并未明显影响马铃薯的生长发育，主要表现在单株结薯数、商品薯率及单株块茎产量没有明显降低。由于通风透光及温度、湿度条件的改善，造成套作大豆正向向上生长发育效应。据试验测定，套种大豆比单种大豆分枝数多 0.47 个、单株结荚数多 0.5 个、单株粒数少 3.4 粒、百粒重高 1.3g、单株粒重高 3.3g。（见表 4-3）

表 4-3　全膜覆盖双垄沟播马铃薯套种大豆生长发育效应

种植方式	马铃薯				大豆				
	株高/cm	单株结薯/个	商品薯率/%	单株薯种/g	单株分枝/个	单株结荚/个	单株粒数/粒	百粒重/g	单株粒重/g
套种	85.3	3.7	86.2	532.8	3.0	35.2	60.3	23.3	20.1
单种	85.0	3.5	82.6	515.6	2.5	34.7	63.7	22.0	16.8

生物产量效应。包括籽粒产量和茎叶产量。马铃薯套种大豆合计产量（马铃薯块茎产量按 5：1 折算）6 373.5 kg·hm^{-2}，较单种马铃薯增产 556.5 kg·hm^{-2}，较单种大豆增产 4 000.5 kg·hm^{-2}，增产率分别为 9.6% 和 168.58%。（见表 4-4）

表 4-4　全膜覆盖马铃薯套种大豆生物产量效应

单位：kg·hm^{-2}

种植方式	主粮产量			茎叶处理	
	马铃薯	大豆	合计	马铃薯	大豆
马铃薯套种大豆	5 331.0	1 042.5	6 373.5	2 719.5	865.5
马铃薯单种	5 817.0	—	5 817.0	3 082.5	—
大豆单种	—	2 373.0	2 373.0	—	1 969.5

马铃薯套种大豆经济效益。　研究与生产实践证明，合理种植能够获得最大的收益。在全膜覆盖双垄沟播条件下马铃薯套种大豆增产显著。从（表 4-5）可以看出，套种田马铃薯产量（薯块）相当于单种产量的 91.65%，大豆产量（籽粒）相当于单种产量的 43.93%，实现了马铃薯套种大豆的双高产。马铃薯套种大豆总收入、纯收入、产投比较单种高，较马铃薯单种纯收入提高 3 268.5 元·hm^{-2}，增幅 14%；纯收入提高 2 818.5 元·hm^{-2}，增幅 25.0%。较大豆单种总收入提高 14 649 元·hm^{-2}，增幅 123.23%；纯收入提高 7 449 元·hm^{-2}，增幅 112.23%。

表 4-5　全膜覆盖马铃薯套种大豆生物产量效应

单位：元·hm⁻²

种植方式	总产值	生产成本	纯收入	产投比
马铃薯套种大豆	26 536.5	12 450.0	14 086.5	2.1∶1
马铃薯单种	23 268.0	12 000.0	11 268.0	1.9∶1
大豆单种	11 887.5	5 250.0	6 637.5	2.3∶1

3. 结论

研究证明，在马铃薯全膜双垄沟播栽培条件下，大垄中间套种大豆，不仅对马铃薯带的光照状况未见明显削弱，并且明显地增强了大豆带的透光性，使水分生产率得到了最大的提高，土地当量比达到 1.36∶1，实现土地的用养结合和农田的短中期带状轮作，效益显著，并适用于干旱频繁的气候条件，实现旱年以薯补豆，稳产保收，丰水年薯豆双增产，提高了土地生产力，在农业生产上应大面积推广。

四、全膜覆盖条件下玉米间作大豆效益评价

宁南山区位于黄土高原西北部，年平均气温 6.5 ℃，≥ 10 ℃有效积温 2 300~2 500 ℃，年均降水量 450 mm，无霜期 135 d，日照时数 2 800 h，日照百分率为 60%，年太阳总辐射量 543.92 kJ·cm⁻²。日照充足，光能资源丰富，光能潜力大，年降水量季节分配不均匀，但雨热基本同季，种植作物一年一熟，光热资源丰盈有余，一年两季则光热不足。为了增加单位空间光、热资源的利用，提高土地生产力，依据玉米和大豆的生物学特性及全膜覆盖双垄集雨沟播田间生态条件，笔者构建了玉米与大豆套种复合群体，研究成熟的配套栽培技术，以期为宁南山区旱作节水与种植业结构调整提供科学依据。

1. **材料与方法**

（1）试验地概况 试验设在原州区开城镇寇庄村，当地海拔1830m，年平均气温6.5℃，年降水量428mm，无霜期135d，是典型的旱作雨养农业区。试验地前茬为马铃薯，土地平整，土壤肥力均匀一致，有机质含量10.8g·kg^{-1}，全盐0.32g·kg^{-1}，全氮0.68g·kg^{-1}，速效氮69.3mg·kg^{-1}，有效磷4.3mg·kg^{-1}，速效钾76mg·kg^{-1}。

（2）试验材料 供试玉米品种为长城706，由原州区种子公司提供；大豆品种为KF6，由宁夏农林科学院农作物所提供。

（3）试验设计 试验共设3个处理：单种玉米，每垄种2行，密度6万株·hm^{-2}；单种大豆，每垄种4行，穴距25cm，每穴种4粒，密度285万株·hm^{-2}；玉米间作大豆，大垄中间种植大豆，株距40cm，每穴种2粒，密度18万株·hm^{-2}。试验采用大区对比设计，面积330m^2（22m×15m）。

（4）计算公式

土壤含水量（%）=（湿土重–烘干土重）×100/烘干土重土壤贮水量（mm）。

降水利用率（%）=作物耗水量/生产年度降水量×100=（播前2m土层贮水量–成熟期2m贮水量+生育期降水量/生产年度降水量×100；

作物水分利用率（kg·mm^{-1}·hm^{-2}）=经济产量/耗水量。

田间管理 试验于3月10日起垄整地，起垄时施呋喃丹4.8kg·hm^{-2}拌成毒土撒施，基施磷酸二铵225kg·hm^{-2}，尿素200kg·hm^{-2}。4月20日播种，玉米5月5日出苗，4~5叶定苗；大豆5月1日出苗，3叶定苗，每穴留苗2株，其他管理措施同大田。

2. **结果与分析**

全膜覆盖双垄集雨沟播套种生产力效应。作物生育效应。由表4-6可知，在全膜覆盖双垄集雨沟播条件下，大垄中间种大豆构成的群体相对于玉米单种群体，对玉米的生长发育未见明显影响，且群体结构良好，主要表现在株高、茎粗、穗长、秃顶、穗行数、穗粒数、百粒重、产量等没有变化。由于通风透光及温度、湿度条件的改善，形成了间作大豆正向生长发育效应，据试验测定，间作大豆比单种大豆株高增加 3.1 cm，分枝数多 0.44 个，单株结荚数增加 0.7 个，单株粒数增加 0.9 粒，百粒重增加 0.7 g。

表 4-6　全膜覆盖集雨双垄沟播玉米间作大豆生长发育效应

种植方式	玉米					大豆				
	株高/cm	茎粗/cm	秃顶/cm	穗粒数/（粒·穗⁻¹）	百粒重/g	株高/cm	分枝数/个	结荚数/个	粒数/（粒·株⁻¹）	百粒重/g
套种	260	3.2	0.6	586.4	31.2	58.5	2.88	35.4	64.3	22.9
单种	260	3.2	0.6	585.7	31.2	55.4	2.44	34.7	63.4	22.2

生物产量效应。玉米间作大豆两作合计籽粒产量 10 482.0 kg·hm⁻²，较单种玉米增产 1 053.0 kg·hm⁻²，较单种大豆增产 8 058.0 kg·hm⁻²，增产率分别增加 11.2% 和 332.4%。（见表 4-7）

表 4-7　全膜覆盖集雨双垄沟播玉米间作大豆生物产量效应

种植方式	小区产量/（kg·330 m⁻²）		折合籽粒产量/（kg·hm⁻²）			副产品产量/（kg·hm⁻²）		
	玉米	大豆	玉米	大豆	合计	玉米	大豆	合计
玉米套种大豆	311.14	34.75	9 429.0	1 053.0	10 482.0	21 687.0	2 106.0	23 792.7
玉米单作	311.14	—	9 429.0	—	9 429.0	21 687.0	—	21 687.0
大豆单作	—	80.00	—	2 424.0	2 424.0	—	4 848.0	4 848.0

全膜覆盖双垄集雨沟播间作经济效益。研究与生产实践证明，合理种植制度能够获得最大的收益，在全膜覆盖双垄集雨沟播条件下玉米间作大豆增产显著。由表 4-8 可知，间作田玉米产量与单种产量相等，即

间作对玉米产量不构成影响，大豆产量相当于单种产量的 43.93%，实现了玉米、大豆的双高产。玉米间作大豆总收入、纯收入、产投比均高于单种；比玉米单种总收入增加 5 686.27 元 · hm⁻²，增幅 22.07%；纯收入提高 4 961.2 元 · hm⁻²，增幅 28.77%；比大豆单种总收入增加 12 680.37 元 · hm⁻²，增幅 49.2%；纯收入提高 6 981.37 元 · hm⁻²，增幅 68%；产投比较单种玉米增加 14.9%，较单种大豆增加 17.5%。

表 4-8　全膜覆盖集雨双垄沟播玉米间作大豆经济效益

单位：元 · hm⁻²

种植方式	总产值	生产成本	纯收入	产投比
玉米套种大豆	25 769.97	8 525	17 244.97	3.02 ∶ 1
玉米单作	20 083.77	7 800	12 283.77	2.57 ∶ 1
大豆单作	13 089.60	5 250	10 263.60	2.49 ∶ 1

全膜覆盖双垄集雨沟播间作水分生产率。玉米间作大豆水分生产率最高，为 32.4 kg · mm⁻¹ · hm⁻²，单种玉米为 31.2 kg · mm⁻¹ · hm⁻²，单种大豆为 8.6 kg · mm⁻¹ · hm⁻²，间作较单种玉米提高 1.2 kg · mm⁻¹ · hm⁻²，较单种大豆提高 23.85 kg · mm⁻¹ · hm⁻²，降水利用率分别提高 5.2%、10.3%。（见表 4-9）

全膜覆盖双垄集雨沟播间作光、热效应。玉米采用全膜覆盖双垄集雨沟播种植并在宽行内间种大豆形成立体复合生态系统后，虽然物种增多，密度增加，但对应作物的单种田，不仅对玉米带的光束状况未见明显削弱，且明显增强了大豆带的透光性，同时间作田间活动层相对湿度比单种田高，单种田与间作田相比，单种田其密度稀疏，空白地与大气接触面积大，其蒸发量比套种田大。

表 4-9　全膜覆盖集雨双垄沟播间作水分生产率与降水利用率

处理	播前贮水量/mm	收获后贮水量/mm	生育期降水量/mm	耗水量/mm	经济产量/(kg·hm⁻²)	年降水量/mm	降水利用率/%	水分生产率/(kg·mm⁻¹·hm⁻²)
套种大豆	197.45	198.8	325.4	324	10 482.0	414.7	78.1	32.4
玉米单作	197.45	220.4	325.4	302	9 249.0	414.7	72.9	31.2
大豆单作	197.45	241.66	325.4	281	2 424.0	414.7	67.8	8.6

3. 讨论

（1）充分利用土壤，提高土地利用率　全膜覆盖双垄集雨沟播110cm 为一个种植带，玉米间作大豆种植系统的土地利用率可用土地当量比来反映。土地当量比 = 套种 A 产量 / 单种 A 产量 + 套种 B 产量 / 单种 B 产量（均采用籽粒产量）。经计算，在全膜覆盖下玉米间作大豆的土地当量比为 1.43∶1，说明由于实施玉米与大豆间作使土地利用率提高 43%，使全膜覆盖大行闲置空间得以充分利用，提高了土地利用率，同时能更大限度地利用土壤养分和水分。

（2）发挥大豆的茬口优势，实现土地的用养结合和农田的带状轮作。据研究，籽粒产量水平 1500kg·hm⁻² 的大豆根瘤固氮菌量为 56.25kg，约相当于 262.5kg 的标准氮肥。加之大豆生物产量的农田归还率较高，因此，将其纳入间作的两熟制农田生态系统中，发挥其肥田效应，能够有效地实现土地的用养结合和农田的短中期地带状轮作。

（3）为立体复合种植构建了技术模式和理论依据　全膜覆盖双垄集雨沟播玉米种植于两垄沟内，大垄相距 70cm，种植空间较大，将播种期基本相同、共生期较短的大豆，播入大垄中间种植，形成复合群体后，相对矮秆的大豆可利用近地面的太阳辐射光能，高秆的玉米则有效地利用空间光能，进而提高种植系统光热资源的利用率；玉米对土壤氮素吸收较多，而大豆对磷素敏感，同时大豆根系着生大量的根瘤菌，根瘤菌的生命活动形成含氮化合物。

为提高土地利用率，在同一块田间作 2 种作物，可均衡地吸收土壤中氮、磷、钾，在宁南山区半干旱和阴湿区，玉米是高产高效作物，大豆则是典型豆科高产作物，间作模式发挥了大豆的增产优势，同时也促进玉米增产，可实现双丰收，相对单种消耗土壤肥力，间种农田如果没有相应的培肥措施作保障，将对农田形成掠夺式经营，而将大豆纳入复合间种体系后，则可发挥和利用其根瘤固氮和落物（叶、花、根）回田的习性，使土壤得以培肥，养分得以补偿。

4. 结论

全膜覆盖双垄集雨沟播间作就是在地面起大小双垄，用地膜全地面覆盖后，在垄沟内种植玉米，在大垄中间套种大豆。该技术充分考虑了宁南山区降雨量偏少的干旱特点，采用大小双垄的集雨效果，将冬春两季 5~10 mm 的有限集雨最大限度地蓄积并保存于土壤中，以保证早春作物所需的水分，有效促进土壤－作物水分的良性循环，解决旱作雨养区春播玉米生育前期降水量变幅大与发育不一的矛盾，具有显著的增产作用，一般较常规半膜增产 28% 以上。

大豆间作玉米种植系统，玉米生长发育并未受影响，也不妨碍大豆的生长发育，还实现了一定的产量水平，最终使套种产量较玉米单种增产 22.07%，较大豆单种增产 28.77%，土地利用率提高 43%。

五、宁夏灌区小麦套种大豆寄生菟丝子栽培技术及效益评价

宁夏灌区日照时间长，太阳辐射强，昼夜温差大。年均日照时数 3 000 h 左右，无霜期 160~170 d。≥ 10℃的活动积温 3 300℃左右，热量资源丰富，有利于农作物的生长发育和营养物质的积累，独特的气候资源优势及生产条件为大豆间套种提供了优越的生产条件（见表 4-10）。国家大豆产业技术体系银川综合试验站近年来在宁夏灌区平罗县、贺兰

县、永宁县、青铜峡市、中宁县、中卫市等地区进行小麦套种大豆高产高效栽培试验示范。该套种模式全程机械化程度高，栽培技术农民容易接受，是一项精简实用的高效栽培技术。

表 4-10　宁夏灌区主要市县生态气象指标

地区	主要指标						辅助指标	
	年均温 /℃	年降水量 /mm	年极端最高温 /℃	年极端最低温 /℃	6~8月份均温 /℃	无霜期天数 /d	海拔 /m	年日照时数 /h
银川	9.0	185.3	38.7	−27.7	22.2	165	1 100~1 200	2 905.7
灵武	8.9	192.9	37.5	−26.5	21.9	178	1 100~1 500	3 011.0
吴忠	9.3	184.6	38.0	−24.0	22.0	182	1 100~1 900	2 974.4
青铜峡	9.2	175.9	37.7	−25.0	21.8	168	1 150~1 700	2 980.2
中宁	9.5	202.1	37.7	−26.9	22.1	169	1 160~1 370	2 979.9
中卫	8.8	179.6	37.6	−29.2	21.2	159	1 100~2 955	2 921.3

大豆栽培方面，菟丝子是严重危害大豆的寄生性杂草；中药材利用方面，菟丝子作为价值较高，通常采自栽培大豆的田间。目前，菟丝子的临床应用主要集中在补肾安胎等方面，其作用明确，药效温和，无明显毒副作用。以菟丝子为主研发的新药不断增加，在治疗男性不育症，习惯性流产，小儿遗尿症等方面应用十分广泛。菟丝子抗衰老作用亦十分明显，其黄酮及多糖成分均显示出抗氧化、清除自由基的活性，同时它还能调节免疫功能，保护心脑血管，对于改善亚健康状态，增强体质具有很好的作用，研究开发菟丝子的保健药品和保健食品前景十分广阔，其籽粒需求量越来越大。宁夏灌区局部地区药用菟丝子寄生大豆栽培面积广大，而且籽粒饱满坚实、无公害、绿色环保、少杂质等优质特性颇受药商青睐。由于菟丝子市场需求量较大，因此，栽培效益显著高于当地小麦、大豆、玉米等主栽作物。

药用菟丝子栽培种植离不开寄主大豆，宁夏引黄灌区局部地区群众在小麦套种大豆高产栽培技术基础上进行药用菟丝子寄生大豆栽培种植，主要以收获菟丝子干籽粒为主。2015年试验结果表明，大豆被菟丝子寄生后，大豆百粒重比正常种植的百粒重明显减少。3个主栽大豆品种承豆6号菟丝子寄生的覆盖度较高，被寄生性较强，属于严重寄生品种，大豆没有产量，菟丝子产量860.85kg·hm⁻²；其次为中黄30，大豆百粒重15.8g，产量1473.9kg·hm⁻²，菟丝子籽粒产量502.5kg·hm⁻²，属于中等寄生品种；晋豆19菟丝子寄生覆盖度比较低，大豆百粒重17.92g，产量1040.4kg·hm⁻²，菟丝子籽粒产量173.25kg·hm⁻²，属于轻度寄生品种。（见表4-11）

表4-11 3个主栽大豆品种寄生菟丝子产量表

大豆品种	密度 /（万株·hm⁻²）	菟丝子产量		大豆产量		
		单株产量 /g	产量 /（kg·hm⁻²）	百粒重 /g	单株产量 /g	产量 /（kg·hm⁻²）
中黄30	13.95	3.6	502.5	15.8	10.56	1 473.9
晋豆19	13.12	1.32	173.25	17.92	7.93	1 040.4
承豆6号	12.49	6.89	860.85	0	0	0

2013—2015年对小麦套种大豆寄生药用菟丝子产地实际调查显示，小麦产量4 500kg·hm⁻²（2.8元·kg⁻¹）；大豆产量675kg·hm⁻²（4.0元·kg⁻¹），较高产量达到1 050kg·hm⁻²；菟丝子籽粒产量600kg·hm⁻²（30~60元·kg⁻¹），较高产量达到900kg·hm⁻²左右。三作产值分别达到12 600元·hm⁻²、2 700元·hm⁻²、18 000元·hm⁻²，三作产值合计33 300元·hm⁻²，综合种植效益与单种小麦、大豆、玉米相比，小麦套种大豆的经济收益高，经济效益十分显著。（见表4-12）

表 4-12　作物产量产值比较表

作物		产量 /（kg·hm⁻²）	单价 /（元·kg⁻¹）	产值 /（元·hm⁻²）	合计 /（元·hm⁻²）
大豆		3 900	4.0	15 600	15 600
小麦		6 000	2.8	16 800	16 800
玉米		11 250	1.9	21 375	21 375
小麦套种大豆	小麦	4 800	2.8	13 440	23 640
	大豆	2 550	4.0	10 200	
小麦套种大豆寄生菟丝子	小麦	4 500	2.8	12 600	33 300
	大豆	675	4.0	2 700	
	菟丝子	600	30.0	18 000	

注：产量、单价为 2014 年、2015 年市场调查产量及价格。

六、宁夏春大豆品种演变及栽培技术进步对大豆产量的贡献

宁夏自然资源优越，光、热、水、土等农业自然资源配置较好，为发展农林牧业提供了极为有利的条件，素有"塞上江南"之誉。按照地貌特征和水资源分布情况，宁夏农业生产区域分为三大生态类型，即引黄灌区、中部扬黄灌区、南部半干旱黄土丘陵区，其中引黄灌区占 41%，中部及南部占 59%。宁夏具有灌溉条件的耕地面积 50×10^4 hm²，其中扬黄灌区面积 38.6×10^4 hm²，是我国四大自流灌溉区域之一。

大豆是重要的粮食作物和经济作物，为人类提供丰富、优质的油脂和蛋白资源。大豆是宁夏灌区继小麦、水稻、玉米之后的第四大传统的粮油作物之一，在农业生产中占有比较重要的地位，大豆种植因宁夏山川各地自然条件、耕作栽培方式的差异，对大豆的利用要求也各不相同，大豆品种在产量、品质和抗性性状方面均存在明显区别。灌区大豆种植多以春播为主，夏播大豆主要以复种为主。全区大豆种植面积常年

达 4.6×10^4~$5.3 \times 10^4\,hm^2$，占粮食播种面积的 6.3%。1993 年全区大豆面积最大，总产量达到 $3\,200 \times 10^4$~$3\,700 \times 10^4\,kg$。

宁夏引黄灌区大豆单产一般在 2 400~3 750 kg·hm^{-2}，小麦套种大豆产量 2 250~3 000 kg·hm^{-2}，大豆与经果林间作产量 3 000 kg·hm^{-2} 左右，春小麦或冬小麦收获后复种大豆产量 1 500~2 700 kg·hm^{-2}，宁夏大豆单种最高产量目前可达 4 500 kg·hm^{-2} 以上。

1. 大豆栽培品种的主要演变及产量变化

宁夏最早引进种植的大豆品种。据资料记载，1949 年由原宁朔县（现青铜峡市）马寨农民从陕西榆林引入的榆林黄大豆，1950 年开始在宁夏灌区种植，主要以青铜峡、灵武、永宁等县种植较多。据试验资料记载，1957 年在平罗试种，平均产量 1 380 kg·hm^{-2}，比当地大豆增产 435 kg·hm^{-2}，增产 46.5%。

宁夏大豆品种的演变大约分五个阶段。第一阶段：1950—1983 年，宁夏第一个自育春大豆品种宁豆 1 号审定历时 33 年，平均增产 450 kg·hm^{-2}。第二阶段：1983—1994 年，自育春大豆品种宁豆 2 号审定历时 11 年，平均增产 240 kg·hm^{-2}。第三阶段：1994—1998 年，自育春大豆品种宁豆 4 号审定历时 4 年，平均增产 1 012.5 kg·hm^{-2}。第四阶段：1998—2003 年，自育春大豆品种宁豆 5 号审定历时 5 年，平均增产 957 kg·hm^{-2}。第五阶段：2003—2018 年，自育春大豆品种宁豆 6 号审定历时 15 年，平均增产 355.5 kg·hm^{-2}。20 世纪 80 年代大豆科研工作者引进了铁丰 18 号大豆品种(宁种审 8306)，先后选育并审定了宁豆 1 号、宁豆 2 号、宁豆 3 号。21 世纪初，宁夏大豆科研工作者先后选育并审定了宁豆 4 号、宁豆 5 号、宁豆 6 号春大豆品种，在此期间还先后引进了承豆 6 号、晋豆 19、冀豆 17、中黄 30 等春大豆新品种（系），大豆产量也由 1 500 kg·hm^{-2} 左右，提高到 4 350 kg·hm^{-2}，小面积高产达到了 4 800 kg·hm^{-2} 以上。（见表 4-13）

表 4-13　春大豆品种演变及产量变化

品种	审定年份	产量/（kg·hm⁻²）	备注
榆林大豆	1950	1 380.0	
铁丰 18	1983	1 665.0	
宁豆 1 号	1983	1 830.0	麦豆套种大豆产量 750~1 050 kg·hm⁻²
宁豆 2 号	1994	1 905.0	麦豆套作大豆产量 1 500~2 250 kg·hm⁻²，"三种三收"大豆产量 750~1 200 kg·hm⁻²
宁豆 3 号	1995	2 077.5	适应性较广，适合套种、间种、单种
宁豆 4 号	1998	2 917.5	小麦套种大豆生产示范，大豆平均产量 1 822.5 kg·hm⁻²
宁豆 5 号	2003	3 874.5	适合与小麦、西瓜、经果林套种
承豆 6 号	2003	4 231.5	适合与小麦、西瓜、经果林套种
宁豆 6 号	2018	4 359.0	适合与小麦、西瓜、经果林套种

注：产量为 2 年区域试验平均产量。套种产量为生产示范产量。

　　目前，宁夏大豆生产上推荐种植的品种主要有宁豆 5 号、宁豆 6 号、中黄 30、晋豆 19、承豆 6 号、冀豆 17 等品种。冬小麦和春小麦收获后又有一定面积的夏播复种早熟品种（生育期 100 d 左右），推荐种植的夏播复种品种主要有垦丰 22 号、垦丰 25 号，以及合丰、黑河系列等品种。大豆新品种、新技术、新方法对宁夏大豆产业的发展起到了显著的技术支撑作用。

2. 栽培技术集成效益分析

　　宁夏耕地资源有限，优先保证水稻、小麦、玉米优势粮食作物的生产是不可动摇的。宁夏大豆生产的发展，主要在不与优势作物争地且能促进主粮增产的前提条件下进行。为此，宁夏大豆种植主要是与粮食及经济作物、经果幼林之间的间作、套种、复种。

20世纪七八十年代，宁夏小麦套种大豆生产逐步发展，但是套种栽培技术还不成熟、不完善，小麦套种大豆只是把大豆种植在小麦的行间（小麦采取双行靠种植），大豆没有足够的生长发育空间，品种也多是农家地方品种，大豆播种采取人工耧播等种植方法，播种方式落后，播种量大，密度大，大豆植株匍匐生长，茎秆纤细，田间管理粗放，产量较低，大豆产量仅 $750\sim1\,200\,kg\cdot hm^{-2}$。20世纪90年代随着科技进步及大豆新品种育成，大豆间套种栽培技术逐步完善，小麦套种大豆种植给大豆留 $40\sim50\,cm$ 的种植带，大豆产量有了一定的提高，平均产量达到 $1\,500\,kg\cdot hm^{-2}$ 左右。小麦套种玉米逐步发展，农民把大豆种植在玉米带的空当之间，称之为"三种三收"或"吨"粮田，大豆生长发育空间有限，平均产量 $600\sim750\,kg\cdot hm^{-2}$。2010年以来，国家大豆产业技术体系银川综合试验站的成立，宁夏大豆产业得到了长足发展，大豆间作套种栽培技术逐步成熟完善，大豆产量进一步提高。

宁夏中、北部灌区大豆种植模式及效益。春播单种大豆。春播单种大豆主要是发挥大豆"低密度促进型"高产栽培技术，在低密度群体下，按照"促—控—促"大豆高产高效综合配套栽培技术。种植规格：种植行距 $50\sim60\,cm$，株距 $10\sim13\,cm$，保苗密度18万 $\sim$19.5万株$\cdot hm^{-2}$。宁夏灌区大豆单产一般在 $2\,400\sim3\,750\,kg\cdot hm^{-2}$，高产可达 $4\,500\,kg\cdot hm^{-2}$ 以上。2015年专家组对银川大豆试验站在永宁县杨和镇南北全村种植的冀豆17高产田进行了实收测产。高产示范面积 $10\times666.7\,m^2$，实打实收测产面积 $1.046\times666.7\,m^2$，实打实收347kg，折合产量 $4\,978.5\,kg\cdot hm^{-2}$，创宁夏春大豆单种高产纪录。

小麦套种大豆。小麦套种大豆的种植模式具有适应性广、丰产性好、机械化程度高的特点，小麦套种大豆产量一般在 $2\,250\sim3\,000\,kg\cdot hm^{-2}$，高产接近 $3\,900\,kg\cdot hm^{-2}$。种植规格：①小麦带宽90cm，种7行小麦，大豆带宽45cm种2行大豆；②12行小麦套种2行大豆，小麦大豆总带宽190~210cm，其中小麦带宽130~140cm，种12行小麦，大豆带宽60~70cm，种植2行大豆，大豆行距30cm，株距15cm，边行大豆距边行小麦15cm；③12行小麦套种3行大豆，小麦大豆总带宽230~240cm，其中小麦带宽130~140cm，种12行小麦，大豆带宽100cm，种植3行大豆，大豆行距40cm，株距15cm，边行大豆距边行小麦30cm；④灌区机械收获小麦套种大豆的种植规格，小麦净带宽140cm，大豆带宽90cm，播种3行大豆，行距30cm。小麦2月下旬择期播种。大豆4月中旬择期播种，播量45~60kg·hm^{-2}，大豆保苗12万~18万株·hm^{-2}。据宁夏农林科学院农作物研究所科研基地种植示范，小麦套种的大豆平均产量3000kg·hm^{-2}。2005年在同心县扬黄灌区推广应用该模式的结果表明，平均产量小麦为5484kg·hm^{-2}、大豆为3634.5kg·hm^{-2}，总产值（按当地市场价格春小麦1.76元·kg^{-1}、大豆2.8元·kg^{-1}计算）达19828元·hm^{-2}，扣除投入（包括灌水、肥料、种子等）4500元·hm^{-2}，纯收入达15328元·hm^{-2}，较当地单种小麦纯收入7290元·hm^{-2}增加8038元·hm^{-2}，经济效益十分显著。2006年该区小麦套种大豆的面积已发展到2333.3 hm^2。（见表4-14）

表4-14　麦豆套种不同带型的产量结果

单位：kg·666.7m^{-2}

带型	小麦产量	比小麦单种增减	带型	大豆产量	比大豆单种增减	带型	混合产量	比小麦单种增减
小麦单种	316.5		大豆单种	108.6				
3∶1	310.6	-5.9	1∶1	75.9	-32.7	2∶1	365.8	49.3
2∶1	299.0	-17.5	2∶1	66.8	-41.8	3∶1	344.4	27.9
1∶1	210.8	-105.7	3∶1	33.8	-74.8	1∶1	286.7	-29.8

玉米间作大豆。玉米大豆带状立体复合种植较常规净作玉米少减产或不减产，高产田块可增产5%~10%，并成功创造间作大豆产量1500kg·hm^{-2}以上记录，套作大豆亩产量2250kg·hm^{-2}以上的高产典型，增产增收效果显著。种植规格：采用玉豆2∶2行比间作配

置，宽、窄行种植。关键技术一，扩行距：窄行由生产上的 20~40 cm 调整为 30 cm，宽行由 60~80 cm 调整为 160~170 cm；玉米大豆间距 65~70 cm；玉豆间作幅宽 190~200 cm。关键技术二，缩株距：玉米株距由生产上的 22~30 cm 调整为 12 cm；大豆播种株距 7~10 cm。引黄灌区平罗县高仁乡连片示范展示 26.7 hm²，玉米平均产量 11 121 kg·hm⁻²，大豆平均产量 1 615.5 kg·hm⁻²。中卫示范片大豆产量 1 440 kg·hm⁻²；玉米产量 14 145 kg·hm⁻²。中宁县 3.3 hm² 示范片，大豆平均产量 1 503.75 kg·hm⁻²；玉米平均产量 13 470 kg·hm⁻²。2014 年灌区玉豆间作全程机械化示范。永宁县李俊镇魏团村示范展示 5.3 hm² 玉米产量 1 230 kg·hm⁻²，大豆产量 1 560 kg·hm⁻²；宁夏原种场示范展示 3.3 hm²，玉米平均产量 11 733 kg·hm⁻²；大豆平均产量 1 840.5 kg·hm⁻²，增加经济效益 9 000 元·hm⁻²，增产增收效果显著。

西瓜套种大豆。主要种植规格：西瓜垄宽 150 cm，每垄种 2 行，行距 120 cm，穴距 60~80 cm。大豆种植在西瓜垄地膜两侧的垄沟内，每个垄沟内种 2 行大豆，行距 25~30 cm，大豆种植密度 16.5 万 ~18 万株·hm⁻²。根据调查，暖泉农业开发公司 2010 年西瓜套种大豆种植面积 194.7 hm²，西瓜套种大豆中黄 30 的西瓜平均产量可达 75 000 kg·hm⁻²，大豆平均产量 3 240 kg·hm⁻²，两作产值合计 38 886 元·hm⁻²，纯收入 28 806 元·hm⁻²。平罗县周城 5 村西瓜套种大豆栽培模式，西瓜产量 112 500 kg·hm⁻²，收入 97 500 元·hm⁻²；大豆实产 4 050 kg·hm⁻²，收入 17 250 元·hm⁻²，合计产值 114 750 元·hm⁻²。

经果幼林套种大豆。苹果幼树套种大豆、枸杞幼树套大豆等。2008 年以来，国家大豆产业技术体系银川综合试验站在青铜峡市、永宁县等市县进行经果幼树套种大豆示范，累计示范展示面积 1 000 hm²。2008 年在渠口农场示范种植苹果幼树套种大豆 200 hm²，大豆平均产量 3 000 kg·hm⁻²。2010 年在永宁县李俊镇雷台村示范葡萄幼树套种大豆 15 hm²，实际测产大豆平均产量 3 750 kg·hm⁻²。2015 年专家组对苹果幼树套种大豆冀豆 17 生产田进行田间产量测定。苹果幼树套种大豆

面积 $100 \times 666.7\,\mathrm{m}^2$，实打实收测产面积 $1.13 \times 666.7\,\mathrm{m}^2$，实打实收大豆 $353.4\,\mathrm{kg}$，折合产量 $4690.5\,\mathrm{kg \cdot hm^{-2}}$，创宁夏苹果幼树套种大豆高产纪录。

胡麻套种大豆。2008—2010 年银川综合试验站与平罗县种子管理站共同示范，种植规格：胡麻带宽 $1.15\,\mathrm{m}$，种 10 行胡麻，大豆带宽 $70\,\mathrm{cm}$，种 2 行，大豆行距 $30\,\mathrm{cm}$。产量调查结果表明：胡麻产量 $2700{\sim}3000\,\mathrm{kg \cdot hm^{-2}}$，市场收购价 4.4 元 $\cdot\,\mathrm{kg^{-1}}$，收入 $11\,880{\sim}13\,200$ 元 $\cdot\,\mathrm{hm^{-2}}$；大豆产量 $3000{\sim}3150\,\mathrm{kg \cdot hm^{-2}}$，市场收购价 $3.8{\sim}4.0$ 元 $\cdot\,\mathrm{kg^{-1}}$，收入 $11\,400{\sim}12\,600$ 元 $\cdot\,\mathrm{hm^{-2}}$；产值可达 $23\,280{\sim}25\,800$ 元 $\cdot\,\mathrm{hm^{-2}}$。固原分院在固原北部清水河中游地区胡麻套种大豆，种植规格：胡麻套种大豆 2∶1 带型，即胡麻带宽 $90\,\mathrm{cm}$，种 7 行，大豆带宽 $45\,\mathrm{cm}$，种 1 行。示范结果大豆产量 $3202.5\,\mathrm{kg \cdot hm^{-2}}$，比单种胡麻增产 36.95%，比单种大豆增产 96.59%；光能利用率比单种胡麻提高 7.69%，比单种大豆提高 93.1%，产投比为 4.37∶1；纯收入 7276 元 $\cdot\,\mathrm{hm^{-2}}$，较胡麻单种提高 32.3%，较大豆单种提高 303.2%，经济产投比为 3.84∶1；土地利用率提高了 59.2%；为增加农民经济收入开创了一条新途径。

夏播复种大豆。宁夏在春小麦或冬小麦收获后复种大豆，主要是充分发挥夏播大豆"早密"高产栽培技术。种植规格：大豆种植行距 $25{\sim}30\,\mathrm{cm}$，株距 $7{\sim}8\,\mathrm{cm}$，保苗密度 52.5 万 $\sim$60.0 万株 $\cdot\,\mathrm{hm^{-2}}$。1972 年宁夏小麦复种大豆引种试验获得成功。1974 年在灌区多点示范试验面积 $1330\,\mathrm{hm}^2$。7 月初至 7 月 21 日复种大豆，单产最高可达 $1725\,\mathrm{kg \cdot hm^{-2}}$，平均产量 $1125\,\mathrm{kg \cdot hm^{-2}}$ 左右。中卫县农业试验站麦后复种大豆 $5\,\mathrm{hm}^2$，平均产量 $1800\,\mathrm{kg \cdot hm^{-2}}$。灵武县崇兴台子九队麦后复种黑河 54 号大豆平均产量 $1725\,\mathrm{kg \cdot hm^{-2}}$。2010 年，中卫市农业技术推广中心在中卫市和青铜峡市的试验、示范结果表明，冬麦后复种大豆冬麦产量 $9000{\sim}9750\,\mathrm{kg \cdot hm^{-2}}$，大豆产量 $2250{\sim}2700\,\mathrm{kg \cdot hm^{-2}}$，两项合计收入 $26\,100{\sim}29\,325$ 元 $\cdot\,\mathrm{hm^{-2}}$，纯收入 $17\,820{\sim}21\,045$ 元 $\cdot\,\mathrm{hm^{-2}}$，较冬麦套种玉米增收 $1020{\sim}4155$ 元 $\cdot\,\mathrm{hm^{-2}}$。夏播复种大豆一般大豆单产可达 $1500{\sim}2700\,\mathrm{kg \cdot hm^{-2}}$，高产可以达到 $3000\,\mathrm{kg \cdot hm^{-2}}$ 以上。

小麦套种大豆寄生中药材菟丝子。种植规格：小麦用牵引式 12 行播种机播种，播幅 130~140 cm。小麦播幅与播幅之间预留 60 cm 宽的大豆种植带，大豆带内种植 2 行大豆，大豆行距 30 cm，大豆距离小麦 15 cm。或小麦播幅与播幅之间预留 100 cm 宽的大豆种植带，大豆带内种植 3 行大豆，大豆行距 40 cm，大豆距离小麦 30 cm。据 2013—2015 年对小麦套种大豆寄生药用菟丝子产地实际调查，小麦产量 4 500 kg·hm^{-2}，大豆产量 675 kg·hm^{-2}，较高产量达到 1 050 kg·hm^{-2}；菟丝子籽粒产量 600 kg·hm^{-2}，较高产量达到 900 kg·hm^{-2} 左右。三作产值分别达到 12 600 元、2 700 元、18 000 元，三作产值合计 33 300 元·hm^{-2}，综合种植效益十分显著。（见表 4-15）

表 4-15　作物产量产值比较表

作物		产量 /（kg·hm^{-2}）	单价 /（元·kg^{-1}）	产值 /（元·hm^{-2}）	合计 /（元·hm^{-2}）
大豆		3 900	4.0	15 600	15 600
小麦		6 000	2.8	16 800	16 800
玉米		11 250	1.9	21 375	21 375
小麦套种大豆	小麦	4 800	2.8	13 440	23 640
	大豆	2 550	4.0	10 200	
小麦套种大豆寄生菟丝子	小麦	4 500	2.8	12 600	33 300
	大豆	675	4.0	2 700	
	菟丝子	600	30.0	18 000	

宁夏南部地区大豆种植模式及效益　固原地区大豆种植的典型模式主要有彭阳、原州区、西吉等区域的旱地地膜玉米套种大豆、地膜马铃薯套种大豆、胡麻套种大豆种植模式。

旱地地膜马铃薯套种大豆。在全膜双垄沟播条件下马铃薯套种大豆

增产显著。由表 4-16 可知，马铃薯套种大豆较单种马铃薯总产值提高
3 268.5 元·hm^{-2}，增幅 14%，纯收入提高 2 818.5 元·hm^{-2}，增幅 25%；
较单种大豆总产值提高 14 649 元·hm^{-2}，增幅 123.2%，纯收入提高
7 449 元·hm^{-2}，增幅 112.2%。

胡麻套种大豆种植模式 2：1 型。两作总产量为 3 202.5 kg·hm^{-2}，
比胡麻单种增产 36.95%，比大豆单种增产 96.59%，胡麻套种大豆经济
效益明显。

表 4-16　全膜覆盖双垄沟播马铃薯套种大豆经济效益

种植方式	总产值 /（元·hm^{-2}）	生产成本 /（元·hm^{-2}）	纯收入 /（元·hm^{-2}）	产投比
马铃薯套种大豆	26 536.5	12 450.0	14 086.5	2.13：1
单种马铃薯	23 268.0	12 000.0	11 268.0	1.94：1
单种大豆	11 887.5	5 250.0	6 637.5	2.26：1

小麦套种大豆间作油葵高产栽培技术。种植规格：小麦采用 12 行
播种机播种，总带距 210 cm，其中小麦净带宽 120 cm，种 12 行小麦
（双行靠），宽行 12 cm，窄行 8 cm；大豆带宽 90 cm，种 3 行，行距
30 cm，穴距 25 cm，两边行大豆各距小麦 15 cm；油葵种植 2 行，种在 2
行大豆中间，行距 15 cm，穴距 25 cm。小麦 3 月上旬适期早播，并预留
大豆带。大豆可适当推迟到 4 月 10 日左右，即小麦苗出齐出全后开始
播种，力争小麦灌头水后大豆能保全苗。

该种植模式在同心县扬黄灌区发展到 0.1×10^4 hm^2，2008 年平均单
产小麦 6 187.5 kg·hm^{-2}。大豆 3 484.5 kg·hm^{-2}，油葵 3 000 kg·hm^{-2}。按
当地当时的市场价格计算，亩产值达到 40 125 元·hm^{-2}，纯收入 32 925
元·hm^{-2}，比单种小麦增值 16 725 元·hm^{-2}。

全膜双垄沟播玉米间作大豆立体复合种植栽培经对 2010—2012 年
连续 3 年的大区对比结果分析表明，玉米间作大豆，玉米籽粒产量

$9\,920\,kg\cdot hm^{-2}$，大豆产量 $876\,kg\cdot hm^{-2}$，两作合计产量 $10\,796\,kg\cdot hm^{-2}$，比单种玉米籽粒产量 $10\,072\,kg\cdot hm^{-2}$，增产 $724\,kg\cdot hm^{-2}$，增幅 7.2%，纯收入增加 $3\,901$ 元 $\cdot hm^{-2}$，增幅 25.2%。单种大豆籽粒产量 $2\,412\,kg\cdot hm^{-2}$。据 2010 年银川大豆综合试验站在固原原州区的试验研究表明，旱地地膜单种玉米平均单产 $9\,231\,kg\cdot hm^{-2}$，单种大豆平均单产 $2\,373\,kg\cdot hm^{-2}$，玉米间种大豆平均单产 $10\,273.5\,kg\cdot hm^{-2}$（玉米平均单产 $9\,231\,kg\cdot hm^{-2}$，大豆平均单产 $1\,042.5\,kg\cdot hm^{-2}$）；玉米间种大豆产值达到 $24\,634.5$ 元 $\cdot hm^{-2}$，较单种玉米增加产值 $5\,535$ 元 $\cdot hm^{-2}$，较单种大豆增加产值 661.5%，每 $666.7\,m^2$ 纯收益分别增加 22.9%、52.3%。

3. 小结

（1）提高大豆单产是宁夏大豆生产的首要任务。开展大豆高产育种技术研究，创制大豆高产优质广适应品种，实现大豆的"绿色革命"。

（2）加强大豆耐逆适应性（如抗旱、耐阴、耐盐碱、广适性等）研究，拓展大豆种植区域，增加大豆生产能力。

（3）加大种质资源的评价、挖掘利用研究。分析大豆优异资源的系谱特征及其遗传演变规律，为大豆发展奠定基础材料。

七、玉豆间作生产示范效应及增产机理分析

玉米间作大豆充分发挥了高秆作物玉米的边际优势，大豆固氮增肥、低碳生产、低成本高效的优势，在不影响或很少影响玉米产量的同时增加了大豆种植面积和产量，对保障区域及国家粮食安全方面具有重要意义。宁夏属北方春玉米区，种植面积基本稳定在 20 万 hm^2 左右，近年种植面积有所增加。引黄灌区光热资源丰富，土壤肥沃，排灌方便，无霜期长，

农业自然资源配合较好，为发展间套复种提供了极为有利的条件。玉豆间作由于在生产过程中种植户的随意性较大，技术到位率较低，玉米、大豆协调增产功能未能很好地充分发挥。根据近年玉豆间作试验研究及

示范结果,研究分析了宁夏引黄灌区玉豆间作生产示范栽培的内在特征,总结了玉豆间作高效栽培的管理经验,提出了实现玉豆间作高产高效栽培的途径,丰富了玉豆栽培理论,为宁夏引黄灌区玉豆间作化肥零增长下养分高效利用及高产高效栽培技术的示范应用和推广提供了参考。

1. 生产示范效应

"十二五"以来,国家大豆产业技术体系银川综合试验站开展了玉米间作大豆品种筛选、化学调控、群体配置等系列研究,筛选出适宜玉米间作大豆新品种(系)中黄 30、宁黄 248 等品种,并连续多年在平罗、贺兰、永宁、中宁、中卫、青铜峡、固原原州区、彭阳等市县开展了试验示范。近年常年示范面积在 30~50 hm^2。2013 年玉豆 2 : 2 行比配置,宽、窄行种植示范面积 25.3 hm^2,玉米平均产量 12 895.5 kg·hm^{-2},最高产量 13 149 kg·hm^{-2},较大田生产平均增产 300 kg·hm^{-2},间作大豆产量 1 200~1 590 kg·hm^{-2},增加收入 7 500 元·hm^{-2} 左右。2014 年全区示范面积达到 53.3 hm^2,核心展示示范区面积 41.5 hm^2,玉米平均产量 12 795 kg·hm^{-2}、大豆平均产量 1 500 kg·hm^{-2},两作合计产量 14 295 kg·hm^{-2},平均产值 26 472 元·hm^{-2}。测产分析结果表明,宁夏原种场玉豆间作大豆平均产量 1 830 kg·hm^{-2},高产田块大豆平均产量 2 100 kg·hm^{-2},玉米产量 11 700 kg·hm^{-2};永宁、平罗示范县玉米产量 12 000~13 500 kg·hm^{-2},大豆产量 1 200~1 500 kg·hm^{-2}。玉豆间作生产示范投入产出效益比较结果表明,玉米平均产量 12 795 kg·hm^{-2}、大豆平均产量 1 500 kg·hm^{-2},两作合计产量 14 295 kg·hm^{-2},平均产值 26 475 元·hm^{-2}。效益分析表明,玉豆间作比单种玉米增收 5 310 元·hm^{-2},比单种大豆增收 6 675 元·hm^{-2},增产增收增效示范效果显著(见表 4-17)。

表4-17 引黄灌区玉豆间作投入、产出效益比较表

不同作物种植模式			单种玉米	单种大豆	玉豆间作
生产投入 /（元·hm^{-2}）	种子费		900	270	1 170
	化肥		2 040	870	1 770
	农药		525	525	525
	水费		1 050	1 050	1 050
	机械设备租赁费		2 700	2 700	3 450
	合计		7 215	5 415	7 965
劳力投入			7 200	6 000	7 200
产出	产量 /（kg·hm^{-2}）	玉米	12 750	0	12 795
		大豆	0	3 750	1 500
	产值 /（元·hm^{-2}）		20 400	15 000	26 475
	未扣除劳动力收入 /（元·hm^{-2}）		13 200	10 635	18 510
	扣除劳动力后纯收入 /（元·hm^{-2}）		6 000	4 635	11 310

注：2015年市场调查玉米1.6元·kg^{-1}、大豆4元·kg^{-1}，人工80元·d^{-1}。尿素1.75元·kg^{-1}，磷酸二铵3.2元·kg^{-1}。

2. 共同特征性分析

（1）土壤肥力水平 引黄灌区玉豆间作土壤为灌淤土，经对中宁、永宁、平罗、中卫、吴忠、青铜峡和暖泉农场7个大豆示范区域的土壤养分测定。分析结果表明，土壤有机质含量偏低，平均值为13.9 mg·kg^{-1}，缺乏所占比例达87%。土壤碱解氮含量偏低，平均值为64.4 mg·kg^{-1}，氮肥利用率不高。对土壤样品中碱解氮含量与有机质含量之间的关系进行相关分析，结果显示两者的相关系数为0.55，达到显著相关水平，表明有

机质含量低是造成氮肥损失的重要原因之一。土壤速效磷含量总体较高，平均值为 34.3 mg·kg^{-1}，主要是由于磷肥的普遍应用，磷在土壤中的移动性极小，不易损失，未被作物利用的速效磷在土壤中残留累积，从而提高了土壤的磷含量。速效钾含量总体较高，平均值为 206.9 mg·kg^{-1}。土壤中微量元素钙、镁、硫和硼元素含量较为丰富。（见表 4-18）

表 4-18　土壤养分测定和分级结果表

养分	含量范围 /（mg·kg^{-1}）	平均值 /（mg·kg^{-1}）	养分含量范围所占比例 /%				
			很丰富	丰富	中等	缺乏	很缺乏
有机质	9.1~19.4	13.9	0	0	0	87	13
碱解氮	33.3~86.8	64.4	0	0	0	65.2	34.8
速效磷	13.8~62.5	34.3	39.1	47.8	13	0	0
速效钾	107~295.7	206.9	69.6	13	17.4	0	0

（2）光温自然资源　宁夏引黄灌区光温资源丰富，全年 ≥ 10 ℃ 积温 3 150 ℃ 以上，年太阳总辐射能 609 kJ·cm^{-2} 以上，生理辐射 305 kJ·cm^{-2} 以上，大豆生育期内平均气温 19 ℃ 以上，日照时数 1 600 h 左右，日照百分率 61% 以上，优越的自然资源非常适合玉米间作大豆的生长发育。大豆、玉米生育期间太阳总辐射最高的是平罗区域，同心区域为次高区；太阳总辐射、生理辐射、日照时数、日照百分率表现为平罗县、同心县最高，平罗至同心区域光温资源丰富，该地区包括中宁、永宁、银川、贺兰、平罗、中卫、吴忠、青铜峡的大部分地区，是引黄灌区玉豆间作的主要种植区域，也是玉豆间作的高产高效地区。（见表 4-19）

表 4-19 大豆生育期区域光热资源

地点	海拔/m	全年			大豆生育期（4~9 月）					
		≥10℃积温/℃	总辐射/（kJ·cm⁻²）	生理辐射/（kJ·cm⁻²）	总辐射/（kJ·cm⁻²）	生理辐射/（kJ·cm⁻²）	平均气温/℃	降水量/mm	日照时数/h	日照百分率/%
平罗	1 100	3 250	609.6	305.0	390.8	194.6	19.74	162.5	1 649.4	64.64
银川	1 100	3 300	608.8	304.8	383.3	191.6	19.84	151.7	1 538.6	61.04
同心	1 400	3 150	623.0	311.5	387.4	193.7	18.95	179.9	1 604.7	64.02
固原	1 700	2 260	562.7	281.4	345.6	172.8	15.9	327.8	1 343.2	53.39

（3）肥水运筹措施 玉豆间作田块肥力水平均为当地中高产田块，田间管理措施主要以玉米为主。氮肥作为底肥结合整地先期施入，不做种肥。磷肥主要做底肥和拔节期结合中耕施入。一般基施尿素 225 kg·hm⁻²、磷酸二铵 150 kg·hm⁻²。施肥特点表现为玉米苗期、大喇叭口期及时追肥，苗肥占总施肥量的 20%，穗肥（大喇叭口期）占总施肥量的 50%，粒肥占总施肥量的 30%。结合灌水玉米苗期追施尿素 225 kg·hm⁻²，大喇叭口期追施尿素 300 kg·hm⁻²，磷酸二铵 75 kg·hm⁻²。大豆、玉米幼苗期不灌水。玉米拔节、抽雄、灌浆中期及时灌溉，大豆不单独进行施肥和灌水，玉豆间作实现了化肥零增长下养分的高效利用。

产量构成要素 采用玉豆 2 ∶ 2 行比配置，宽、窄行种植。2014 年 9 月全国农技推广中心汤松研究员、四川农业大学雍太文博士、河南农大李保谦教授等组成 10 人专家组对贺兰县玉豆间作模式示范田进行实地测产，结果显示，玉米有效穗数 55 245 穗·hm⁻²，平均穗粒数 574 粒，千粒重 370 g，平均产量 11 733 kg·hm⁻²；大豆有效株数 97 380 株·hm⁻²，平均株粒数 90 粒，百粒重 21 g，平均产量 1 840.5 kg·hm⁻²。经对核心示范区测定，中宁县玉豆间作百亩示范片区，大豆有效株数 165 000 株·hm⁻²，株粒数 52 粒，平均产量 1 710 kg·hm^{-2}，玉米密度 73 695 株·hm^{-2}，穗粒数 571 粒，平均产量 13 470 kg；中卫市玉豆间作百亩示范片区，大豆有效株数 129 000 株·hm^{-2}，株粒数 56 粒，平均产量 1 440 kg·hm^{-2}，玉米密度 71 415 株·hm^{-2}，穗粒数 619 粒，平均产量 14 145 kg·hm^{-2}。

3. 增产增效机理分析

玉豆间作是一种在空间上实现种植集约化的栽培方式，最大限度发挥了边际优势，充分利用了大豆玉米的形态、生理差异互补，光能有效利用，提高了土壤养分和水分利用率，从而提高了单位面积的产出效率。

（1）扩大了行距缩小了株距，空间布局发生了变化，土地利用率提高。

（2）宽、窄行种植，增加了通风透光空间，提高了光能利用率。较大的种植带间距使玉米 100% 的植株处于边行，边际效应明显。

（3）玉豆间作水肥利用优势互补，化肥零增长下养分高效利用，减少了土壤污染和浪费，化学肥料利用率提高，经济效益增加。

（4）紧凑型玉米的耐密潜力被挖掘，耐阴型大豆独特的优势得到了发挥。

（5）间作的相互屏障作用减少了病虫害蔓延，危害程度降低。

（6）全程机械化程度高，省工省时，技术精简，效益显著。

4. 小结

玉豆间作是一种非均衡集约化种植技术，全程机械化程度高，效益显著，生产实践中，可以根据生产目的选择不同的行比配置进行玉豆间作。掌握了作物的种植密度、行比配置、品种、化控、芽前除草等技术关键，不同作物的增产增收效应能够最大限度地充分发挥。目前，由于玉豆间作技术在生产过程中种植户随意性较大，导致技术到位率低，玉米、大豆协调增产功能未能完全充分有效发挥，因此，在农业产业结构调整提质增效中，实现化肥零增长下养分高效利用，采用"政策扶持、经费保证，优先解决生产应用问题，优先主体模式"，加大对玉米大豆间作关键技术的推广应用显得尤为重要。

八、宁夏引黄灌区几种复种模式分析

当前，宁夏引黄灌区最主要的春麦复种作物模式是青贮玉米、大豆和油葵。复种大豆和油葵多是收获籽粒，用作青饲青贮饲料。据研究，复种作物的品种、播种期、密度对复种产量和质量的影响都比较大。根据生产目的选用高资源利用型的适当生育期品种，采用合理密度、早播早管、适时收获，可达到最大效益。

大豆和油葵品种的生育期偏短（见表 4-20），如果种植收获灌浆末期的全株青饲青贮饲料，使用品种的生育期可以考虑再长 7~10 d，这样还可以增加一定的饲草产量。复种青贮玉米的饲草产量最高，这也是目前农民最易接受的复种作物模式，生产上主要存在选用的品种生育期偏长、品质差和田间管理不科学等现象。因此，首先建议加强中、早熟优质青贮玉米品种的选育工作。选出生育期短于 120 d 的优良品种，现阶段暂时选用中、早熟优质的中原单 32 和中单 9409 玉米作为复种品种。其次，加强小麦早熟的措施应用。在小麦收获前 7 d 灌水，小麦及时收获后少耕免耕抢时播种，为复种青贮玉米争取较多光热资源和较长的生长发育时间。再次，早施肥早管理，促进复种青贮玉米早生长快发育。争取青贮收获时，玉米生育进程达到生物产量最高、品质最优的灌浆末期。

表 4-20 宁夏引黄灌区主要复种作物种植情况

作物	密度 /（万株·hm^{-2}）	平均株高 /m	籽粒产量 /（kg·hm^{-2}）	饲草产量 /（t·hm^{-2}）
青储玉米	15.0~18.0	2.7	—	60.0~75.0
大豆	60.0~75.0	0.5	1050~1800	7.0~10.5
油葵	7.5~10.5	1.8	1500~2100	15.0~22.5

尽管复种大豆和油葵作物饲草产量较低，但是这两种作物能生产出含高营养物质、高能量的饲料，可部分代替精饲料粮食的饲喂。因此，需要大力发展大豆和油葵饲草的种植，在生产上主要是收获籽粒，选用了生育期较短的极早熟品种，使青饲料产量较低。建议选用中熟期的品种进行复种种植，可增加青饲料的产量，又不会很明显地降低营养品质。

发挥现有复种作物、复种栽培的生产潜力时，还要考虑引入其他高营养品质、高效利用宁夏引黄灌区作物生长季中后期光热资源和耕地、高产稳产的新饲草专用型作物品种。鉴于宁夏引黄灌区冬小麦种植面积的不断扩大，还要开展工作，选出适合于冬小麦复种的青饲料作物品种和研究出高产优质种植技术，推进宁夏引黄灌区麦后复种青饲青贮作物的发展。

综合效益

（1）经济效益　饲草大豆与青贮玉米复合种植，666.7 m² 增收饲草豆鲜草 400~600 kg，混合青贮收购价提高 30 元·t^{-1}；饲草大豆叶片和鲜豆粒蛋白含量均高于青贮玉米，饲草大豆与青贮玉米的混合饲料将减少饲料中豆粕的添加量，降低养殖成本。

（2）生态效益　饲草大豆与青贮玉米复合种植，大豆根瘤固氮可提升土壤肥力，增加土壤细菌群落的多样性和改善土壤质量；提高土地、水分、养分、空间和光热资源利用率，形成种养结合的循环农业。

（3）社会效益　宁夏牛羊等养殖业发达迅速，青贮饲料需求量不断攀升，在可利用农田面积无法大量增加的前提下，饲草大豆与青贮玉米复合种植，既提升青贮饲料的产量和品质，又缓解青贮饲料供给的社会压力。同时饲喂蛋白含量增加的混合青贮饲料将明显提高牛羊产奶产肉品质，提升宁夏牛羊肉的知名度。

参考文献

[1] 韩天富.大豆科技入户指南［M］.北京：中国农业出版社，2011.

[2] 宁夏种子工作站.宁夏农作物审定品种［M］.银川：阳光出版社，2018.

[3] 赵志刚，罗瑞萍.宁夏大豆高产高效栽培技术［M］.银川：阳光出版社，2017.

[4] 罗瑞萍.大豆优质高效技术知识答疑［M］.银川：阳光出版社，2018.

[5] 张孟臣，张磊，刘学义.黄淮海大豆改良种质［M］.北京：中国农业出版社，2014.

[6] 赵志刚.宁夏大豆研究［M］.银川：阳光出版社，2019.

[7]《作物杂志》编辑部.百项高效种植新技术（第二辑）［M］.北京：科学普及出版社，2011.

附录

附录一　宁夏大豆高产示范测产报告

一、冀豆 17 高产示范——田间检测报告

2015 年 10 月 7 日，宁夏农林科学院农作物研究所、国家大豆产业技术体系银川综合试验站邀请同行专家组成大豆产量检测专家组，对宁夏回族自治区青铜峡市瞿靖镇友谊村种植大户赵青种植的冀豆 17 生产田进行田间产量测定。

1. 基本情况

种植品种为冀豆 17，与当年栽植的苹果幼树套种，果树行距为 4.0 m，果树行间占地 1.5 m，大豆条带宽为 2.5 m，总面积 $100 \times 666.7\,\mathrm{m^2}$。土壤为灌淤土，肥力中上等，播种日期 4 月 26 日，机械条播。

2. 测产方法

实打实收测产：取 20.5 m 宽、36.7 m 长，面积 $752.5\,\mathrm{m^2}$，人工收割大豆，现场脱粒，实打实收，去除杂质，称籽粒总重量。用 LDS–LG 绿洲牌谷物水分测定仪测定籽粒水分，最后计算籽粒净干重，用实收籽粒总净重折算单位面积产量，整个检测过程在专家组监督下完成。

田间检测报告

2015 年 10 月 7 日，宁夏农林科学院农作物研究所、国家大豆产业技术体系银川综合试验站邀请同行专家，组成大豆产量检测专家组，对宁夏回族自治区青铜峡市瞿靖镇友谊村种植大户赵青种植的冀豆 17 生产田进行田间产量测定。

一、基本情况

种植品种为冀豆 17，与当年栽植的苹果幼树套种，果树行距为 4.0 米，果树行间占地 1.5 米，大豆条带宽为 2.5 米，总面积 100 亩，土壤为灌淤土，肥力中上等，播种日期 4 月 26 日，机械条播。

二、测产方法

实打实收测产，取 20.5 米宽、36.7 米长，面积 752.5 平方米，人工收割大豆，现场脱粒，实打实收，去除杂质，称籽粒总重量，用 LDS–LG 绿洲牌谷物水分测定仪测定籽粒水分，最后计算籽粒净干重，用实收籽粒总净重折算单位面积产量，整个检测过程在专家组监督下完成。

三、测产结果

实收面积 752.5 平方米，折合 1.13 亩，收获籽粒 392.5 公斤。杂质 9.68 公斤/100 公斤，水分含量 14.6%，去除杂质并按 13.5% 水分标准折算后，实打实收 353.4 公斤，折合产量 312.7 公斤，此为包含果树面积在内的大豆实收亩产量。

专家组组长　李拴锁

2015 年 10 月 7 日

3. 测产结果

实收面积 $752.5\,\mathrm{m^2}$，收获籽粒 392.5 kg，杂质 9.68 kg/100 kg，水分含量 14.6%，去除杂质并按 13.5% 水分标准折算后，实打实收 353.4 kg，

折算每 666.7 m² 产量 312.7 kg，此为包含果树面积在内的大豆实收产量。

专家组组长：常汝镇

2015 年 10 月 7 日

二、玉米间作大豆高产高效示范——宁夏原种场玉米大豆带状复合种植测产报告

为探索粮豆双丰收的玉米大豆带状复合种植新模式，促进粮油增产、农民增收，贯彻落实 2013 年全国农技推广中心印发《玉米大豆带状复合种植技术集成示范方案》的通知要求，积极响应国家大豆产业技术体系发展玉米大豆带状间作模式研究的号召，国家大豆产业技术体系银川综合试验站连续 3 年在平罗、贺兰、中宁、中卫、青铜峡、固原原州区及彭阳等地开展了玉米大豆带状复合种植试验示范。2014 年 9 月 24 日，由全国农技推广中心、宁夏农技推广总站、宁夏农林科学院、四川农业大学、河南农业大学、宁夏原种场、宁夏贺兰农业技术推广中心和宁夏贺兰农调队的专家组成测产专家组对宁夏原种场 50 × 666.7 m² 玉米大豆带状复合种植核心示范片进行了测产。该示范片选用先玉 335 为玉米品种，中黄 30 为大豆品种，玉米、大豆于 4 月 20 日采用玉豆联合播种机同期播种，两作均采用 2：2 行比宽窄行种植，两作宽行和窄行分别为 160 cm 和 30 cm，玉米大豆间距 65 cm，每带幅宽 190 cm。播后苗前采用乙草胺封闭除草，生长发育中期采用机械中耕除草，大豆分枝期和盛花期喷施 0.5 g·L⁻¹ 烯效唑可湿性粉剂，参照当地玉米单种模式供给肥水和病虫害防治。

测产专家组详细考察了核心示范区的玉米大豆田间长势，严格按照农业部玉米、大豆测产办法要求，随机取 3 点进行测产，测产面积 3.8 m²/ 点，每点取 2m 行长的 2 行玉米和 2 行大豆，按产量构成法测产。玉米产量（kg·666.7 m⁻²）=1×666.7 m² 有效穗数 × 穗粒数 × 千粒重 ×10⁻⁴；大豆产量（kg·666.7 m⁻²）=1×666.7 m² 有效株数 × 株粒 × 百粒重 ×10⁻⁴。测产结果显示，玉米有效穗数 3683 穗，平均穗粒数 574 粒，千粒重 370 g，平均每 666.7 m² 产量 782.2 kg，大豆每 666.7 m² 有效株数 6492 株，平均株粒数 90 粒，百粒重 21 g，平均每 666.7 m² 产量 122.7 kg。

测产专家组认为，宁夏原种场玉米大豆带状复合种植核心示范片，在不影响主作玉米的前提下，每 666.7 m² 增经济效益 600 元，增产增收效果显著，对提高宁夏乃至全国大豆总产，保障粮食安全，促进农民增产增收将起到积极的示范带动作用。

测产专家组组长签字：汤松

2014 年 9 月 25 日

三、宁黄 LD222 高产示范——大豆高产鉴评测产报告

2019 年 10 月 7 日，宁夏农林科学院农作物研究所、国家大豆产业技术体系银川综合试验站邀请宁夏大学、宁夏农林科学院、宁夏农业勘察设计院、宁夏农业技术推广总站、宁夏种子工作站和宁夏农垦农业技术推广中心等单位的专家组成大豆高产鉴评测产专家组，对宁夏农林科学院农作物研究所望洪试验基地种植的大豆高产新品种进行田间产量鉴评测产。

1. 基本情况

大豆品种为宁夏农林科学院农作物研究所自育品种宁黄 Ld222，春播单种种植行距 60 cm，株距 13.5 cm，土壤为灌淤土肥力中上等，播种

日期为 5 月 9 日，机械条播，收获日期 10 月 7 日，机械收获。

2. 测产方法

实打实收测产：测产面积 666.7 m²，大豆联合收割机收获脱粒，去除杂质称籽粒重量，用 LdS-LG 绿洲牌谷物水分测定仪测定籽粒水分，最后计算籽粒净干重，整个鉴评测产过程专家组亲自参与完成。

3. 鉴评测产结果

实收面积 666.7 m²，水分含量 13.7%，去除杂质 13.5%，并按 13.5% 水分标准折算后，666.7 m² 实打实收产量 319.3 kg。

测产专家组组长：亢建斌

2019 年 10 月 7 日

附录二　春大豆栽培技术规程　DB64/ T1047—2014

2014 年国家大豆产业技术体系银川综合试验站专家组成编写组，借鉴国内相关技术规范，遵循"科学性、实用性、规范性、普适性"的原则，归纳整理了银川综合试验站的研究成果，编制了《春大豆栽培技术规程》。经过专家组审定，在进一步修改完善的基础上，2014 年 11 月 24 日通过了宁夏回族自治区质量技术监督局的审批，成为推荐性的宁夏地方标准，标准编号：DB64/T1047—2014，发布日期：2014 年 12 月 19 日。

1. 范围

本标准规定了春大豆生产的选地、品种选择、种子处理、整地与施肥、适期播种、田间管理、收获等技术。

本标准适用于引黄灌区灌排方便、盐碱较轻、肥力中上等的壤土地区。

2. 规范性引用文件

下列文件对于本文件的应用是必不可少的。凡是注日期的引用文件，仅所注日期的版本适用于本文件；凡是不注日期的引用文件，其最新版本（包括所有的修改单）适用于本文件。

GB4404.2—2010 粮食作物种子第 2 部分：豆类

GB4285 农药安全使用标准

3. 选地

选择灌排方便，土壤 pH 值 7.5~8，前茬以小麦、玉米、水稻为宜，不重茬的地块。

4. 品种选择

选择生育期 130~135 d，株高 80~100 cm，经过宁夏农作物品种审定委员会审定的品种，如宁豆 4 号、宁豆 5 号、晋豆 19、承豆 6 号等。

5. 种子处理

大豆根瘤菌接种。每 666.7 m² 大豆种子用根瘤菌 250 g，按种子质量的 20% 兑水后与种子拌匀放置在阴凉处保存，并在 24 h 内播种。

6. 整地与施肥

6.1 整地

头年平田整地并在秋季深翻，耕深 20 cm 以上，灌足冬水。4 月中旬结合施基肥用旋耕机浅耕 1 遍，做到田面平整、土块细碎。

6.2 基肥

每 666.7 m² 基施优质农家肥（腐熟的牛、羊、鸡粪等）2 500~3 000 kg、磷酸二铵 10~15 kg、尿素 20 kg。

6.3 种肥

每 666.7 m² 施磷酸二铵 5 kg、硫酸钾 2.5~3 kg，深施于种子下方 4~5 cm 处。

7. 适期播种

7.1 播种期

4 月 15 日 ~5 月 10 日播种。

7.2 播种方式

条播或穴播。

7.3 播种深度

播深 3~5 cm，播后覆土一致并及时镇压。

7.4 播种量及密度

根据品种特征特性确定播种密度。一般每 666.7 m² 播种量 3.5~4 kg。播种行距 45~50 cm，株距 8~10 cm。每 666.7 m² 田间保苗 1.2 万 ~1.5 万株。

8. 田间管理

8.1 中耕除草

大豆第一片复叶展开时，结合除草进行第一次中耕；株高 25~30 cm 时，结合除草进行第二次中耕；封垄前进行第三次中耕。

8.2 间苗、定苗

大豆第 1 个三出复叶展开前,一次性间苗、定苗。

8.3 追肥、灌水

8.3.1 大豆初花期结合灌水进行追肥,每 666.7 m² 追施尿素 5~10 kg。

8.3.2 大豆开花结荚期、鼓粒期各灌水一次。

8.4 根外追肥

大豆花荚期叶面喷施磷酸二氢钾。每 666.7 m² 用磷酸二氢钾 100 g 兑水 50 kg 均匀喷施于植株茎叶上。

8.5 化学除草

8.5.1 芽前封闭。播后苗前可选用 90% 的乙草胺乳油,每 666.7 m² 用药 100~130 ml;或 72% 异丙甲草胺乳油,每 666.7 m² 用药 100~150 ml 兑水喷雾。

8.5.2 复叶期。大豆 3 片复叶期间,每 666.7 m² 用 25% 氟磺胺草醚 50~60 ml 加精吡氟禾草灵 70 ml 兑水 30 kg 喷雾。

8.6 化控

大豆初花期始花后 7 d 左右,每 666.7 m² 用 15% 多效唑可湿性粉剂 50~100 g 兑水 50 kg,均匀喷施植株叶片的正反面。

8.7 害虫防治

8.7.1 蛴螬

选用 50% 辛硫磷闷种。用药量为种子量的 0.25%,即药、水、种子的比例为 1∶40∶400,拌均匀放置在背阴透风处,等种子把药液全部吸干后播种。

8.7.2 蚜虫

当田间点片发生蚜虫,蚜株率达 50%,百株蚜量 1500 头以上时,用 40% 乐果乳油,每 666.7 m² 用药 100 g 兑水 20 kg 喷雾。或 3% 啶虫脒乳油每 666.7 m² 用药 15~20 ml 兑水 20 kg 喷雾。

8.7.3 叶螨

大豆卷叶株率 10% 时,用 73% 炔螨特乳油 3000 倍液喷雾。

9. 收获

9 月下旬至 10 月上旬当大豆茎叶及豆荚变黄，落叶达到 80% 以上时收获。

附录三　宁夏灌区西瓜套种大豆栽培技术规程
DB64/T1048—2014

1. 范围

本标准规定了宁夏灌区西瓜套种大豆的选地、品种选择、整地与施肥、起垄、播种及规格、田间管理、收获等技术。

本标准适用于宁夏灌区灌排方便、无盐碱危害或较轻、肥力中上的沙壤土地区。

2. 规范性引用文件

下列文件对于本文件的应用是必不可少的。凡是注日期的引用文件，仅所注日期的版本适用于本文件；凡是不注日期的引用文件，其最新版本（包括所有的修改单）适用于本文件。

GB13562—1986 大豆

GB4404.2—2010 粮食作物种子第 2 部分：豆类

NY/T393 绿色食品肥料使用准则

NY/T394 绿色食品农药使用准则

GB4285 农药安全使用标准

3. 选地

选择地势平坦、灌排方便、无盐碱危害或较轻、土壤肥沃的砂壤土，前茬以小麦、玉米等作为宜，不宜重茬和连作。

4. 整地与施肥

4.1 整地

头年用深松机械深翻 20~30 cm，灌足冬水。3 月底 4 月初，通过机械进行耙、耱、旋耕等作业，使田面平整，土碎无坷垃。

4.2 施肥

结合耙地、旋耕基施化肥。耙地前每 666.7 m² 人工撒施磷酸二铵 10 kg、尿素 10 kg、三元复合肥（18%-18%-18%）10 kg。

5. 起垄

总带宽 190 cm。垄宽 150 cm，用于西瓜种植；沟宽 40 cm，沟深 20 cm，用于大豆种植。

6. 品种选择

6.1 西瓜

选生育期在 100 d 左右的中早熟品种，如西农 8 号、红冠龙等。

6.2 大豆

选生育期在 120 d 左右的中早熟品种，目前推荐中黄 30、晋豆 19 等品种。

7. 播种及规格

7.1 西瓜

7.1.1 播种

4 月 5 日 ~10 日播种。

7.1.2 规格

每垄种植 2 行，行距 120 cm，穴距 60~80 cm，每 666.7 m² 定苗 980~1 000 株。

7.2 大豆

7.2.1 播种

5 月 20 日 ~6 月 5 日西瓜灌头水后地皮发白时及时播种。

7.2.2 规格

大豆种植在垄沟内，每个垄沟内种植 2 行大豆，行距 25~30 cm，每 666.7 m² 定苗株数 1.1 万 ~1.2 万株。

8. 田间管理

8.1 西瓜

定苗、除草、追肥、灌水、整枝、坐果、病害防治等田间管理措施请按照地膜西瓜的相关规定执行。

8.2 大豆

8.2.1 除草及间苗、定苗

大豆出苗后结合除草及时间苗、定苗、缺苗断垄及早补种。

8.2.2 追肥

西瓜采收后，结合给大豆灌水每 666.7 m² 追施尿素 5~7 kg。

8.2.3 灌水

大豆花荚期和鼓粒期各灌水一次。

9. 虫害防治

9.1 蚜虫

每平方米植株上有蚜虫 50 头时用 40% 乐果乳油，每 666.7 m² 用药 100 g 兑水 20 kg 喷雾，或 3% 啶虫脒乳油，每 666.7 m² 用药 15~20 ml 兑水 20 kg 喷雾。

9.2 叶螨

当大豆卷叶株率达到 10% 时，用 73% 炔螨特乳油 3 000 倍液喷雾。

10. 收获

9 月下旬至 10 月上旬当大豆的茎叶及豆荚变黄，落叶达到 80% 以上时收获。

附录四　引黄灌区夏播大豆栽培技术规程
DB64/T1637—2019

1. 范围

本标准规定了夏播大豆生产的选地、品种选择、种子处理、整地与施肥、适期播种、田间管理、收获等技术。

本标准适用于引黄灌区灌排方便、无盐碱危害或较轻的壤土地区。

2. 规范性引用文件

下列文件对于本文件的应用是必不可少的。凡是注日期的引用文件，仅所注日期的版本适用于本文件。凡是不注日期的引用文件，其最新版本（包括所有的修改单）适用于本文件。

GB4404.2—2010 粮食作物种子第 2 部分：豆类

3. 术语定义

下列术语和定义适用于本文件。

3.1 夏播大豆

6 月 22 日 ~7 月 16 日夏收作物收获后播种的大豆。

4. 选地

选择有灌溉及排水条件、无盐碱或较轻的壤土。

5. 品种选择

选择在宁夏春播生育日期 120d 左右，夏播 85d 左右的早熟、丰产性好、品质优良、商品性好的品种。种子质量需符合 GB4404.2—2010 标准。

6. 种子处理

播种前大豆用根瘤菌剂拌种，每 10kg 大豆种子拌大豆根瘤菌剂 150ml，随拌随用，阴干即可播种。

7. 整地与施肥

7.1 整地施肥

6 月中下旬至 7 月中旬，播前结合基施肥用旋耕机浅耕 1 遍，做到田面平整、土块细碎无坷垃，达到适播状态。每 $666.7\,m^2$ 基施磷酸二铵 5~10 kg、尿素 5 kg。

7.2 墒情

土壤墒情差的地块，播种前 3~5 d 大水快速灌溉，实现全田见水即可，保证充足的土壤墒情。

8. 适期播种

8.1 播种期

6 月 20 日 ~7 月 16 日播种，播种日期最晚不能迟于 7 月 16 日。

8.2 播种方式

采用 2BMFJ–PB6 型麦后免耕覆秸精量播种机播种。或小麦播种机械条播播种。

8.3 播种深度

种子播种深度 3 cm，播后覆土一致，并根据田间墒情及时镇压或灌水。

8.4 播种量及密度

一般每 $666.7\,m^2$ 播种量 10 kg。播种行距 30 cm 左右，株距 6~7 cm。每 $666.7\,m^2$ 田间保苗 3.5 万 ~4.0 万株。

9. 田间管理

9.1 追肥、灌水

大豆初花期结合灌水进行追肥，每 $666.7\,m^2$ 追施尿素 5.0~7.5 kg。大豆开花结荚期灌水一次。

9.2 化学药剂除草

9.3 茎叶期除草

大豆出苗后，每 $667\,m^2$ 用 10% 精喹禾灵乳油 100 ml 和 12.5% 高效氟吡甲禾灵乳油 50~70 ml 兑水 40 L 均匀喷雾，防除禾本科杂草。

9.4 防治大豆红蜘蛛

7月底至8月初及时用哒螨灵等药剂防治大豆红蜘蛛。

10. 收获

9月下旬至10月上旬当大豆茎叶及豆荚变黄，落叶率达到80%以上时机械收获。

附录五　玉米间作大豆栽培技术规程
DB64／T1621—2019

1. 范围

本标准规定了宁夏玉米间作大豆的选地、品种选择、整地与施肥、播种及规格、田间管理、收获等技术。

本标准适用于宁夏灌区灌排方便、无盐碱危害或较轻、肥力中上的壤土地区。

2. 规范性引用文件

下列文件对于本文件的应用是必不可少的。凡是注日期的引用文件，仅所注日期的版本适用于本文件；凡是不注日期的引用文件，其最新版本（包括所有的修改单）适用于本文件。

GB4404.2—2010 粮食作物种子第 2 部分：豆类

DB64/T1059—2015 宁夏引黄灌区麦套玉米高产栽培技术规程

DB64/T1047—2014 春大豆栽培技术规程

3. 术语和定义

下列术语和定义适用于本文件。

玉米大豆一体播种机，行间距可调节的 4 行播种器，玉米和大豆同时播种，中间 2 行播种大豆，边行播种玉米，两作独立播种且行株距可调节。

4. 选地

选择地势平坦、灌排方便、无盐碱危害或较轻、土壤肥沃的壤土，前茬以小麦、水稻、蔬菜、玉米等作物为宜。

5. 整地与施肥

5.1 整地

3 月底 4 月初，参照 DB64/T1059—2015 规程进行整地。

5.2 施肥

大豆不单独施肥，玉米施肥参照 DB64/T1059—2015 规范执行。

6. 品种选择

6.1 玉米

玉米品种选择紧凑型或株高较矮耐密植品种。

6.2 大豆

大豆品种选择株高较矮，适应性强、中熟、抗倒伏、耐阴优质品种。

7. 种子处理

播种前大豆用根瘤菌剂拌种，每 10 kg 大豆种拌大豆根瘤菌剂 150 ml，随拌随用，阴干即可播种，种子质量符合 GB4404.2—2010 的要求；玉米种子采用种衣剂包衣处理。

8. 种植规格

种植带幅宽 200 cm，宽、窄行种植，采用玉豆 2 ∶ 2 行比间作。其中，玉米宽行距 170 cm，玉米窄行距 30 cm；大豆种 2 行，间作于玉米宽行中，行距 30 cm，大豆两边距玉米各 70 cm，玉米间作大豆种植规格示意图（见附图）。

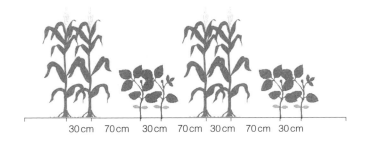

30 cm　70 cm　30 cm　70 cm　30 cm　70 cm　30 cm

附图　玉米间作大豆种植规格示意图

9. 播种

9.1 播种时间

当土壤表层 5~10 cm 地温稳定在 10℃ 以上时播种。播种期为 4 月 15~25 日，用 2BMZJ-4 玉米大豆一体播种机同期精量播种。

9.2 播种深度

大豆、玉米适宜的播种深度，根据土壤质地、墒情和种子大小而定。大豆播深一般 4~6 cm。

9.3 种植密度

每 666.7 m² 大豆密度 10 000 株（大豆株距 7 cm）；每 666.7 m² 玉米密度 6 000 株左右（玉米株距 11 cm）。

10. 田间管理

10.1 芽前除草

播后苗前每 666.7 m² 用 50% 乙草胺 150~200 ml，或 90% 乙草胺 100~120 ml，兑水 15~20 L 均匀喷雾。大豆、玉米出苗后的除草主要通过中耕完成或定向喷雾。

10.2 中耕增温

玉米、大豆出苗后进行中耕 2~3 次。第一次中耕宜浅，以 3~4 cm 为宜；第二次中耕苗旁浅行间深。

10.3 肥水运筹

大豆不单独进行施肥和灌水。玉米施肥和灌水参照 DB64/T1059—2015 规范执行。

10.4 化控防倒

大豆初花期每 666.7 m² 用 5% 的烯效唑可湿性粉剂 25 g·666.7 m^{-2} 兑水 25 L 喷雾，大豆盛花期再次用烯效唑可湿性粉剂 25 g·666.7 m^{-2} 兑水 25 L 喷雾。

10.5 病虫害防治

大豆病虫害防治参照 DB64/T1047—2014 规范执行，玉米病虫害防治参照 DB64/T1059—2015 规范执行。

11. 收获

11.1 大豆

9月下旬，当大豆茎秆呈棕黄色，有90%以上叶片完全脱落、豆荚中籽粒与荚壁脱离、摇动时有响声，是大豆收获的最佳时期，用4LZ-1.0型大豆联合收割机收获大豆。

11.2 玉米

9月下旬至10月初大豆收获后，机械收获玉米。

质检
01